土力学
简明教程

主　编：付晓强　（三明学院）
副主编：麻　岩　（福建省三明市翼宏建设工程有限公司）
　　　　曾武华　（三明学院）
参　编：颜玲月　（三明学院）
　　　　罗从双　（三明学院）
　　　　康海鑫　（三明学院）

厦门大学出版社　国家一级出版社
XIAMEN UNIVERSITY PRESS　全国百佳图书出版单位

图书在版编目（CIP）数据

土力学简明教程 / 付晓强主编；麻岩，曾武华副主
编. -- 厦门：厦门大学出版社，2024.5
ISBN 978-7-5615-9371-4

Ⅰ．①土… Ⅱ．①付… ②麻… ③曾… Ⅲ．①土力学
-高等学校-教材 Ⅳ．①TU43

中国国家版本馆CIP数据核字(2024)第089952号

责任编辑　眭　蔚　陈玉环
美术编辑　张雨秋
技术编辑　许克华

出版发行　厦门大学出版社
社　　址　厦门市软件园二期望海路39号
邮政编码　361008
总　　机　0592-2181111　0592-2181406(传真)
营销中心　0592-2184458　0592-2181365
网　　址　http://www.xmupress.com
邮　　箱　xmup@xmupress.com
印　　刷　厦门市金凯龙包装科技有限公司

开本　787 mm×1 092 mm　1/16
印张　15.25
字数　372 千字
版次　2024 年 5 月第 1 版
印次　2024 年 5 月第 1 次印刷
定价　39.00 元

本书如有印装质量问题请直接寄承印厂调换

厦门大学出版社
微信二维码

厦门大学出版社
微博二维码

内容提要

本书共 9 章,包括绪论、土的物理性质及分类、土的渗透性与土中渗流、土中应力、土的压缩变形与地基沉降、土的抗剪强度、土压力、地基承载力和土坡稳定性等方面的内容。本书内容力求简明、适用和新颖,提升读者土力学理论水平及解决实际工程问题的能力。

本书既可作为高等院校土木工程、水利水电工程、交通工程及相关专业的主干课教材,也可供从事工程勘察、设计、施工、科研和管理工作的专业人员学习参考。

前　言

　　本书面向土木工程(含道路、桥梁工程)、水利工程、港海与航道工程、海洋工程、交通工程、工程管理等专业,具有广泛的适用性。本书内容全面,具有广度和深度,可为相关专业学生进一步深入学习专业课程打下良好的基础。本书侧重于土力学的基本内容、基本概念、基本原理和基本方法。

　　本书吸收了多年长期教学改革的实践经验,内容编排更加科学、合理,更有利于教学活动。为便于学生学习,除第一章绪论外,本书设置了"课前导读""能力要求",在与工程密切相关的内容中增加了工程实例及分析;每章结束都附有思考题、习题;章末尾设置了课程思政元素,通过土力学学科科学家传记,强化课程思政的协同性。为了开阔学生的国际视野及提高外文文献资料的查阅能力,在附录部分列出了土力学领域常用专业术语的中、日、英对照,便于学生了解土力学国际前沿进展和提高学生跨文化交流的能力。

　　本书由三明学院付晓强担任主编,福建省三明市翼宏建设工程有限公司麻岩、三明学院曾武华任副主编。付晓强编写第四章、第五章、第六章、第七章、第八章(共计 20.5 万字);麻岩编写第三章及附录部分(共计 6.5 万字);曾武华编写第二章(共计 4.9 万字);颜玲月、罗从双编写第九章(共计 2.6 万字);康海鑫编写第一章(共计 1.1 万字)。全书由三明学院付晓强整理统稿。

　　编者在本书编写过程中,广泛学习借鉴,参考了大量国内外文献资料及相关图书,限于学识水平,书中不足和疏漏之处在所难免,恳请有关专家、学者和广大读者批评指正!

　　本书授课时数为 40 学时左右。

　　最后,非常感谢三明学院教务处的出版资助和三明学院建筑工程学院各部门的大力支持与帮助。

编　者

2023 年 11 月

目 ▶

CONTENTS 录

第一章 绪论

1.1 土力学概述

土力学是一门研究土的力学性质的学科。自然界的土是一种散体材料,和我们学过的建筑材料中的混凝土、钢筋相比,土的物理力学参数离散性大,这是由土的成因决定的。天然的土是矿物颗粒的松散堆积物,具有孔隙,孔隙内往往还填充水和空气,而水和空气在土中所占比例直接影响着土的力学性质。因此,土力学实际上包含了固体力学和水力学的部分内容,是将固体力学和水力学的相关知识运用到土体中来,以解决工程建设活动中的有关土的强度、变形和稳定等问题。

万丈高楼平地起。土木工程活动从开始的那天起,就注定了首先必须与土打交道,必须解决土的问题。和其他材料(或构件)的研究内容一样,土力学也要解决强度、变形和稳定性问题。在国内外工程中,因土的问题没解决好而出现的工程事故让我们警醒,强调失败的教训更能引起我们的注意。这里列举了国内外几例典型工程实录,总体上分为三大类:一是土体强度不足引起的工程事故,这是灾难性的;二是变形过大及其导致的倾斜问题;三是在动荷载作用下,土体强度会降低。

1.2 由土力学引起的基础工程问题实录

1.2.1 加拿大特朗斯康谷仓地基土的整体剪切破坏

加拿大特朗斯康谷仓(the Transcona grain elevator)每排有 13 个圆柱形筒仓,5 排共计 65 个筒仓,南北向长 59.44 m,东西向宽 23.47 m,筒高 31.00 m,其下为片筏基础,筏板厚 610 mm,埋深 3.66 m。谷仓于 1911 年动工,1913 年秋竣工。谷仓自重 200000 kN,此时的基底压力约为 143 kPa,而设计满载时的基底压力(工作荷载)为 337 kPa。1913 年 9 月初开始陆续储存谷物,10 月 17 日当谷仓装至 31822 m³ 谷物时,谷仓西侧突然陷入土中 8.8 m,东侧则抬高 1.5 m,结构物向西倾斜,并在 2 h 内谷仓倾倒,倾斜度离垂线达 25°左右(图 1-1)。由于该谷仓的整体性很好,倾斜后谷仓筒体结构未受太大影响,就结构部分来说,尚能继续使用。事后在下面又做了 70 多个支承于基岩上的混凝土墩,使用 388 个 500 kN 千斤顶以及支撑系统,才把仓体逐渐纠正,但整体比原来降低了 4 m。

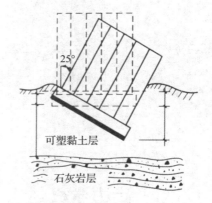

图 1-1   特朗斯康谷仓地基强度不足导致的破坏事故
图片来源:https://www.weibo.com/ttarticle/p/show? id=2309404511753537978468。

1.2.2   地基问题引起的比萨斜塔塔身倾斜问题

比萨斜塔(图 1-2)自建成以来,每年以 1~2 mm 的速率倾斜,至 1370 年倾斜角度已达 5.5°。后来建筑师瓦萨里对塔基进行了加固,竟使比萨斜塔稳定了上百年的时间,但接下来比萨斜塔又开始恢复每年 1 mm 多的倾斜速率。由于倾斜程度过于危险,比萨斜塔曾于 1990 年 1 月 7 日停止向游客开放。调查发现,塔身倾斜的原因在于塔地基持力层为粉砂,下面为粉土和黏土层,本身强度低,变形大。后期经过 12 年的修缮,耗资约 2500 万美元,斜塔被扶正了 44 cm。专家认为,只要不出现不可抗拒的自然因素,经过修复的比萨斜塔 300 年内将不会倒塌。

图 1-2   地基问题引起的塔身倾斜
图片来源:https://www.potalapalace.com/archives/512326。

斜塔的拯救,历经很多的方案,但都未见效。最终拯救比萨斜塔的,是一项看似简单的新技术——地基应力解除法。其原理是,在斜塔倾斜的反方向(北侧)塔基下面掏土,利用地基的沉降,使塔体的重心后移,从而减小倾斜幅度。该方法于 1962 年由意大利工程师泰拉奇纳(Terracina)针对比萨斜塔的倾斜恶化问题提出,当时被称为"掏土法"。该方法由于显得不够深奥而遭长期搁置,直到在墨西哥城主教堂的纠偏中成功应用,才又被重新得到认识和采纳。比萨斜塔拯救工程于 1999 年 10 月开始,采用斜向钻孔方式,从斜塔北侧的地基下缓慢向外抽取土壤,使北侧地基高度下降,斜塔重心在重力的作用下逐渐向北侧移动。2001年 6 月,倾斜角度回到安全范围之内,关闭了 10 多年的比萨斜塔又重新开放。

1.2.3　上海展览中心地基土最大沉降 1600 mm

上海展览中心原称上海工业展览馆(图 1-3),坐落在上海市延安中路 1000 号,是 20 世纪 50 年代上海规模最大、气势最雄伟的俄式建筑群。展览中心中央大厅为框架结构、箱形基础,两翼采用条形基础。箱形基础为两层,埋深7.27 m,地基为高压缩性淤泥质软土。箱基顶面至中央大厅顶部塔尖,总高96.63 m。展览中心于 1954 年 5 月开工,当年年底实测地基平均沉降量为600 mm。1957 年 6 月,中央大厅四周的沉降量最大达1466 mm,最小为1228 mm。到 1979 年,累计平均沉降量为1600 mm。中央大厅基础工程首次采用当时先进的箱形基础,使整个建筑物上下成为一体,因此沉降相对比较均匀。

图 1-3　上海展览中心严重沉降
图片来源:https://z.3490.cn/hall/170.html。

1.2.4　墨西哥城地基沉降现象

图 1-4 所示为墨西哥城的一幢建筑,从图中可清晰地看见其发生的沉降及不均匀沉降。

图 1-4　墨西哥城地基不均匀沉降现象
图片来源:https://www.163.com/dy/article/I5IQLA4405563T0Z.html。

该地的土层为深厚的湖相沉积层,土的天然含水量高达 650%,液限 500%,塑性指数 350,孔隙比 15,具有极高的压缩性。

为达到终止该市继续下沉的目的,当地政府下令将所有水井封闭,一概不准从井内取水,一切水源供给改用山泉水代替。政府之所以要执行这项措施,原因是该市人口近年大增,水井越来越多,一旦把地底之水抽干,地下这半干枯的浆状泥层会自然收缩,导致地面下陷。现在很多专家正在想方设法采取紧急措施来挽救墨西哥城的命运。

1.2.5　日本新潟地震引发的砂土液化现象

发生于 1964 年 6 月 16 日的日本新潟地震,震级为 7.5 级,震中位于距离新潟码头 60 km 的海底。它有一个显著的特点,即砂土液化造成了严重的震害,楼房由于地基砂土液化而倾斜或倾覆(图 1-5),因此引起人们对砂土液化问题的进一步关注。

图 1-5　日本新潟地震引发的砂土液化问题
图片来源:https://zhuanlan.zhihu.com/p/334328770? utm_source=com.mmbox.xbrowser.pro。

在地震作用下,砂土颗粒处于悬浮状态,土中的有效应力(effective stress)会部分或完全丧失,土的抗剪强度急剧降低,土变成了可流动的水土混合物,导致楼房倾斜或倾覆。在地震设防区,一般应避免采用未经加固处理的可液化土层作为天然地基持力层。

1.2.6　上海莲花河畔景苑倒塌事故

2009 年 6 月 27 日清晨 5 时 30 分左右,上海闵行区"莲花河畔景苑"一在建 13 层桩基础钢筋混凝土框架剪力墙结构 7 号住宅楼发生整体倒塌(图 1-6),造成 1 名工人死亡。由于倒

图 1-6　莲花河畔景苑住宅楼倒塌
图片来源:https://finance.sina.com.cn/china/dfjj/20090712/16376469675.shtml。

塌的高楼尚未竣工交付使用,因此,这次事故并没有造成居民伤亡。

　　该起事故的直接原因是施工方在事发楼盘前方开挖基坑,土方紧贴建筑物堆积在 7 号楼房北侧,在短时间堆土过高,最高处达 10 m 左右,产生了 3000 t 左右的侧向力。与此同时,紧邻 7 号楼南侧的地下车库基坑开挖深度 4.6 m,大楼两侧的压力差使土体产生水平位移,导致楼房产生 10 cm 左右的位移,对预应力高强混凝土(the prestressed high-intensity concrete,PHC 桩)产生很大的偏心弯矩,最终破坏桩基,引起楼房整体倒塌。间接原因主要是土方堆放不当。在未对天然地基进行承载力计算的情况下,建设单位随意指定将开挖土方短时间内集中堆放于 7 号楼北侧。

1.3　土力学的研究对象、内容和方法

　　土力学的研究对象是土体。若将土体看成连续均匀的各向同性弹性体,则土力学的研究对象就是土体在外荷载作用下的力学性质,以及与其相关的变形表现。土力学中很多公式都来源于先期学过的力学课程。

　　土力学研究主要包含这样几方面的内容:

　　一是土的强度问题。土的强度最直接的表现就是土承担外荷载的能力(即土的承载力)。土的承载力从广义上讲就是单位面积土体上的压力,具体到工程,有承载力极限状态和正常使用极限状态两种条件下所表现出来的承载力。举一个例子,就像一个人挑担子一样,质量为 80 kg 时,勉强挑起来,此时两腿已经发抖,显然,这个人在这样的负荷条件下无法正常工作。而挑起 30 kg 时,却能正常行走,也不对该人身体产生什么伤害。前者就是这个人的极限负重,而后者则是正常工作时的负重。

　　对地基土强度的研究也是如此,要确定极限值和正常使用值。加拿大特朗斯康谷仓地基土的整体剪切破坏,就是因为施加的荷载大于地基土的极限荷载。

　　二是土的变形问题。土的变形跟建筑物沉降是对应的,土的变形包括均匀变形和不均匀变形。地基土的均匀变形往往不会导致建筑物倒塌等严重后果,但过大的变形会严重影响建筑物的使用功能。上海展览中心由于地基严重下沉,不仅使散水倒坡,而且使建筑物内外连接的水、暖、电管道断裂,导致建筑物不能正常使用。

　　不均匀变形往往引起建筑物的倾斜,过大的倾斜会影响建筑物构件的正常工作,也影响正常使用,甚至会带来建筑物灾难性事故。根据《危险房屋鉴定标准》(JGJ 125—2016),地基产生不均匀沉降,当房屋倾斜率大于 1‰时,可评定为危险状态。此时,就要花费很大代价对建筑物实施纠倾、加固等措施,以确保建筑物的安全和正常使用。苏州虎丘塔的地基在加固实施前慎之又慎,事先还为此进行了专项树根桩加固的研究。

1.4　土力学发展简史

　　土力学既是一门古老的工程技术,又是一门新兴的应用学科。如我国都江堰水利工程、秦代万里长城、隋朝南北大运河和赵州石拱桥,古埃及金字塔等古老建筑,至今仍保存完好,

表明古代人民在工程建设方面已经取得了丰富的实践经验。由于较好地利用了土力学知识,这些巨大建筑历经数千载仍屹立至今。但是,那时候土力学尚未形成完整的理论。

18世纪工业革命兴起,大规模的城市建设和水利、铁路的兴建,遇到了许多与土有关的力学问题,伴随着这些问题的解决,土力学的理论开始逐渐产生和发展。

1773年,库仑(Coulomb)根据试验提出了砂土抗剪强度公式和挡土墙土压力计算的滑楔理论;1856年,达西(Darcy)在经过大量的试验后,提出在土体中的水流渗透的达西定律(Darcy's law);1857年,朗肯(Rankine)提出了挡土墙土压力计算的另一理论——朗肯土压力理论,并对后来土体强度理论的建立起到了推动作用;1885年,布辛奈斯克(Bossinesq)给出在竖向集中荷载作用下地基中任一点的应力、应变的弹性理论经典解答;1915年,瑞典的彼德森(Petterson)首先提出了土坡稳定分析的整体圆弧法。这些理论和方法至今依然作为土力学的基本原理和方法被广泛应用。1925年,太沙基(Terzaghi)创造性地提出了著名的有效应力原理(principle of effective stress)和渗透固结理论,并出版了《土力学》专著,土力学才作为一门独立学科而发展。

近几十年来,世界范围内超高土石坝、超高层建筑、核电站等巨型工程的兴建,世界范围内多次强烈地震的发生,促进了本学科的发展。我国土力学及岩土工程方面的研究工作也进入较快发展阶段,青藏铁路、港珠澳大桥人工岛、三峡大坝、南水北调、高速铁路客运专线等重大工程建设,在勘察、设计、施工等各个阶段,全面、系统地应用土力学的专业知识和相关施工技术,取得了大量突破性的具有世界先进水平的研究成果。在2008年5月四川汶川大地震(烈度达到12度)中,震中的水利工程经受住大地震的考验,坝体基本安全,未出现溃坝事件,有力地印证了我国的岩土工程科学研究与实践达到国际先进水平。

随着计算机科学与现代试验技术的不断发展,土力学学科得到迅猛发展。对于过去无法解决的理论及工程问题,通过数值模拟技术,可较好地予以解决;而且新的土工试验仪器得到充分开发,在实验室可完成较为复杂应力条件下的模拟试验研究;土工离心机可通过模型试验模拟现场原型的力学状态,同时可预测较长时间下的各种状况等。继续将土力学基本概念和原理应用于工程实践,在此基础上发展和创新,是土力学学科发展的必由之路。

1.5　课程内容安排

本课程的主要内容包括土的基本性质、土中应力计算、三个核心内容(土的渗透特性、变形特性和强度特性)及三类工程问题(地基承载力、土坡稳定和挡土墙的土压力)。各部分的主要内容和要求如下。

1.5.1　土的基本性质及渗透性部分

土力学的研究对象——土是由各种矿物颗粒组成的松散聚合体,具有特殊的物理力学特性,因此要求学生掌握土的三相组成概念、土的物理性质指标及其换算、土的渗透性、达西定律的原理及渗透系数(coefficient of permeability)测定方法、动水压力和临界水力梯度(hydraulic gradient)的概念及计算、渗透破坏的主要类型及防治措施、地基土的工程分类。

1.5.2 地基土体中的应力部分

建筑物在建造过程中会使地基中原有的应力状态发生变化,从而引起地基变形。若地基应力过大,超过了地基的极限承载力后就可能引起地基丧失整体稳定性而破坏。因此,掌握地基的应力与变形计算是保证建筑物正常使用和安全可靠的前提。要求通过学习掌握土体中的有效应力、孔隙水压力、自重应力以及附加应力的基本概念,静水及渗流作用下的有效应力原理;掌握地基中的自重应力、有效应力、基底压力和地基中附加应力的计算方法。

1.5.3 土的压缩和地基沉降计算部分

在建筑物荷载作用下,地基将产生应力和变形,并引起基础的沉降和不均匀沉降。如果沉降的发展超过一定限度,就会引起建筑物的变形、开裂、倾斜甚至倾倒。因此,地基沉降计算是关系到建筑物安全与稳定的重要问题,也是建筑物设计与施工必须认真考虑并设法控制以满足设计安全的基本要求。因此,要求学生掌握土的压缩特性和固结状态、土的压缩指标及其测定方法,以及地基沉降量的计算方法、地基的单向固结理论,为实际工程的沉降计算和地基基础设计打下基础。

1.6 本书的学习要求

学习土力学的目的很明确,就是要能够解决工程实际中的土力学问题。前述几个典型土力学问题的解决,涉及强度、变形,也涉及具体工程的背景情况。因此在学习本书时,大家应该明确以下几点:

①理解理论公式的意义,掌握理论公式的适用条件、适用范围及对象,认真完成教学过程中布置的作业,这些作业将引导你如何初步运用理论公式解决实际问题。

②掌握土的常用物理性质和力学性质指标定义,熟悉这些参数的由来,尽可能在实验中多动手操作,增加工程概念。

③牢记从实践中获取知识,积累经验,并用学过的理论去解释实际工程现象。因为土力学问题中研究的土离散性很大,我国各地区的地基基础规范比较多,这些都是针对当地地基基础情况而编制的,不能仅掌握一些知识,就浅尝辄止,以偏概全。

第二章　土的物理性质及分类

课前导读

　　本章主要内容包括土的形成及特性、土的三相组成、土的分类和物理性质、无黏性土的密实度、黏性土的物理特性、反映黏性土结构特性的两种性质、地基土的工程分类及土的压实性。本章的教学重点为土的三相组成、土的三相比例指标、质量-体积关系指标、无黏性土的密实度、黏性土的物理特性、土的压实性及影响压实效果的因素,难点是土的三相比例指标的换算。

能力要求

　　通过本章的学习,学生应掌握土的组成、土的三相比例指标的定义及其相互换算关系、土的物理特性和压实特性,初步具备认识土的物理特性并对地基土进行分类的能力。

2.1　土的形成及特性

2.1.1　土的形成

　　覆盖在地球表面上的土,是岩石风化的产物,另外,还包括植物腐败后堆积形成的有机质土。岩石的风化过程可以分为物理风化和化学风化。物理风化是由温度应力或冰的形成等引起的物理力使母岩碎裂的过程。岩体的冷却或地表附近日常的气温变化所产生的温度应力导致岩体开裂产生裂隙。如果有水渗入这些裂隙,然后冻结,那么由此而引起的膨胀将使裂隙进一步张开,直至岩块最后从岩体上剥落。通过同样的过程,这些岩块又可碎裂成越来越小的岩屑。在干旱地区,大风携带的砂粒撞击也可使岩面迅速剥蚀。

　　物理风化只改变岩石颗粒的大小和形状,不改变岩石的矿物成分。化学风化是岩石矿物与水或氧气或溶解于土中水的碱类、酸类起化学反应的结果。空气中的二氧化碳和地表土中的有机质都是这种溶解酸的来源。化学风化不仅改变了岩石颗粒的大小,还改变了母岩矿物的成分。

　　在自然界,物理风化和化学风化是同时或交替进行的。风化后的土料可被带入江河,并沿着河道沉积或沉积在湖、海里。流水所能携带颗粒的大小,主要取决于水流流速。因此,不同大小的颗粒可随河流流速的改变而沉积在不同的地方。这就引起颗粒的某些分选,以至于在任一沉积层中发现的颗粒大小会以某种尺寸占优势。在水流搬运过程中,颗粒有较大磨损,从而碎裂成较小的尺寸,其表面往往较光滑且多呈圆形。

冰川和流动冰层也可搬运土粒,但其效果与河道中流水的搬运颇不相同。一方面,巨大的漂石可从岩面拔起,被带到很远的地方;另一方面,在极端情况下,流动冰层底部挟带的石块通过与途中的岩石碰撞研磨,产生颗粒极细的石粉。冰融化时,所挟带的土就沉积下来,形成冰川堆石。

岩石风化后仍留在原地未经搬运的堆积物称为"残积土"。残积土的厚度和风化程度主要取决于气候条件和暴露时间。在湿热地带,风化速度快,残积土的厚度可达几米至几十米,这里的残积土主要由黏土组成;反之,在严寒地带,残积土的厚度不大,且主要由岩块和砂组成。由于残积土未经搬运的磨蚀作用,在土层中所含的石块均带尖棱角。

2.1.2 土的成分及其特性

任何一个土样都是由下列几种(或全部)成分所组成的。

①固相,包括原生矿物、次生矿物、粒间胶结物、有机质。

②液相,包括水和溶解盐类。

③气相,包括空气和水蒸气。

以上这些土的组成部分,都在不同程度上影响着土的工程性质。

1. 原生矿物

原生矿物是由母岩碎裂而成的岩屑。它们一般较粗,直径很少小于0.002 mm(虽然有些冰积土可能含有颗粒极细的石粉)。颗粒一般呈圆形或带棱角。

当这种颗粒为组成土的主要矿物成分(如在砾和砂中)时,土的工程性质主要取决于级配(即粒径的变化)和填实程度。这两个因素在某种程度上是互相关联的。因为如果颗粒都具有大致相同的尺寸,那么要把它们填得很实是不可能的。如果颗粒粒径由大到小有良好的级配,就能使较小的颗粒充填较大颗粒之间的孔隙。这种填得很密的土料,由于颗粒之间的咬合作用,压缩性低,抗剪强度高。颗粒的形状和纹理对土的工程性质亦有一些影响,但与矿物成分无关。

2. 次生矿物

次生矿物主要是岩石经化学风化的产物。次生矿物主要是指黏土矿物,其颗粒极细,主要尺寸很少超过0.002 mm。它们一般呈片状(也可能为针状、管状或棒状),在某些情况下只有几个分子厚。因此,它们有很大的表面积。其性质较不稳定,有较强的吸附水能力(尤其是由蒙脱石构成的土粒),含水率的变化易引起体积胀缩,具有塑性。

3. 粒间胶结物

在有些土中,土粒表面沉积着大量的胶结物(如方解石、氧化铁或硅石)。这种胶结物可能来源于地下水从别处带来的溶解盐类,也可能为由溶滤而引起的土矿物分解的残留物。无论属于哪一种情况,因为矿物在颗粒之间形成一种胶结物,所以土的抗剪强度增加,压缩性降低。

4. 有机质

土中的有机质来源于动、植物遗体,一般集中在土的顶层 0.3~0.5 m 范围内,但在透水土中,渗透作用可进一步把它带得很深。

对工程建筑物而言,这些有机物都有极不良的性质。现概述如下:

①有机质将吸收大量的水(质量高达有机质自重的 5 倍)。施加荷载于有机质上,将因水的排出而引起巨大的体积变化。因此,在相当适中的荷载下,3 m 厚的泥炭层可沉降 0.5 m。如果卸去荷载,泥炭层也会有相当大的膨胀。排水降低地下水位也可引起土的体积减小和地面普遍下沉。

②有机质的抗剪强度很低,当土中含有大量有机质时,将对它的强度产生有害影响。

③有机质有很强的盐基交换能力。

④有机质的存在妨碍水泥的凝固。有机质含量高的土不能用水泥加固。

有机质的许可含量取决于它的性质和土的用途。一般而言,有机质含量小于 0.5% 是不会影响水泥凝固的,当其含量达 2%~3% 时可严重地改变土的强度和压缩性。

5. 水

土的含水量改变是其工程性质发生变化最重要的起因。抗剪强度、压缩性和渗透性都直接或间接地与土的含水量有关。

必须记住的是,水是与固体颗粒一样重要的土的组成部分。它虽不能承担剪应力,但能承担正应力,且正应力是土所承担的应力的重要部分。施加于土上的总应力(total stress)增加一般既能引起粒间接触压力的改变,又能引起孔隙流体压力的改变(除非土能自由排水)。当讨论土中应力时,两者的影响都应加以考虑。

在非饱和土中孔隙内的水-气界面上存在着表面张力。孔隙气压力和孔隙水压力一般是不相等的。

6. 溶解盐类

凡是土内有水渗过的地方,都有水输送的溶解盐类。按工程观点,盐类中最重要的是硫酸盐,因为它们对混凝土有破坏性影响。土中水许可的硫酸盐浓度取决于将同它们接触的混凝土建筑物的性质。

7. 空气

不是所有的土都是完全饱和的(即土粒之间的孔隙不是完全充满水的)。倘若土中空气体积的比例很小(不到孔隙体积的 5%),空气多半是以极小的气泡形式在表面张力引起的高压力下束缚在固定位置上。这些气泡不容易被排出或压缩,对土的压缩性影响较小。稍高的空气体积比例(达孔隙体积的 15%)将导致在低压力下形成较大的气穴,这些气穴对由外加荷载改变引起的体积变化和孔隙压力(pore pressure)变化有重大影响。

若孔隙含有较高比例的空气,则在整个土体内空气多半是连通的,比较容易被排出。这种排气可以由土的压实来完成,这可能引起地面巨大的沉降。或者空气可通过水流入孔隙而被排出,这会使土的抗剪强度降低(特别是在黏性土的情况下)。

8. 水蒸气

在非饱和土中,孔隙内空气的相对湿度高。由于温差或其他原因,蒸气压力可能处处不同。如果土的饱和度低,以至于空气孔隙多半是连通的,水可能以水蒸气的形式发生大量转移。

2.2 土的三相组成

土是一种松散的颗粒堆积体,主要是由固体颗粒、水和气体三部分所组成的三相体系。固体部分,一般由矿物质所组成,有时也含有有机质(半腐烂和全腐烂的植物质和动物残骸等)。固体部分构成土的骨架,称为"土骨架"。土骨架间布满相互贯通的孔隙。这些孔隙有时完全被水充满,称为"饱和土";如果只有一部分被水占据,另一部分被气体占据,称为"非饱和土";也可能完全充满气体,那就是干土。水和溶解于水的物质构成土的液体部分。空气及其他气体构成土的气体部分。这三种组成部分本身的性质以及它们之间的比例关系和相互作用决定了土的物理力学性质。因此,研究土的性质,必须首先研究土的三相组成。

2.2.1 固体颗粒

固体颗粒构成土骨架,它对土的物理力学性质起决定性的作用。研究固体颗粒就要分析粒径的大小及不同尺寸颗粒在土中所占的百分比,称为"土的粒径级配"。另外,还要研究固体颗粒的矿物成分以及颗粒的形状,这三者之间又是密切相关的。例如粗颗粒的成分都是原生矿物,形状多呈单粒状;而颗粒很细的土,其成分多是次生矿物,形状多为针片状。

1. 粒径级配

由于颗粒大小不同,土可以具有很不相同的性质。例如粗颗粒的硕石,具有很强的透水性,完全没有黏性和可塑性;而细颗粒的黏土则透水性很小,黏性和可塑性较大。颗粒的大小通常以粒径表示。由于土颗粒形状各异,所谓颗粒粒径,在筛分试验中用通过的最小筛孔的孔径表示,在水分法中用在水中具有相同下沉速度的当量球体的直径表示。工程上按粒径大小分组,称为"粒组",即某一级粒径的变化范围。表 2-1 列出了国内常用的粒组划分及各粒组的粒径范围。

表 2-1 土的粒组划分

粒组	颗粒名称		粒径 d 的范围/mm
巨粒	漂石(块石)		$d>200$
	卵石(碎石)		$60<d\leqslant200$
粗粒	砾粒	粗砾	$20<d\leqslant60$
		中砾	$5<d\leqslant20$
		细砾	$2<d\leqslant5$
	砂粒	粗砂	$0.5<d\leqslant2$
		中砂	$0.25<d\leqslant0.5$
		细砂	$0.075<d\leqslant0.25$

续表

粒组	颗粒名称	粒径 d 的范围/mm
细粒	粉粒	$0.005 < d \leqslant 0.075$
	黏粒	$d \leqslant 0.005$

摘自《土的工程分类标准》(GB/T 50145—2007)。

实际上,土常是各种不同大小颗粒的混合物。较笼统地说,以砾石和砂粒为主的土称为"粗粒土",也称为"无黏性土"。以粉粒和黏粒为主的土,称为"细粒土",一般为黏性土。很显然,土的性质取决于土中不同粒组的相对含量。土中各粒组的相对含量就称为"土的粒径级配"。为了了解各粒组的相对含量,必须先将各粒组分离开,再分别称重。这就是粒径级配的分析方法。

工程中,实用的粒径级配分析方法有筛分法和水分法两种。筛分法适用于土颗粒大于0.075 mm 的部分。它利用一套孔径大小不同的筛子,如图 2-1 所示。将事先称过质量的烘干土样过筛,称留在各筛上的土重,然后计算相应的百分数。

如图 2-2 所示,水分法用于分析土中粒径小于 0.075 mm 的部分。根据斯托克斯(Stokes)定理,球状的颗粒在水中的下沉速度与颗粒直径的平方成正比,因此可以利用粗颗粒下沉速度快、细颗粒下沉速度慢的原理,按下沉速度进行颗粒粗细分组。基于这种原理,实验室常用密度计进行颗粒分析,称为"密度计法"。

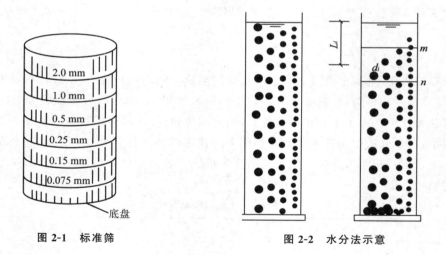

图 2-1 标准筛   图 2-2 水分法示意

将试验结果绘在单对数坐标纸上(横坐标为粒径,采用对数坐标;纵坐标为小于某粒径的土重百分含量,采用普通算术坐标),得到粒径与小于某粒径土重百分含量的关系图,该曲线称为"颗粒级配曲线",见图 2-3。由级配曲线的坡度可以大致判断土粒的均匀程度,如曲线较陡,表示土粒大小相差不多,土粒较均匀;反之,曲线平缓,表示土粒大小相差较大,土粒不均匀。

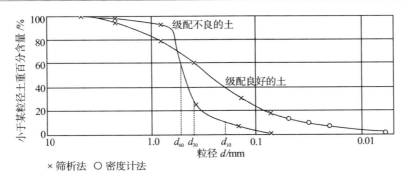

图 2-3 颗粒级配曲线

根据颗粒级配曲线可以得到以下各特征指标：

① 限制粒径 d_{60}，小于该粒径的土粒重量占土总重量的比例为 60%。

② 中值粒径 d_{30}，小于该粒径的土粒重量占土总重量的比例为 30%。

③ 有效粒径 d_{10}，小于该粒径的土粒重量占土总重量的比例为 10%。

根据颗粒级配曲线，可以确定颗粒级配的两个定量指标：不均匀系数 C_u 和曲率系数 C_c。其定义如下：

$$C_u = \frac{d_{60}}{d_{10}} \qquad (2-1)$$

$$C_c = \frac{d_{30}^2}{d_{10}d_{60}} \qquad (2-2)$$

不均匀系数 C_u 反映了不同粒组的颗粒分布情况，即土粒大小的均匀程度。C_u 越大表示土粒粒径的分布范围越大，土粒大小越不均匀，其级配越好，因为这样的土在填筑时更容易被压实。曲率系数 C_c 反映了级配曲线的平滑程度。通常认为 $C_u \geq 5$ 且 $1 \leq C_c \leq 3$ 的土级配良好。

2. 土粒成分

土中固体部分的成分绝大部分是矿物质，另外或多或少有一些有机质。颗粒的矿物成分可分为两大类。一类是原生矿物，常见的如石英、长石和云母等，它们是由岩石经过物理风化生成的，粗的土颗粒通常是由一种或多种原生矿物所组成的岩粒或岩屑，即使很细的岩粉也仍然是原生矿物。另一类组成土的矿物是次生矿物，它们是由原生矿物经化学风化后形成的新的矿物成分。土中的最主要的次生矿物是黏土矿物。黏土矿物具有不同于原生矿物的复合层状的硅酸盐矿物，它对黏性土的工程性质影响很大。次生矿物还有倍半氧化物（Fe_2O_3、Al_2O_3）和次生 SiO_2。它们除以晶体形式存在以外，还常以凝胶的形式存在于土粒之间，增加了土体的抗剪强度。可溶盐是第三种次生矿物，包括 $CaCO_3$、$NaCl$、$MgCO_3$ 等。它们可能以固体形式存在，也可能溶解在溶液中。它们也可增加颗粒间的联结，增强土的抗剪强度。

黏土矿物具有与原生矿物很不相同的特性，它对黏性土性质的影响很大。下面对黏土矿物的晶体结构进行简单介绍。

黏土矿物是一种复合的铝-硅酸盐晶体，颗粒成片状，是由硅片和铝片构成的晶胞所组叠而成。硅片的基本单元是硅-氧四面体。它是由 1 个居中的 Si^{4+} 和 4 个在角点的 O^{2-} 所构成,如图 2-4(a)所示。由 6 个硅-氧四面体组成 1 个硅片,如图 2-4(b)所示。硅片底面的 O^{2-} 为相邻两个 Si^{4+} 所共有,简化图形如图 2-4(c)所示。铝片的基本单元则是铝-氢氧八面体,它是由 1 个 Al^{3+} 和 6 个 OH^- 所构成,如图 2-5(a)所示。4 个八面体组成 1 个铝片。每个 OH^- 都为相邻两个 Al^{3+} 所共有,如图 2-5(b)所示。简化图形见图 2-5(c)。黏土矿物因硅片和铝片的组叠形式不同,主要分成高岭石、蒙脱石和伊利石三种类型。

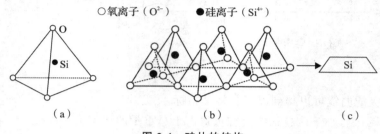

图 2-4　硅片的结构

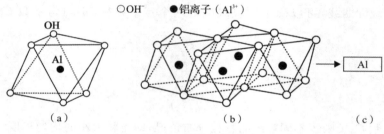

图 2-5　铝片的结构

(1)高岭石

高岭石的晶层结构是由一个硅片和一个铝片上下组叠而成,如图 2-6(a)所示。这种晶体结构称为"1：1 的两层结构",两层结构的最大特点是晶层之间通过 O^{2-} 与 OH^- 相互联结,称为"氢键联结"。氢键的联结力较强,致使晶格不能自由活动,水难以进入晶格之间,是一种遇水较为稳定的黏土矿物。因为晶层之间的联结力较强,能组叠很多晶层,多达百个以上,成为一个颗粒,所以高岭石的主要特征是颗粒较粗,不容易吸水膨胀、失水收缩,或者说亲水能力差。

(2)蒙脱石

蒙脱石的晶层结构是由两个硅片中间夹一个铝片所构成,如图 2-6(b)所示,称为"2：1 的三层结构"。晶层之间是 O^{2-} 与 O^{2-} 的联结,联结力很弱,水很容易进入晶层之间。每一颗粒能组叠的晶层数较少。医用蒙脱石的主要特征是颗粒细微,具有显著的吸水膨胀、失水收缩的特性,或者说亲水能力强。医学上常用蒙脱石散治疗腹泻,便与蒙脱石亲水能力强的特性有密切关系。蒙脱石散的主要成分为蒙脱石,具有调节肠道功能。

(3)伊利石

伊利石是云母在碱性介质中风化的产物。它与蒙脱石相似,是由两层硅片夹一层铝片所形成的三层结构,但晶层之间有 K^+ 联结,如图 2-6(c)所示。其联结强度弱于高岭石而高于蒙脱石,特征也介于两者之间。

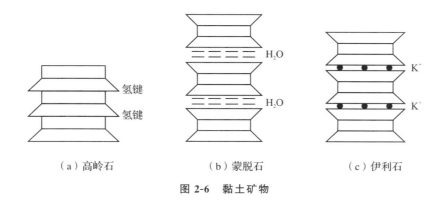

（a）高岭石　　　　　　　（b）蒙脱石　　　　　　　（c）伊利石

图 2-6　黏土矿物

2.2.2　土中水

组成土的第二种主要成分是水。土中水除了一部分以结晶水的形式存在于固体颗粒内部的矿物中以外，可以分成结合水和自由水两大类。

1. 结合水

黏土颗粒在水介质中会表现出带电的特性，在其四周形成电场。水分子是极性分子，即正负电荷分布在分子两端。在电场范围内，水中的阳离子和极性水分子被吸引在颗粒的四周，定向排列。最靠近颗粒表面的水分子所受电场的作用很强，可以达到1000 MPa。随着远离颗粒表面，作用力很快衰减，直至电场以外不受电场力作用。受颗粒表面电场作用力吸引而包围在颗粒四周的水与其所受的电化学力比较，自身重力不起主要作用，因而不会因自身的重力而流动。这部分水称为"结合水"。结合水因离颗粒表面远近不同，受电场作用力的大小不一样，可以分成强结合水和弱结合水两类。

（1）强结合水

紧靠于颗粒表面的水分子，所受电场的作用力很大，几乎完全固定排列，丧失液体的特性而接近于固体，这层水称为"强结合水"。强结合水的冰点低于0 ℃，密度要比自由水大，具有蠕变性。当温度略高于100 ℃时它才会蒸发。

（2）弱结合水

指强结合水以外、电场作用范围以内的水。弱结合水也受颗粒表面电荷所吸引而定向排列于颗粒四周，但电场作用力随远离颗粒而减弱。这层水是一种黏滞水膜。受力时能由水膜较厚处缓慢转移到水膜较薄处，也可以因电场引力从一个土粒的周围转移到另一个土粒的周围。就是说，弱结合水膜能发生变形，但不因自身的重力作用而流动。弱结合水的存在是黏性土在某一含水量范围内表现出可塑性的原因。

2. 自由水

不受颗粒电场引力作用的水称为"自由水"。自由水又可分为毛细水和重力水两类。

（1）毛细水

分布在土粒内部间相互贯通的孔隙，可以看成是许多形状不一、直径互异、彼此连通的毛细管，毛细管中的水称为"毛细水"。按物理学概念，在毛细管周壁，水膜与空气的分界处存在着表面张力 T。如图 2-7 所示，水膜表面张力 T 的作用方向与毛细管壁成夹角 α。

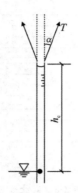

图 2-7　土中的毛细水升高

由于表面张力的作用,毛细管内的水被提升到自由水面以上高度 h_c 处。分析高度为 h_c 的水柱的静力平衡条件,因为毛细管内水面处即为大气压,若以大气压为基准,则该处压力 $p_a = 0$,故

$$\pi r^2 h_c \gamma_w = 2\pi r T \cos\alpha \tag{2-3}$$

$$h_c = \frac{2T\cos\alpha}{r\gamma_w} \tag{2-4}$$

式中,水膜的张力 T 与温度有关,10 ℃时为0.000741 N/cm,20 ℃时为0.000728 N/cm;夹角 α 的大小与土颗粒成分和水的性质有关;r 为毛细管的半径;γ_w 为水的重度。式(2-4)表明,毛细水上升高度 h_c 与毛细管半径 r 成反比。显然土颗粒的直径越小,孔隙的直径(也就是毛细管的直径)越细,则毛细水的上升高度越大。不同土类,土中的毛细水上升高度不相同,大致范围见表 2-2 所列的一些例子。

表 2-2　不同土中毛细水上升高度　　　　　　　　　　　　　　　单位:cm

土名称	松态	密态
粗砂	3～12	4～15
中砂	12～50	35～110
细砂	30～200	40～350
粉土	150～1000	250～1200
黏土	>1000	

若弯液面处毛细水的压力为 u_c,分析该处水膜受力的平衡条件,取铅直方向力的总和为零,则有

$$2T\pi r\cos\alpha + u_c\pi r^2 = 0 \tag{2-5}$$

由式(2-4) 可知,$T = \dfrac{h_c r \gamma_w}{2\cos\alpha}$,代入式(2-5)得:

$$u_c = \frac{-2T}{r} = -h_c\gamma_w \tag{2-6}$$

式(2-6)表明毛细区域内的水压力与一般静水压力的概念相同,它与水头高度 h_c 成正比,负号表示张力。这样,自由水位上下的水压力分布如图 2-8 所示。自由水位以下水承受

压力,自由水位以上、毛细区域内毛细水承受张力。因此,自由水位以下,土骨架受浮力,减小了颗粒间的压力。自由水位以上,毛细区域内颗粒骨架承受水的张拉作用而使颗粒间受压,称为"毛细压力(u_c)"。毛细压力大小呈倒三角形分布,弯液面处最大,自由水面处为零。

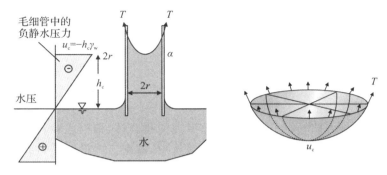

图 2-8 毛细作用分析

自然界中,植物根系从土壤中吸收水分就是利用毛细作用的原理,毛细血管采血法也是常用的便捷的采血方式。同样有趣的是,在澳洲生活着一种称为"魔蜥"的蜥蜴,是澳洲北岭地干旱沙漠里特有的沙漠蜥蜴,如图 2-9 所示。由于澳洲魔蜥生活在干旱的沙漠,为了获取水分,它们进化出了一套神奇的"饮水系统"。因沙漠昼夜温差大,当夜晚空气中的水蒸气接触到魔蜥身体后便会形成露水,身体上针刺状的皮肤中细微小凹槽会吸附水珠,之后再通过毛细管作用将水分引入体内。魔蜥利用皮肤鳞片之间的微小凹槽形成一个毛细吸管网,可以从身体任何部位吸收水分,所以它是为数不多不需要寻找水源的生物。

图 2-9 澳洲魔蜥利用毛细作用补充水分
图片来源:https://v.ifeng.com/c/be9f76a9-bdd3-46d4-ad37-e4a7493d797c。

(2)重力水

自由水面以下,土颗粒电分子引力范围以外的水,仅在自身重力作用下运动,称为"重力水",与一般水的性质相似。

2.2.3 土中气体

土中气体按其所处的状态和结构特点可分为以下几种存在形式:吸附于土颗粒表面的气体、溶解于水中的气体、四周为颗粒和水所封闭的气体以及自由气体。通常认为自由气体与大气连通,对土的性质无大影响。密闭气体的体积与压力有关:压力增加,则体积缩小;压力缩小,则体积膨胀。因此,密闭气体的存在增加了土的弹性,同时还可阻塞土中的渗流通道,减小土的渗透性。

2.3 土的分类和物理性质

2.3.1 土状态常量

自然状态的土是由矿物粒子不均匀分布形成的集合体,根据土颗粒孔隙间是否充满水分为饱和土和非饱和土。表达土状态的所有常量中,根据实验最容易得到的便是含水湿土样的质量,烘干后的土样的质量(也就是土颗粒的比重)。因此,通常可将土样体积划分为孔隙部分体积和固体颗粒部分体积,或者划分为液体部分的质量和固体部分的质量进行计算。

为了更形象地反映土中的三相组成及其比例关系,在土力学中常用三相草图来表示。它将一定量的土中的固体颗粒、水和气体分别集中,并将其质量和体积分别标注在草图的左右两侧,如图 2-10 所示。

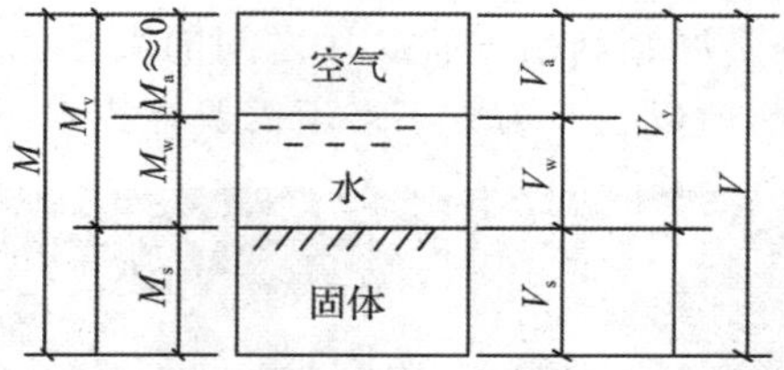

V—土的总体积; V_v—土的孔隙部分总体积; V_s—土的固体颗粒部分总体积; V_w—土中水的体积; V_a—土中气体的体积; M—土的总质量; M_v—土中孔隙流体的总质量; M_s—土的固体颗粒总质量; M_a—土中气体的质量; M_w—土中水的质量。

图 2-10 三相草图

另外,计算中可能用到的物理量包括:

W——土样总重量,kN;

W_s——土颗粒重量(烘干重量),kN;

W_w——孔隙水重量,kN;

W_a——土样空气重量,kN;

γ_w——单位体积水的重量(按 4 ℃时为 1 g/cm^3,即 1000 kg/m^3,则 $\gamma_w=10$ kN/m^3)。

在上述物理量中,除去一些为其他几个量之和外,只有 V_s、V_w、V_a、M_s、M_w 和 M_a 6 个独立的量。在土力学中可以忽略气体的质量,所以 $M_a \approx 0$;也可以近似认为水的比重等于 1.0,所以在数值上 $M_w \approx V_w$。而使用三相草图是为了确定或者换算三相间的相对比例关系,可以假设任一个量等于 1.0,从而用该草图计算出其余的几个物理量及其比例关系。这样在三相换算中一般需要有上述各量中的 3 个已知的量,对于完全饱和土和完全干燥土则只需 2 个已知量,就可以确定上述的 10 个物理量及其间的比例关系。三相草图是土力学中十分有用的工具,它比用换算公式更方便直观,并不易出错。

2.3.2 确定三相量比例关系的基本试验指标

为了确定三相草图诸量中的 3 个量,就必须通过实验室的试验测定。通常做 3 个最易操作的基本物理性质试验,即土的密度试验、土粒比重试验和土的含水率试验,也称为"直接测定指标",其余指标则可以根据这 3 个基本指标换算得出。以下分别讨论这 3 项指标。

通过试验测定的直接指标有土的密度、土粒的比重和土的含水率。

1. 土的密度和重度

单位体积土的质量,称为"土的密度",即

$$\rho = \frac{M}{V} = \frac{M_s + M_w + M_a}{V} \tag{2-7}$$

式中,ρ 的单位为 kg/m^3 或 g/cm^3。

测定土的密度的方法一般用"环刀法",即用已知内腔体积的环刀,切取试样,用天平称量出试样的质量 M,便可以按式(2-7)计算出土的密度。若现场测定,则可以采用灌水法、灌砂法或蜡封法。

在天然状态下,土的密度值变化范围较大,ρ 值一般介于 $1.6 \sim 2.2\ g/cm^3$ 之间。其中,一般黏性土 $\rho = 1.8 \sim 2.0\ g/cm^3$,砂土 $\rho = 1.6 \sim 2.0\ g/cm^3$,腐殖土 $\rho = 1.5 \sim 1.7\ g/cm^3$。在指标计算中还会用到水的密度 ρ_w,从物理学得知在温度为 4 ℃ 时,纯水的密度为 $1\ g/cm^3$。土的重度是在土力学中常会遇到的一个指标,也就是单位体积土的重量,用 γ 表示,即

$$\gamma = \frac{W}{V} = \frac{W_s + W_w + W_a}{V} \tag{2-8}$$

式中,γ 的单位为 kN/m^3。

由于重量=质量×重力加速度,故土的密度与土的重度的关系式为

$$\gamma = \rho \times g = 9.8\rho \tag{2-9}$$

在地球表面上重力加速度一般取 $g = 9.8\ m/s^2$(或$9.8\ N/kg$),但在实际工程中为简化计算,常近似地取重力加速度 $g = 10\ m/s^2$(或$10\ N/kg$)。

2. 土粒的比重(土粒相对密度)

一个体积为 V 的物体的重量或质量与同体积水的重量(在4 ℃时的纯水)或质量之比,称为"这种物体的比重"。土力学中用到的土粒比重为土粒质量与同体积的4 ℃时纯水的质量之比,即

$$G_s = \frac{M_s}{V_s \rho_w} \tag{2-10}$$

或

$$G_s = \frac{W_s}{V_s \gamma_w} \tag{2-11}$$

土粒的比重常用比重瓶法测定,其操作技术可以参考《土木试验方法标准》(GB/T 50123—2019)。土粒比重的大小,视土粒矿物成分的不同而不同,其数值一般为 2.6~2.8。

砂粒的比重平均值为 2.65;黏性土为 2.67~2.74,平均为 2.70;有机质土为 2.4~2.5;泥炭土为 1.5~1.8。实践中,同一种类的土的比重变化幅度不大。因此,若不便进行试验,初步估算时,可以按经验值选用,参见表 2-3。

表 2-3　土粒比重的经验取值

土名	砂土	砂质粉土	黏质粉土	粉质黏土	黏土
土粒比重	2.65~2.69	2.70	2.71	2.72~2.73	2.74~2.76

3. 土的含水率

土中水的重量(质量)与土粒重量(质量)之比,称为"土的含水率",用 w 表示,常以百分数计,即

$$w = \frac{W_{\mathrm{w}}}{W_{\mathrm{s}}} = \frac{M_{\mathrm{w}}}{M_{\mathrm{s}}} \tag{2-12}$$

土的含水率在试验室内通常用烘干法测定。其原理是:将天然土样的重量称出,然后放入烘箱中加热,并保持在温度 105℃ 下将土样烘干,称得干土重;由于烘干而失去的重量即为土中的水重 W_{w};于是可以按上式计算得含水率。例如通过烘箱干燥测定水分含量,假设:①湿土样品和容器的质量为 0.317 kg;②干土样品和容器的质量为 0.276 kg;③容器的质量为 0.090 kg。

计算可得含水率为

$$w = \frac{(0.317-0.276)\times 9.8}{(0.276-0.090)\times 9.8} = \frac{0.041}{0.186} \approx 22.0\%$$

有时可在现场通过更粗糙的方法快速测定土样含水率,如在砂浴上加热土壤,或将土样浸泡在酒精中并燃烧。上述方法测量速度快,但涉及高温。因此,不适用于含有大量黏土矿物的土,因为大多数黏土矿物在远低于500 ℃的温度下便会流失大量结晶水。

在野外若无烘箱或要求快速测定含水率,可以依据土的性质和实际工程情况用酒精燃烧法或比重法。

不同土的天然含水率可以在很大范围内变动。土的天然含水率与土的种类、埋藏条件及所处的自然地理环境有关。例如,砂土的含水率为 0%~40%,一般干的粗砂土其含水率接近于 0,而饱和砂土则接近 40%;黏土的含水率为 3%~100%及以上。我国内地曾发现一种泥炭土,其含水率甚至高达 600%。

土的含水率表示土的干湿程度,含水率愈高,说明土愈湿,一般来说也就愈软。这说明含水率发生变化时,土(尤其是黏性土)的力学性质也会随之而变化,对同一类土而言,当其含水率增大时,则其强度就降低。

2.3.3　换算指标

除了上述 3 个直接测定指标外,还有 6 个可以计算求得的指标。

1. 孔隙比与孔隙率

土中孔隙的体积与土粒体积之比称为"孔隙比",用 e 表示,以小数计,即

$$e = \frac{V_{\mathrm{v}}}{V_{\mathrm{s}}} \tag{2-13}$$

　　土的孔隙比主要与土粒大小、排列松密程度、颗粒级配和应力历史等有关。例如,砂土的孔隙比为 $0.4 \sim 0.8$;黏性土的孔隙比为 $0.6 \sim 1.5$,甚至在 2 以上,黏土若含大量有机质,孔隙比可以达到 4 或 5。同一类土的孔隙比愈大,说明土愈松软;孔隙比愈小,说明土愈密实。实际工程中,可以用孔隙比来评价同一种土在天然状态下的松密程度,或者通过孔隙比变化来反映土所受到的压密程度。一般,$e < 0.6$ 的土是密实的低压缩性土,$e > 1.0$ 的土是疏松的高压缩性土。

　　例题 2.1　如图 2-11 所示,已知 3 个直接测定指标 γ、G_s、w,试计算孔隙比 e。

　　解　设土的颗粒体积 $V_s = 1$,根据孔隙比定义得

$$V_v = V_s e = e, V = 1 + e$$

根据土粒比重定义,$G_s = \dfrac{W_s}{V_s \gamma_w}$,得

$$W_s = G_s V_s \gamma_w = G_s \gamma_w$$

根据含水率定义,$w = \dfrac{W_w}{W_s}$,得

$$W_w = w W_s = w G_s \gamma_w$$

$$W = W_w + W_s = (1 + w) G_s \gamma_w$$

　　将以上结果填入图中,而得经过简化的三相草图,实质上就是将图中左右两侧分别除以土的实际体积,这样做土中各相的相对比例关系是不变的。有了这张三相草图,就可以直接导出用其他指标表达的求算孔隙比的公式。

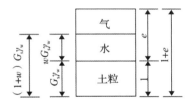

图 2-11　土的三相草图（例题 2.1）

　　根据土的重度的定义,$\gamma = \dfrac{W}{V}$,得 $V = \dfrac{W}{\gamma} = 1 + e$,则

$$e = \frac{W}{\gamma} - 1 = \frac{(1 + w) G_s}{\gamma} \gamma_w - 1 \tag{2-14}$$

　　土中孔隙的体积与土的总体积之比,称为"孔隙率",用 n 表示。也就是单位体积的土体中孔隙所占的体积,常以百分数计,即

$$n = \frac{V_v}{V} \tag{2-15}$$

　　从三相草图中容易得出,孔隙率与孔隙比的换算关系为

$$n = \frac{e}{1 + e} \text{ 或 } e = \frac{n}{1 - n} \tag{2-16}$$

2. 土的饱和度

饱和度的定义是土中被水充填的孔隙体积与孔隙总体积之比,用 S_r 表示,以百分数计,即

$$S_r = \frac{V_w}{V_v} \times 100\% \tag{2-17}$$

饱和度变化范围为 $0\% \sim 100\%$,土的干湿程度对于细砂或粉砂的强度有很大影响,因为饱和粉、细砂在振动或渗流作用下,容易丧失其稳定性。根据简化的三相草图,即设土粒体积 V_s 为 1 时,水的重量 $W_w = wG_s\gamma_w$,可以得到水的体积 $V_w = \frac{W_w}{\gamma_w} = wG_s$,代入式 (2-17) 得

$$S_r = \frac{V_w}{V_v} = \frac{wG_s}{e} \times 100\% \tag{2-18}$$

对于完全饱和土:

$$S_r = \frac{wG_s}{e} \times 100\% = 100\% \tag{2-19}$$

故

$$e = wG_s \tag{2-20}$$

2.3.4 不同状态下土的密度与重度

1. 湿密度与湿重度

式(2-7)及式(2-9)分别表示土在天然状态下以三相状态存在时的密度及重度。这一状态的密度或重度常被称为"湿密度"或"湿重度"(也可称为"天然密度"或"天然重度")。

2. 饱和密度与饱和重度

土中孔隙完全被水充满时的密度(重度)称为"土的饱和密度"(饱和重度),其表达式为

$$\rho_{sat} = \frac{M_s + V_v\rho_w}{V} \tag{2-21}$$

$$\gamma_{sat} = \frac{W_s + V_v\gamma_w}{V} \tag{2-22}$$

3. 浮密度与浮重度

在地下水位以下,土的密度(重度)是土受淹时的有效密度(重度),分别以 ρ' 及 γ' 表示,这时由于土受到水的浮力作用,故单位土体积中土粒的质量扣除同体积水的质量后,即为单位土体积中土粒的有效质量,称为"浮密度"(浮重度),即

$$\rho' = \frac{M_s - V_s\rho_w}{V} = \rho_{sat} - \rho_w \tag{2-23}$$

同样,得到

$$\gamma' = \frac{W_s - V_s\gamma_w}{V} = \gamma_{sat} - \gamma_w \tag{2-24}$$

4. 干密度与干重度

当土中不存在水时的密度（重度）称为"干密度"（干重度），其表达式为

$$\rho_{d} = \frac{M_{s}}{V} \tag{2-25}$$

$$\gamma_{d} = \frac{W_{s}}{V} \tag{2-26}$$

事实上，自然界中土的孔隙内总含有一定的水分，故在自然界中干密度（干重度）是不存在的。但这一指标可以用以反映出单位体积内固体颗粒数量的多少，也就反映出土的松密程度，故在填土工程中（如填筑堤坝）用来评定填土的松密以控制填土工程的施工质量。

根据以上所述，可见同一种土的各种密度和重度在数值上有如下关系：

$$\rho_{sat} > \rho > \rho_{d} > \rho' \tag{2-27}$$

$$\gamma_{sat} > \gamma > \gamma_{d} > \gamma' \tag{2-28}$$

例题 2.2　某饱和黏性土（即 $S_r = 100\%$）的含水量为 $w = 40\%$，比重 $G_s = 2.70$，求土的孔隙比 e 和干密度 ρ_d。

解　绘制三相草图，见图 2-12，设土颗粒体积 $V_s = 1.0\ \text{cm}^3$。

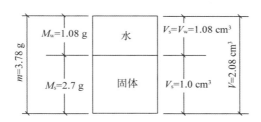

图 2-12　三相草图（例题 2.2）

①按比重定义，由式（2-10）得

$$\rho_{s} = G_{s}\rho_{w} = 2.70 \times 1.0 = 2.7\ \text{g/cm}^3$$

土粒的质量为（ρ_s 为土粒密度）

$$M_{s} = V_{s} \times \rho_{s} = 2.7\ \text{g}$$

②按含水量定义，由式（2-12）得

$$w = \frac{M_{w}}{M_{s}}$$

$$M_{w} = w \times M_{s} = 0.40 \times 2.70 = 1.08\ \text{g}$$

$$V_{w} = \frac{M_{w}}{\rho_{w}} = 1.08\ \text{cm}^3 = V_{v}$$

把计算结果填入三相草图。

③按孔隙比定义，由式（2-13）得

$$e = \frac{V_{v}}{V_{s}} = \frac{1.08}{1.0} = 1.08$$

④按干密度定义，由式(2-25)得

$$\rho_d = \frac{M_s}{V} = \frac{2.7}{2.08} = 1.30 \text{ g/cm}^3$$

应当注意，在上述例题中，假设土粒的实体体积 $V_s = 1.0 \text{ cm}^3$。事实上，因为三相量的指标都是相对的比例关系，不是物理量的绝对值，因此取三相草图中任一个量等于任何数值进行计算都应得到相同的结果。假定为 1.0 的量选取合适，则可以减少计算的工作量。

表 2-4 是根据测定的 3 个基本指标，即密度 ρ、土粒比重 G_s 和含水量 w 计算其他指标的换算公式，表 2-5 为上述 6 个量之间的换算公式。这些公式很容易从三相草图推算得到。读者应掌握三相草图的应用，而不提倡死记公式。

表 2-4　三相比例指标之间的基本换算公式

指标名称	换算公式	指标名称	换算公式
干密度 ρ_d	$\rho_d = \dfrac{\rho}{1+w}$	饱和密度 ρ_{sat}	$\rho_{sat} = \dfrac{G_s + e}{1+e} \rho_w$
孔隙比 e	$e = \dfrac{\rho_s(1+w)}{\rho} - 1$	浮重度 γ'	$\gamma' = \gamma_{sat} - \gamma_w$
孔隙率 n	$n = 1 - \dfrac{\rho}{\rho_s(1+w)}$	饱和度 S_r	$S_r = \dfrac{w G_s}{e}$

2.4　无黏性土的密实度

所谓无黏性土，一般是指由原生矿物组成、颗粒较粗的土。无黏性土的土粒之间的黏结力很弱或无黏结，因此往往形成单粒结构。

影响无黏性土工程性质的主要因素是其密实度。若土粒排列紧密，其结构就稳定，压缩变形就小，强度就高，是良好的地基；反之，若土粒排列疏松，其结构就不稳定，工程性质较差。

判断无黏性土密实度最简单的方法，是用孔隙比 e 来描述。但由于土粒的形状和级配对孔隙比有着很大的影响，仅凭孔隙比无法完全反映土粒级配对土体密实度的影响，因此在工程中常引入"相对密实度"(relative density)的概念。

若将无黏性土处于最疏松状态的 e 称为"最大孔隙比 e_{max}"，处于最紧密状态时的 e 称为"最小孔隙比 e_{min}"，则定义相对密实度 D_r 如下：

$$D_r = \frac{e_{max} - e}{e_{max} - e_{min}} \tag{2-29}$$

显然，D_r 的取值范围为 0~1，根据 D_r 值可将无黏性土的密实度状态分为如表 2-6 所示的 3 种。

表 2-5　三相比例指标的相互换算关系表

	孔隙比 e	孔隙率 $n \times 100\%$	干密度 ρ_d	饱和密度 ρ_{sat}	浮重度 γ'	饱和度 S_r
孔隙比 e	$e = V_v/V_s$	$n = \dfrac{e}{1+e}$	$\rho_d = \dfrac{G_s \rho_w}{1+e}$	$\rho_{sat} = \dfrac{G_s + e}{1+e}\rho_w$	$\gamma' = \dfrac{G_s - 1}{1+e}\gamma_w$	$S_r = \dfrac{wG_s}{e}$
孔隙率 $n \times 100\%$	$e = \dfrac{n}{1-n}$	$n = \dfrac{V_v}{V}$	$\rho_d = \dfrac{nS_r \rho_w}{w}$	$\rho_{sat} = G_s \rho_w (1-n) + n\rho_w$	$\gamma' = (G_s - 1)(1-n)\gamma_w$	$S_r = \dfrac{wG_s(1-n)}{n}$
干密度 ρ_d	$e = \dfrac{\rho_s}{\rho_d} - 1$	$n = 1 - \dfrac{\rho_d}{\rho_s}$	$\rho_d = \dfrac{M_s}{V}$	$\rho_{sat} = (1 + e/G_s)\rho_d$	$\gamma' = [(1 + e/G_s)\rho_d - \rho_w]g$	$S_r = \dfrac{w\rho_d}{n\rho_w}$
饱和密度 ρ_{sat}	$e = \dfrac{\rho_s - \rho_{sat}}{\rho_{sat} - \rho_w}$	$n = \dfrac{\rho_s - \rho_{sat}}{\rho_s - \rho_w}$	$\rho_d = \dfrac{\rho_{sat}G_s}{G_s + e}$	$\rho_{sat} = \dfrac{M_s + V_v \rho_w}{V}$	$\gamma' = \rho_{sat}g - \gamma_w$	$S_r = \dfrac{wG_s \gamma'/g}{\rho_s - \rho_{sat}}$
浮重度 γ'	$e = \dfrac{\gamma_s - \gamma_{sat}}{\gamma'}$	$n = \dfrac{(G_s - 1)\gamma_w - \gamma'}{(G_s - 1)\gamma_w}$	$\rho_d = \dfrac{G_s(\gamma'/g + \rho_w)}{G_s + e}$	$\rho_{sat} = (\gamma' + \gamma_w)/g$	$\gamma' = \gamma_{sat} - \gamma_w$	$S_r = \dfrac{wG_s \gamma'}{\rho_s g - \gamma_{sat}}$
饱和度 S_r	$e = \dfrac{wG_s}{S_r}$	$n = \dfrac{wG_s}{S_r + wG_s}$	$\rho_d = \dfrac{S_r \rho_s}{wG_s + S_r}$	$\rho_{sat} = \dfrac{S_r G_s + wG_s}{S_r + wG_s}\rho_w$	$\gamma' = \dfrac{S_r(\rho_s g - \gamma_{sat})}{wG_s}$	$S_r = \dfrac{V_w}{V_v}$

注：S_t 为灵敏度。

表 2-6　无黏性土的密实度状态

D_r 的数值范围	密实度状态
$2/3 < D_r \leqslant 1$	密实
$1/3 < D_r \leqslant 2/3$	中密
$0 < D_r \leqslant 1/3$	松散

例题 2.3　某砂层的天然密度 $\rho = 1.75 \text{ g/cm}^3$，含水量 $w = 10\%$，土粒比重 $G_s = 2.65$。最小孔隙比 $e_{\min} = 0.40$，最大孔隙比 $e_{\max} = 0.85$，问：该土层处于什么状态？

解　①求土层的天然孔隙比 e。

绘三相草图，见图 2-13。设 $V_s = 1.0 \text{ cm}^3$，由 $e = \dfrac{V_v}{V_s}$ 在数值上得孔隙体积 $V_v = e$。因为 $G_s = 2.65$，由公式 $G_s = \dfrac{M_s}{V_s(\rho_w^{4℃})} = \dfrac{\rho_s}{\rho_w^{4℃}}$，得 $M_s = \rho_s = 2.65 \text{ g}$。因为 $w = 10\%$，由土的含水量计算公式，得 $M_w = wM_s = 0.265 \text{ g}$。

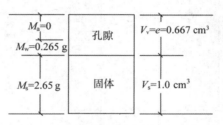

图 2-13　三相草图（例题 2.3）

因为 $\rho = 1.75 \text{ g/cm}^3$，由密度计算公式：

$$\rho = \frac{M_s + M_w}{V} = \frac{2.65 + 0.265}{1 + e}$$

解得 $e = 0.666$。

②求相对密度。

$$D_r = \frac{e_{\max} - e}{e_{\max} - e_{\min}} = \frac{0.85 - 0.666}{0.85 - 0.40} = 0.409$$

$$\frac{2}{3} > D_r > \frac{1}{3}$$

故该砂层处于中密状态。

2.5　黏性土的物理特性

所谓黏性土，一般是指由次生矿物组成、颗粒较细、具有可塑性的土。在外力作用下，可被塑造成任何形状，当外力去掉后，仍可保持塑造形状的性质称为"可塑性"。黏性土土粒之间的黏结力较强，呈现出具有很大孔隙的蜂窝结构或絮状结构。

通常,土中的含水率不同,黏性土的性质会有很大的差异。随着黏性土含水率的增大,土体的强度和抵抗变形的能力会逐渐降低。

2.5.1　黏性土的界限含水率

黏性土加水充分搅拌后,像泥浆一样,不能成型,呈"流动状态";若使其中的水分逐渐蒸发,随着含水率的降低,其体积减小,逐渐达到容易成型的"可塑状态";再进一步使其干燥,达到难以改变其形状的"半固体状态";继续干燥下去,土粒相互接触,土的体积不再收缩,呈现出坚硬的"固体状态"。

如图 2-14 所示,黏性土从一种状态转变为另一种状态的分界含水率称为"界限含水率"。土由可塑状态变化到流动状态的界限含水率称为"液限"(liquid limit),用 w_L 表示;由半固体状态变化到可塑状态的界限含水率称为"塑限"(plastic limit),用 w_P 表示;由固体状态变化到半固体状态的界限含水率称为"缩限"(shrinkage limit),用 w_S 表示。

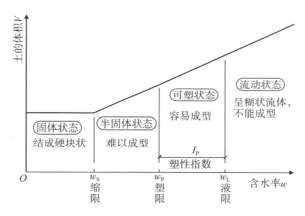

图 2-14　黏性土的状态

1. 液限 w_L

我国一般采用锥式液限仪(图 2-15)来测定黏性土的液限。将调和均匀的浓糊状试样装满盛土杯,刮平杯口表面,将质量为76 g、锥角为 30°的圆锥体轻放在试样表面的中心,使其在自重作用下沉入试样,若圆锥体经5 s恰好沉入17 mm深,此时试样的含水率即为液限值。为了避免放锥时的人为晃动影响,可采用电磁放锥的方法,实践证明其效果较好。

欧美及日本等采用碟式液限仪(图 2-16)测定液限。将调和均匀的浓糊状试样装在碟内,刮平表面,用开槽器在土中成槽,槽底宽度为2 mm,然后将碟子抬高10 mm,使碟自由下落,连续下落 25 次后,如槽底两边试样的合拢长度为13 mm,此时试样的含水率即为液限值。

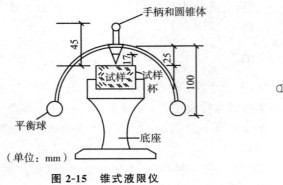

图 2-15 锥式液限仪

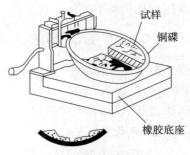

图 2-16 碟式液限仪

2. 塑限 w_P

黏性土的塑限采用"搓条法"测定。用双手将天然湿度的试样搓成椭圆形,放在毛玻璃板上用手掌慢慢搓滚成小土条,若土条直径为 3 mm 时产生裂缝并开始断裂,此时试样的含水率即为塑限。

2.5.2 黏性土的可塑性指标

黏性土的可塑性指标除了液限、塑限和缩限外,还有塑性指数(plasticity index)、液性指数(liquidity index)等指标。

1. 塑性指数 I_P

塑性指数为液限 w_L 与塑限 w_P 的差值(省去%):

$$I_P = w_L - w_P \tag{2-30}$$

I_P 表示土处于可塑状态的含水率的变化范围。换句话说,塑性指数的大小与土中结合水的可能含量有关。从土的颗粒来说,土粒愈细,则其比表面积愈大,结合水含量愈高,因而 I_P 也愈大。在一定程度上,塑性指数综合反映了黏性土及其组成的基本特性。因此,在工程上常按塑性指数对黏性土进行分类。

2. 液性指数 I_L

液性指数为黏性土的天然含水率和塑限的差值与塑性指数之比。

$$I_L = \frac{w - w_P}{I_P} = \frac{w - w_P}{w_L - w_P} \tag{2-31}$$

当土的天然含水率 $w < w_P$ 时,$I_L \leqslant 0$,土处于坚硬状态;当 $w > w_L$ 时,$I_L > 1$,土处于流动状态;当 $w_P \leqslant w \leqslant w_L$ 时,$0 \leqslant I_L \leqslant 1$,土处于可塑状态。因此,可利用液性指数作为黏性土状态的划分指标,具体见表 2-7。

表 2-7 土的液性指数与状态划分

状态	坚硬	硬塑	可塑	软塑	流塑
液性指数	$I_L \leqslant 0$	$0 < I_L \leqslant 0.25$	$0.25 < I_L \leqslant 0.75$	$0.75 < I_L \leqslant 1$	$I_L > 1$

3. 相对稠度 I_C

有时也会用到相对稠度(relative consistency)这个计算指标,其定义为:

$$I_{\mathrm{C}} = \frac{w_{\mathrm{L}} - w}{I_{\mathrm{P}}} \qquad (2\text{-}32)$$

可以看出,相对稠度与液性指数的概念容易混淆,但两者之和等于1,所以这两个概念记住一个即可。应该注意的是,黏性土的界限含水率均是在实验室中将试样充分搅拌、完全破坏其天然结构后得出的扰动黏性土的特征指标。天然生成的具有一定结构的原状土,在其含水率达到液限后,并不处于流动状态。一旦土的结构性遭到破坏,则呈现出流动状态。

例题 2.4 从某地基取原状土样,测得土的液限 $w_{\mathrm{L}} = 47\%$,塑限 $w_{\mathrm{P}} = 18\%$,天然含水量 $w = 40\%$,问:地基土处于什么状态?

解 由式(2-31)求液性指数:

$$I_{\mathrm{L}} = \frac{w - w_{\mathrm{P}}}{w_{\mathrm{L}} - w_{\mathrm{P}}} = \frac{40 - 18}{47 - 18} = 0.759$$

查表 2-7,$0.75 < I_{\mathrm{L}} \leqslant 1$,土处于软塑状态,但实际上地基土是原状土,用上式计算的结果偏大,故该天然土体实际上也可能处于可塑状态。

2.6 反映黏性土结构特性的两种性质

2.6.1 黏性土的灵敏度

土的结构形成后就获得某种强度,且强度随时间的推移而增加。在含水率不变的条件下,将原状土样碾碎,重新按原来的密度制备成重塑土样。由于原状土样的结构彻底被破坏,重塑土样的强度较之原状土样将有明显的降低。原状土样的无侧限抗压强度与重塑土样的无侧限抗压强度之比为土的灵敏度 S_{t},即

$$S_{\mathrm{t}} = \frac{q_{\mathrm{u}}}{q_{\mathrm{u}}'} \qquad (2\text{-}33)$$

式中,q_{u} 为原状土样的无侧限抗压强度,kPa;q_{u}' 为重塑土样的无侧限抗压强度,kPa。

显然,结构性愈强的土,其灵敏度 S_{t} 愈大。某些近代沉积的黏性土的灵敏度可以达到 $50 \sim 60$,甚至更大。这种土结构受到扰动后,其强度几乎完全丧失。

2.6.2 黏性土的触变性

黏性土与灵敏度密切相关的另一种特性是触变性。结构受破坏而强度降低以后的土,若静置不动,则土颗粒和水分子及离子会重新组合排列,形成新的结构,强度又得到一定程度的恢复。这种含水率和密度不变,土因重塑而软化,又因静置而逐渐硬化,强度又有所恢复的性质,称为土的"触变性"。

2.7 地基土的工程分类

天然土的成分、结构和性质千变万化,其工程性质也千差万别。为了能大致判别土的

工程特性,评价土作为地基或建筑材料的适宜性,有必要对土进行科学的分类。分类体系的建立是将工程性质相近的土归为一类,以便对土作出合理的评价和选择恰当的方法对土的特性进行研究。因此,必须选用对土的工程性质最有影响,最能反映土的基本属性又便于测定的指标作为土的分类依据。我国对土的分类方法迄今尚未统一,不同的部门根据各自的行业特点建立了各自的分类标准。

目前对土进行分类的标准、规程(规范)主要有以下几种:

①《土的工程分类标准》(GB/T 50145—2007)。

②《建筑地基基础设计规范》(GB 50007—2011)。

③《公路土工试验规程》(JTG 3430—2020)。

④《土工试验方法标准》(GB/T 50123—2019)。

本节主要介绍《土的工程分类标准》(GB/T 50145—2007)和《建筑地基基础设计规范》(GB 50007—2011)中对土的工程分类,让读者了解土的分类原则和一般方法。

2.7.1 土的工程分类的依据

自然界中的各种土,从直观上可以分成两大类:一类由肉眼可见的松散颗粒所堆成,颗粒通过接触点直接接触,粒间除重力,或者有时有毛细压力外,其他的联结力十分微弱,可以忽略不计,这就是前面多次提到的粗粒土,也称"无黏性土";另一类由肉眼难以辨别的微细颗粒所组成,由于颗粒微细,特别是黏土颗粒之间存在着重力以外的分子引力和静电力的作用,使颗粒之间相互联结,这就是土的黏性的由来。静电力引起结合水膜,颗粒之间常常不再是直接接触,而是通过结合水膜相联结,使这类土具有可塑性。另外,黏土中矿物具有吸水膨胀、失水收缩的能力,结合水膜也因土中水分的变化而增厚或变薄,使这类土具有胀缩性。这种具有黏性、可塑性、胀缩性的土就是前面多次提到的细粒土,或称"黏性土"。

但是在实际的工程应用中,仅有这种感性的粗糙的分类是不够的,还必须更进一步用某种最能反映土的工程特性的指标来进行系统的分类。按前面的分析,影响土的工程性质的3个主要因素是土的三相组成、土的物理状态和土的结构。在这三者中,起主要作用的无疑是土的三相组成。在土的三相组成中,关键的是土的固体颗粒,对其进行评价的指标,首先就是颗粒的粗细。按实践经验,工程上以土中粒径大于 0.075 mm 的土粒质量占全部土粒质量的 50% 作为第一个分类的界限,即大于 50% 的称为"粗粒土",小于 50% 的称为"细粒土"。

粗粒土的工程性质,如透水性、压缩性和强度等,很大程度上取决于土的粒径级配。因此,粗粒土按其粒径级配累积曲线再分成细类。

细粒土的工程性质不仅与粒径级配有关,还与土粒的矿物成分和形状均有密切关系。可以认为,比表面积和矿物成分在很大程度上决定了土的性质。直接量测和鉴定土的比表面积和矿物成分均较困难,但是它们综合表现为土吸附结合水的能力。因此,目前国内外的各种规范中多用吸附结合水的能力作为细粒土的分类标准。

如前所述,反映土吸附结合水能力的特性指标有液限 w_L、塑限 w_P 或塑性指数 I_P。据统计,在这 3 个指标中,液限 w_L 或塑性指数 I_P 与土的工程性质的关系更为密切,规律性更强。因此,国内外对细粒土的分类,多将塑性指数或者液限加塑性指数作为分类指标。

2.7.2 《土的工程分类标准》(GB/T 50145—2007)

该分类体系与一些欧美国家的土分类体系在原则上没有大的差别,只是在某些细节上做了一些变动。对土进行分类时,应先判别该土是属于有机土还是无机土。若土的全部或大部分是有机质,该土就属于有机土,含少量有机质时为有机质土,否则,就属于无机土。有机质呈黑色、青黑色或暗色,有臭味、弹性和海绵感,可采用目测、手摸或嗅觉判别。当不能判别时,可由试验测定。若属于无机土,则可根据土内各粒组的相对含量由粗到细把土分为巨粒类土、粗粒类土和细粒类土,然后再进一步细分,其分类应符合下列规定:①巨粒类土应按粒组划分;②粗粒类土应按粒组、级配、细粒土含量划分;③细粒类土应按塑性图(图2-17)、所含粗粒类别以及有机质含量划分。

1. 巨粒类土的分类

巨粒类土的分类应符合表 2-8 的规定。试样中巨粒组的含量不大于 15% 时,可扣除巨粒,按粗粒类土或细粒类土的相应规定分类;当巨粒对土的总体性状有影响时,可将巨粒计入砾粒组进行分类。

表 2-8　巨粒类土的分类

土类	粒组含量		土类代号	土类名称
巨粒土	巨粒含量>75%	漂石含量大于卵石含量	B	漂石(块石)
		漂石含量不大于卵石含量	Cb	卵石(碎石)
混合巨粒土	50%<巨粒含量≤75%	漂石含量大于卵石含量	BSl	混合土漂石(块石)
		漂石含量不大于卵石含量	CbSl	混合土卵石(碎石)
巨粒混合土	15%<巨粒含量≤50%	漂石含量大于卵石含量	SlB	漂石(块石)混合土
		漂石含量不大于卵石含量	SlCb	卵石(碎石)混合土

注:巨粒混合土可根据所含粗粒或细粒的含量进行细分。

2. 粗粒类土的分类

试样中粗粒组含量大于 50% 的土称为"粗粒类土",其分类应符合下列规定:①砾粒组含量大于砂粒组含量的土称为"砾类土";②砾粒组含量不大于砂粒组含量的土称为"砂类土"。

砾类土的分类应符合表 2-9 的规定,砂类土的分类应符合表 2-10 的规定。

表 2-9　砾类土的分类

土类	粒组含量		土类代号	土类名称
砾	细粒含量小于5%	级配:$C_u≥5,1≤C_c≤3$	GW	级配良好砾
		级配:不同时满足上述要求	GP	级配不良砾
含细粒土砾	5%<细粒含量<15%		GF	含细粒土砾
细粒土质砾	15%<细粒含量<50%	细粒组中粉粒含量不大于50%	GC	黏土质砾
		细粒组中粉粒含量大于50%	GM	粉土质砾

表 2-10　砂类土的分类

土类	粒组含量		土类代号	土类名称
砂	细粒含量小于 5%	级配:$C_u \geq 5, 1 \leq C_c \leq 3$	SW	级配良好砂
		级配:不同时满足上述要求	SP	级配不良砂
含细粒土砂	5%<细粒含量<15%		SF	含细粒土砂
细粒土质砂	15%<细粒含量<50%	细粒组中粉粒含量不大于 50%	SC	黏土质砂
		细粒组中粉粒含量大于 50%	SM	粉土质砂

3. 细粒类土的分类

试样中细粒组含量不小于 50% 的土称为"细粒类土"。细粒类土应按下列规定划分:①粗粒组含量不大于 25% 的土称为"细粒土";②粗粒组含量大于 25% 且不大于 50% 的土称为"含粗粒的细粒土";③有机质含量小于 10% 且不小于 5% 的土称为"有机质土"。

细粒土的分类应符合表 2-11 的规定。

表 2-11　细粒土的分类

土的塑性指标在塑性图中的位置		土类代号	土类名称
塑性指数 I_P	液限 w_L		
$I_P \geq 0.73(w_L - 20)$ 和 $I_P \geq 7$	$w_L \geq 50\%$	CH	高液限黏土
	$w_L < 50\%$	CL	低液限黏土
$I_P < 0.73(w_L - 20)$ 和 $I_P < 4$	$w_L \geq 50\%$	MH	高液限粉土
	$w_L < 50\%$	ML	低液限粉土

注:黏土~粉土过渡区(CL~ML)的土可按相邻土层的类别细分。

土的塑性指标在塑性图中的位置见图 2-17。

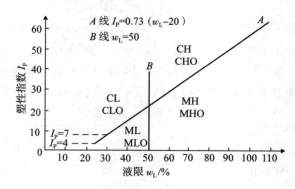

图 2-17　塑性图

注:1. 图中横坐标为土的液限 w_L,纵坐标为塑性指数 I_P。
　　2. 图中的液限 w_L 为用碟式仪测定的液限含水率或用质量 76 g、锥角为 30° 的液限仪锥尖入土深度 17 mm 对应的含水率。
　　3. 图中虚线之间区域为黏土-粉土过渡区。

2.7.3　《建筑地基基础设计规范》(GB 50007—2011)

该规范关于地基土分类原则,按土的粒径大小、粒组的土粒含量或土的塑性指数将地基土分为岩石、碎石土、砂土、粉土、黏性土和人工填土。

1. 岩石

岩石是颗粒间牢固联结成整体或具有节理裂隙的岩体。

①岩石按坚硬程度可分为坚硬岩、较硬岩、较软岩、软岩和极软岩 5 种,如表 2-12 所示。

表 2-12　岩石坚硬程度的划分

坚硬程度类别	坚硬岩	较硬岩	较软岩	软岩	极软岩
饱和单轴抗压强度标准值 f_{rk}/MPa	>60	$60 \geqslant f_{rk} > 30$	$30 \geqslant f_{rk} > 15$	$15 \geqslant f_{rk} > 5$	$\leqslant 5$

②岩石按风化程度可分为未风化、微风化、中等风化、强风化和全风化 5 种。其中,未风化或微风化的坚硬岩石为优良地基,强风化或全风化的软岩石为不良地基。

③岩石按完整程度可分为完整、较完整、较破碎、破碎和极破碎 5 种,见表 2-13。

表 2-13　岩体完整程度划分

完整程度等级	完整	较完整	较破碎	破碎	极破碎
完整性指数	>0.75	0.55～0.75	0.35～<0.55	0.15～<0.35	<0.15

注:完整性指数为岩体纵波波速与岩块纵波波速之比的平方。选定岩体、岩块测定波速时应有代表性。

2. 碎石土

碎石土为粒径大于2 mm的颗粒含量超过全重的50%的土。碎石土可按表 2-14 的规定分为漂石、块石、卵石、碎石、圆砾和角砾。

表 2-14　碎石土的分类

土的名称	颗粒形状	粒组含量
漂石	圆形及亚圆形为主	粒径大于 200 mm 的颗粒含量超过全重的 50%
块石	棱角形为主	
卵石	圆形及亚圆形为主	粒径大于 20 mm 的颗粒含量超过全重的 50%
碎石	棱角形为主	
圆砾	圆形及亚圆形为主	粒径大于 2 mm 的颗粒含量超过全重的 50%
角砾	棱角形为主	

注:分类时应根据粒组含量栏从上到下以最先符合者确定。

3. 砂土

砂土为粒径大于2 mm的颗粒含量不超过全重的50%、粒径大于0.075 mm的颗粒超过全重的50%的土。砂土可按表 2-15 的规定分为砾砂、粗砂、中砂、细砂和粉砂。

表 2-15　砂土的分类

土的名称	粒组含量
砾砂	粒径大于 2 mm 的颗粒含量占全重的 25％～50％
粗砂	粒径大于 0.5 mm 的颗粒含量超过全重的 50％
中砂	粒径大于 0.25 mm 的颗粒含量超过全重的 50％
细砂	粒径大于 0.075 mm 的颗粒含量超过全重的 85％
粉砂	粒径大于 0.075 mm 的颗粒含量超过全重的 50％

注:分类时应根据粒组含量栏从上到下以最先符合者确定。

4. 粉土

若塑性指数 $I_P \leqslant 10$，且粒径大于 0.075 mm 的颗粒含量不超过全重的 50％，则该土属于粉土。

5. 黏性土

黏性土为塑性指数 I_P 大于 10 的土，可按表 2-16 的规定分为黏土、粉质黏土。

表 2-16　黏性土的分类

塑性指数 I_P	土的名称
$I_P > 17$	黏土
$10 < I_P \leqslant 17$	粉质黏土

注:塑性指数由相应 76 g 圆锥体沉入土样中深度为 10 mm 时测定的液限计算而得。

6. 人工填土

由人类各种活动堆填形成的各类堆积物称为"人工填土"。人工填土按物质组成及成因可分为素填土、压实填土、杂填土和冲填土 4 种，如表 2-17 所示。

表 2-17　人工填土按物质组成及成因分类

土的名称	物质组成
素填土	碎石土、砂土、粉土、黏性土等
压实填土	经过压实或夯实的素填土
杂填土	含有建筑垃圾、工业废料、生产垃圾等杂物的填土
冲填土	由水力冲填泥沙形成的填土

由于人工填土物质成分较杂乱，均匀性较差，通常其工程性质不良、强度低、压缩性大。压实填土的工程性质相对较好，杂填土工程性质最差。

7. 特殊土

分布在一定地理区域、有工程意义上的特殊成分、状态和结构特征的土称为"特殊土"。我国特殊土的类别有软土(包括淤泥、淤泥质土、泥炭、泥炭质土等)、红黏土、膨胀土、黄土、冻土等。在实际工作中碰到具体的工程问题时，可选择相应的规范查用。

2.8 土的压实性

土的压实性是指土体在荷载作用下密度增加的性状。一般在室内通过击实试验测定土的压实性指标,在现场通过夯打、碾压或振动达到工程填土所要求的压实程度。

2.8.1 土的击实试验

压实作用导致土粒之间的孔隙体积减小、土的密度增大,最终使土的强度提高、透水性降低、抵抗变形的能力增强。

在实验室内进行击实试验,是研究土的压实性的基本方法。击实试验所采用的主要设备是击实仪,包括击实筒、击锤及导筒等。

试验时,将含水率 w 为一定值的扰动试样分层装入击实筒中,每铺一层后均用击锤按规定的落距和击数锤击试样,使压实后的试样充满击实筒。由击实筒的体积和筒内被压实土的总重计算出土的湿密度 ρ,从而计算出其干密度 ρ_d。

由一组不同含水率的同一种试样(通常为 5 个)分别按上述方法进行试验,从而绘制出一条击实曲线(横坐标为含水率 w,纵坐标为干密度 ρ_d)。击实曲线反映土的压实性如下:对于某一试样,在一定的击实作用下,只有当土的含水率为某一适宜值时,试样才能达到最密实,因此在击实曲线上反映为一峰值,峰点所对应的纵坐标值为最大干密度(maximum dry density)ρ_{dmax},对应的横坐标值为最优含水率(optimum water content)w_{op}(图 2-18)。

土在击实过程中,通过土粒的相互位移,很容易将土中气体排出。但对于黏性土,要通过排出土中的水分来达到压实的效果,不是依靠短时间的加载能办到的。因此,人工压实是通过排出土中气而不是排出土中水来达到压实的目的。即使压实程度最好的土体,仍会有 3%～5%(以总体计)的气残留在土中,即击实土不可能达到完全饱和状态,击实曲线必然位于理论饱和曲线的左侧而不可能与理论饱和曲线有交点(图 2-19)。

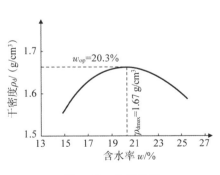

图 2-18 击实曲线

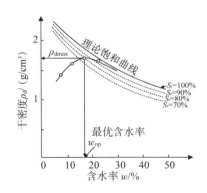

图 2-19 击实曲线与理论饱和曲线的关系

当含水率低于最优含水率时,干密度受含水率变化的影响较大,即含水率变化对干密度的影响在土偏干时比偏湿时更加明显。因此,击实曲线的左段(低于最优含水率)比右段的坡度大。

2.8.2　土的压实性

土的压实度（degree of compaction）λ_c 为工地压实时要求达到的干密度 ρ_d 与室内击实试验所得到的最大干密度 ρ_{dmax} 之比值，可由下式表示：

$$\lambda_c = \frac{\rho_d}{\rho_{dmax}} \tag{2-34}$$

在工程中，填土的质量标准常以压实度来确定。工程性质及填土的受力状况不同，所要求的压实度是不一样的。必须指出，现场施工的填土压实，无论是在压实能量、压实方法还是在土的变形条件方面，与室内击实试验都存在一定的差异。

2.8.3　土的压实机理

在外力作用下土的压实机理，可用结合水膜润滑等理论来解释。一般认为，当黏性土的含水率较低时，由于土粒表面的结合水膜较薄，土粒的相对位移阻力大，击实功能比较难以克服这种阻力，因此压实效果就差。随着土中含水率的提高，结合水膜增厚，土粒的相对位移阻力变小，压实功能比较容易克服这种阻力而使土粒产生相互位移并趋于密实，因此压实效果较好。但若土中含水率继续增大，土中的水过多，在压实过程中，孔隙中的水在短时间内排不出去，会造成土不容易压实。

2.8.4　影响压实效果的因素

影响土压实效果的因素主要有土的含水率、击实功能以及土的种类及其级配。

1. 含水率

在前面土的压实机理中已提及，只有将土的含水率控制为最优含水率时，土才能被最充分压实，从而得到最大干密度。

2. 击实功能

对于同一土料，提高击实功能可以克服较大的粒间阻力，使土的最大干密度增大，而最优含水率减小，如图 2-20 所示。当含水率较低时，击实功能对压实效果的影响较为显著。

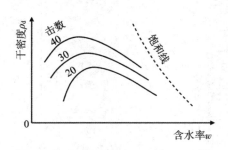

图 2-20　击实功能对压实效果的影响

3. 土的种类及其级配

击实试验结果表明，在相同的击实功能条件下，含粗粒越多的土样其最大干密度越大，最优含水率越小。

土的级配对其击实效果的影响也很大。级配良好的土,击实时细颗粒能填充到粗颗粒之间的孔隙中,因而可以获得较大的干密度,反之,级配不良的土,土的颗粒大小越均匀,其击实效果越差。

思考题

2-1　什么是土?土是怎样形成的?粗粒土和细粒土的组成有何不同?

2-2　什么是土的级配?土的粒径分布曲线是怎样绘制的?为什么粒径分布曲线要用半对数坐标?

2-3　什么是土的结构?土的结构有哪几种类型?它们各有什么特征?

2-4　土的粒径分布曲线的特征可以用哪两个系数来表示?它们是怎么定义的?

2-5　如何利用土的粒径分布曲线来判断土的级配的好坏?

2-6　土中的气体以哪几种形式存在?它们对土的工程性质有何影响?

2-7　什么是土的物理性质指标?土的物理性质指标是怎样定义的?哪 3 个指标是基本指标?

2-8　什么是砂土的相对密实度?其有何用途?

2-9　什么是黏性土的相对稠度?黏性土随着含水率的不同可分为几种状态?其各有何特性?

2-10　什么是塑性指数和液性指数?其有何用途?

2-11　什么是土的压实性?土压实的目的是什么?

2-12　土的压实性与哪些因素有关?什么是土的最大干密度和最优含水率?

2-13　土工程分类的目的是什么?

习题

2-1　对一个黏土试样进行室内试验,得出如下数据:含水率 $w = 22.5\%$,$G_s = 2.60$。为了近似测定其重度,将质量为224.0 g的试样放入体积为500 cm³的容器中,然后向容器中快速充水,尚需382 cm³的水才能充满容器(假定所充水尚来不及进入黏土孔隙中)。试求该黏土的以下指标:①天然重度 γ;②干重度 γ_d;③孔隙比 e 和孔隙率 n;④饱和度 S_r。

2-2　用体积为50 cm³的环刀取得原状土样,经用天平称量出土样的总质量为95 g,烘干后为75 g。经比重试验得 $G_s = 2.68$。试问:该土的天然含水率 w、重度 γ、孔隙比 e、孔隙率 n 及饱和度 S_r 各为多少?

2-3　某原状土样的基本指标为:土粒比重 $G_s = 2.76$,含水率 $w = 12.9\%$,重度 $\gamma = 16.4 \text{ kN/m}^3$,试按三相图求解该土样的孔隙比 e 和饱和度 S_r。

2-4　某土样经试验得其天然含水率为 38.8%,液限为 49%,塑限为 24%,试求其塑性指数并判断该土处于何种状态。

参考文献

[1]卢廷浩.土力学[M].2版.南京:河海大学出版社,2005.

[2]李广信,张丙印,于玉贞.土力学[M].3版.北京:清华大学出版社,2022.

[3]松岗元.土力学[M].罗汀,姚仰平,编译.北京:中国水利水电出版社,2001.

[4]斯科特.土力学及地基工程[M].钱家欢,等译.北京:水利电力出版社,1983.

[5]中华人民共和国住房和城乡建设部,中华人民共和国国家质量监督检验检疫总局.建筑地基基础设计规范:GB 50007—2011[S].北京:中国建筑工业出版社,2012.

[6]中华人民共和国水利部.土工试验规程:SL 237—1999[S].北京:中国水利水电出版社,1999.

[7]中华人民共和国建设部,中华人民共和国国家质量监督检验检疫总局.土的工程分类标准:GB/T 50145—22007[S].北京:中国计划出版社,2008.

[8]童小东.土力学[M].2版.武汉:武汉大学出版社,2019.

土力学学科名人堂——太沙基

太沙基（Terzaghi,1883—1963）

图片来源:https://bbs.zhulong.com/102030_group_720/detail7894862/? louzhu=1。

　　Terzaghi 于 1883 年 10 月 2 日出生于捷克的首都布拉格,1904 年毕业于奥地利的格拉茨（Graz）技术大学,之后成为土木工程领域的一名地质工程师。1916—1925 年期间,他在土耳其的伊斯坦布尔技术大学和海峡大学任教,并从事土的特性方面的研究课题,这也最终促成了他举世闻名的 *Erdbaumechanik*（《土力学》）于 1925 在维也纳的问世。该书介绍了他所提出的固结理论以及土压力、承载力、稳定性分析等理论,标志着土力学这门学科的诞生。1925 年,他被派往麻省理工学院担任访问教授,4 年后回到维也纳技术大学任教授。1938 年德国占领奥地利后,Terzaghi 前往美国,并在哈佛大学任教,直到 1956 年退休。在此期间的 1943 年,他还出版了 *Theoretical Soil Mechanics*。在这部不朽的著作中,Terzaghi 就固结理论、沉降计算、承载力、土压理论、抗剪强度及边坡稳定等问题进行了阐述,为便于工程技术人员使用,书中使用了大量的图表。1963 年 10 月 25 日,Terzaghi 在马萨诸塞州的温切斯特逝世。

Terzaghi 被誉为土力学之父。他的开创性工作于 1936 年在哈佛大学召开的首届国际土力学大会上为大家普遍了解后,土力学广泛出现在世界各地土木工程的实践中及各大学的课程中。Terzaghi 是一个理论家,更是一个享誉国际土木工程界的咨询工程师,他是许多重大工程的顾问,其中包括英国的 Mission 大坝。1965 年,为表示对 Terzaghi 的敬意,该坝被命名为 Terzaghi 大坝。毫无疑问,Terzaghi 对土力学理论的贡献是巨大的,但人们评价说,也许他更大的贡献是向人们展示了用理论解决工程问题的方法。

Terzaghi 是第一届到第三届(1936—1957)国际土力学与基础工程学会(International Society of Soil Mechanics and Foundation Engineering,ISSMFE)的主席,曾 4 次荣获美国土木工程师协会(American Society of Civil Engineers,ASCE)的 Norman 奖(1930、1943、1946、1955 年),并被 8 个国家的 9 个大学授予荣誉博士学位。为表彰 Terzaghi 的杰出成就,美国土木工程师协会还设立了 Terzaghi 奖。

第三章　土的渗透性与土中渗流

　　本章主要内容包括达西定律、土的渗透系数及其试验测定方法、有效应力原理、渗透破坏类型及防治、二维渗流及流网绘制等。本章的教学重点为水在土中的渗流规律、渗透系数的测定方法、有效应力原理的概念及其应用、渗流力（seepage force）的概念及计算、渗透破坏的发生条件及防治措施。学习难点为有效应力原理。

　　通过本章的学习，学生应掌握达西定律、土的渗透系数的测定方法、有效应力原理的应用、渗透破坏的类型及其发生条件，具备计算渗流量、渗流力和初步判别土体可能发生的渗透破坏类型并进行针对性防治的能力。

　　在工程实践中，经常遇到渗流现象。如图 3-1 所示的土坝、图 3-2 所示的基坑围护，由于存在总水头差，水必然通过土中孔隙由水头高的地方向水头低的地方流动。各种不同类型的土，渗透水的流量不同，流量过大会造成蓄水损失或基坑排水困难等问题。土的渗透性还关系到土在压力作用下的压密速度。

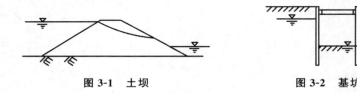

图 3-1　土坝　　　　　　　　　　图 3-2　基坑围护

3.1　土体渗透规律的试验研究

3.1.1　达西定律

从水力学中得知，能量是水体发生流动的驱动力。按照伯努利（Bernoulli）方程，流场中

单位重量的水体所具有的能量可用水头来表示,包括如下3个部分(图3-3):

①位置水头 z:水体到基准面的竖直距离,代表单位重量的水体从基准面算起所具有的位置势能。

②压力水头 u/γ_w:水压力所能引起的自由水面的升高,表示单位重量水体所具有的压力势能。

③流速水头 $v^2/2g$:表示单位重量水体所具有的动能。

因此,水流中一点单位重量水体所具有的总水头 h 为

$$h = z + \frac{u}{\gamma_w} + \frac{v^2}{2g} \tag{3-1}$$

式中,各项的物理意义均代表单位重量水体所具有的各种机械能,而其量纲却都是长度。总水头 h 的物理意义是指单位重量水体所具有的总能量之和。

由于土体中渗流阻力大,故渗流流速 v 在一般情况下都很小,因而形成的流速水头 $v^2/2g$ 一般也很小,为简便起见通常可以忽略。这样,渗流中任一点的总水头就可近似用测管水头来代替,于是式(3-1)可简化为

$$h = z + \frac{u}{\gamma_w} \tag{3-2}$$

土体中孔隙的形状和大小是极不规则的,因此水在土体孔隙中的渗透是一种十分复杂的水流现象。然而,由于土体中的孔隙一般非常小,水在土体中流动时的黏滞阻力很大,流速很小,因此其流动状态大多属于层流,即水质点做有条不紊的层运动,其流动轨迹彼此不相交。

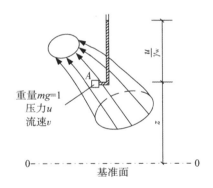

图 3-3　水头的概念

在图 3-4 中,水头损失 Δh 除以沿水流方向的流线长 Δs,是水力梯度,用 i 表示:

$$i = \frac{\Delta h}{\Delta s} \tag{3-3}$$

水力梯度的含义是:土中的水沿着流线方向每前进 Δs 的距离,就要有 Δh 的水头损失。

1856 年达西利用如图 3-4 所示的试验装置,对砂土的渗透性进行了研究,发现:当水流是层流时,水力梯度 i 与土中水的流速 v 之间有一定的比例关系,这个比例系数用 k 表示,这个关系称为"达西定律":

$$v = ki = k\frac{\Delta h}{\Delta s} \tag{3-4}$$

式中,k 称为"渗透系数",表示土中水流过的难易程度。至于渗透系数 k 值的大小,一般砂土的值较大,黏土的值较小。

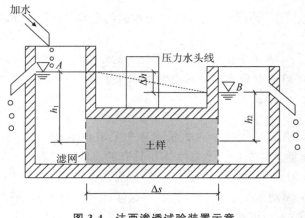

图 3-4　达西渗透试验装置示意

在图 3-4 中,设与水流动方向(流线)垂直的试样截面积为 A,则单位时间的透水量由下式表示:

$$q = vA = kiA \tag{3-5}$$

水是在土的孔隙中流动的,孔隙的面积是 nA（n 为孔隙率),实际上,有效的透水孔隙截面积比它还要小,难以确定。因此,在透水量计算中取试样的全截面积 A,孔隙截面积的影响已包含在渗透系数 k 中。如前所述,式(3-4)是达西根据试验得出的公式。另外,斯托克斯还把土中的孔隙简化为半径为 a 的圆管,导出了流过圆管的黏滞流体的运动方程,见下式:

$$v = \frac{n\gamma_w a^2}{8\eta} \cdot \frac{\Delta h}{\Delta s} \tag{3-6}$$

式中,n 为孔隙率;γ_w 为水的重度;η 为水的黏滞系数;Δh 为 A 点和 B 点的总水头差,表示单位重量液体从 A 点向 B 点流动时,为克服阻力而散失的能量。

式(3-6)与达西定律的式(3-4)呈同一形式。

需要说明的是,在达西定律的表达式中,采用了两个基本假设:

①在试样截面内,仅土粒骨架间的孔隙是渗水的,而沿试样长度的各个截面,其孔隙的大小和分布是不均匀的。达西采用的是以整个试样截面积计算的假想渗流速度,而不是试样孔隙中流体的真正速度。

②土中水的实际流程是十分弯曲的,不仅比试样长度大得多,而且无法准确知道。达西采用的是以试样长度计算的平均水力梯度,而不是局部的真正水力梯度。这样处理就避免了微观流体力学分析上的困难,得出一种统计平均值,基本上是经验性的宏观分析,但不影响其理论和实用价值,故一直沿用至今。

3.1.2　达西定律的适用范围

达西定律适用于渗透水流呈层流状态,实际工程中所遇到的大多数渗流问题都可以应用达西定律;但也有不符合达西定律的情况:

①对碎石土(砾、卵石地基或填石坝体)，当渗透速度小于临界值 v_{cr} 时，符合达西定律。当渗透速度超过该临界值后，渗透水流呈紊流状态，v、i 关系就逐渐变为曲线，如图 3-5 所示。

②对密实黏土，孔隙的全部或大部分被结合水所占据，当水力坡降较小时，v、i 关系不呈直线，甚至不发生渗流，只有当水力坡降达到某一数值后，克服了结合水阻力后，v、i 关系才大致呈直线，如图 3-6 所示。将直线部分延长交横坐标于 i_b，i_b 称为"起始水力坡降"。将呈曲线的 v、i 关系简化为在 i_b 点转折的折线，则可认为，水力坡降小于 i_b 时不发生渗流(v =0)，水力坡降超出 i_b 后，v、i 关系呈直线，其方程可写为

$$v = k(i - i_b) \tag{3-7}$$

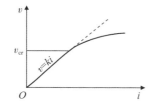

图 3-5　碎石土的临界渗透速度图

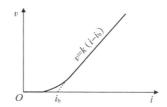

图 3-6　黏土的起始水力坡降

3.2　渗透系数的测定

渗透系数是水力梯度等于 1 时的渗透速度。因此，渗透系数是直接衡量土体透水性强弱的一个重要指标。但它不能由计算求出，只能通过试验测定。渗透系数的测定可以分为现场试验和室内试验两大类。一般情况下，现场试验比室内试验所得到的成果要准确、可靠，因此重要工程常需进行现场试验。

3.2.1　室内试验

室内试验测定土的渗透系数的方法称为"室内渗透试验"，根据所用试验装置的差异，可分为常水头渗透试验和变水头渗透试验两种。根据国家标准《土工试验方法标准》(GB/T 50123—2019)，常水头渗透试验适用于透水性强的粗粒土(砂质土)，变水头渗透试验适用于透水性弱的细粒土(黏质土和粉质土)。下面将分别介绍这两种方法的基本原理，有关它们的试验仪器和操作方法可参阅上述的试验方法标准和规程。

1. 常水头法

常水头法是在整个试验过程中，水头保持不变，其试验装置如图 3-7 所示。

设试样的厚度即渗流长度为 L，截面积为 A，试验时的水位差为 h，这三者在试验前可以直接量出或控制。试验中我们只要用量筒和秒表测出在某一时段 t 内流经试样的水量 Q，即可求出该时段内通过土体的流量：

$$Q = vAt = kiAt = k\frac{h}{L}At \tag{3-8}$$

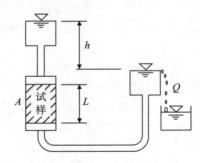

图 3-7　常水头试验装置示意

由式(3-8)便可得到土的渗透系数:

$$k = \frac{QL}{Aht} \tag{3-9}$$

例题 3.1　取一砂土试样做常水头渗透试验,试样的横截面积 A 为120 cm^2,试样高度 L 为30 cm,不变的水头差 h 为60 cm。若经过50 s,由量筒测得流经试样的水量为966 cm^3,求该试样的渗透系数。

解　按式(3-9),土的渗透系数为

$$k = \frac{qL}{Ah} = \frac{QL}{Aht} = \frac{966 \times 30}{120 \times 60 \times 50} = 0.081 \text{ cm/s}$$

2. 变水头法

黏性土由于渗透系数很小,流经试样的水量很少,难以直接准确量测,因此应采用变水头法。变水头法在整个试验过程中,水头是随着时间而变化的,其试验装置如图 3-8 所示。

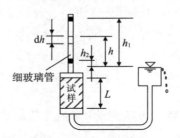

图 3-8　变水头试验装置示意

试样的一端与细玻璃管相接,在试验过程中测出某一时段内细玻璃管中水位的变化,就可根据达西定律,求出土的渗透系数。

设细玻璃管的内截面积为 a,试验开始以后任一时刻 t 的水位差为 h,经时段 dt,细玻璃管中水位下落 dh,则在时段 dt 内流经试样的水量:

$$dQ = -a\,dh \tag{3-10}$$

式中,负号表示渗水量随 h 的减小而增加。

根据达西定律,在时段 dt 内流经试样的水量又可表示为

$$dQ = k\,\frac{h}{L}A\,dt \tag{3-11}$$

令式(3-10)等于式(3-11),可以得到:

$$\mathrm{d}t = -\frac{aL}{kA}\frac{\mathrm{d}h}{h} \tag{3-12}$$

将上式两边积分:

$$\int_{t_1}^{t_2}\mathrm{d}t = -\int_{h_1}^{h_2}\frac{aL}{kA}\frac{\mathrm{d}h}{h} \tag{3-13}$$

即可得到土的渗透系数:

$$k = \frac{aL}{A(t_2-t_1)}\ln\frac{h_1}{h_2} \tag{3-14}$$

如用常用对数表示,则上式可写成

$$k = 2.3\frac{aL}{A(t_2-t_1)}\lg\frac{h_1}{h_2} \tag{3-15}$$

式(3-13)中的 A、L 为已知,试验时只要测出与时刻 t_1 和 t_2 对应的水位 h_1 和 h_2 就可求出渗透系数。影响渗透系数的因素很多,诸如土的种类、级配、孔隙比以及水的温度等。因此,为了准确地测定土的渗透系数须尽力保持土的原始状态并消除人为因素的影响。各类土的渗透系数参考值见表3-1。

表 3-1　土的渗透系数参考值

土的类别	渗透系数/(m/s)	土的类别	渗透系数/(m/s)
黏土	$<5\times10^{-8}$	细砂	$1\times10^{-5}\sim5\times10^{-5}$
粉质黏土	$5\times10^{-8}\sim1\times10^{-6}$	中砂	$5\times10^{-5}\sim2\times10^{-4}$
粉土	$1\times10^{-6}\sim5\times10^{-6}$	粗砂	$2\times10^{-4}\sim5\times10^{-4}$
黄土	$2.5\times10^{-6}\sim5\times10^{-6}$	圆砾	$5\times10^{-4}\sim1\times10^{-3}$
粉砂	$5\times10^{-6}\sim1\times10^{-5}$	卵石	$1\times10^{-4}\sim5\times10^{-3}$

例题 3.2　已知某黏性土试样高2.0 cm,横截面积为60 cm²,玻璃量管的横截面积为1.0 cm²,历时120 s,量管中水头差从110 cm降为100 cm,则该土的渗透系数为多少?

解　按式(3-15),土的渗透系数为

$$k = 2.3\frac{aL}{A(t_2-t_1)}\lg\frac{h_1}{h_2} = 2.3\times\frac{1\times2}{60\times120}\lg\frac{110}{100} = 2.64\times10^{-5}\ \mathrm{cm/s}$$

3.2.2　现场抽水试验

现场测定法的试验条件比室内测定法更符合实际土层的渗透情况,测得的渗透系数 k 值为整个渗流区较大范围内土体渗透系数的平均值,因此现场测定法是比较可靠的测定方法,但其试验规模较大,所需人力、物力也较多。现场测定渗透系数的方法较多,常用的有注水试验和抽水试验等,这两种方法一般是在现场钻孔或挖试坑,在向地基中注水或从中抽水时,量测水量及地基中的水头高度,再根据相应的理论公式求出渗透系数 k 值。下面主要介绍现场抽水试验。

1. 无压井

现场抽水试验如图 3-9 所示,在现场设置一个抽水井(直径15 cm以上)和两个以上的观

测井。边抽水边观测水位情况，当单位时间内从抽水井中抽出的水量稳定，并且抽水井及观测井中的水位稳定之后，根据单位时间的抽水量 q 和抽水井的水位，可以按照以下方法求出渗透系数 k。这时，水力梯度近似取为 $i \approx \mathrm{d}h/\mathrm{d}r$，截面积为 $A = 2\pi r h$（半径为 r、高度为 h 的圆筒侧面积），由达西定律可知：

$$q = k\frac{\mathrm{d}h}{\mathrm{d}r}(2\pi rh) \tag{3-16}$$

$$q\int_{r_1}^{r_2}\frac{\mathrm{d}r}{r} = 2\pi k\int_{h_1}^{h_2}h\,\mathrm{d}h \tag{3-17}$$

$$q\ln\frac{r_2}{r_1} = \pi k(h_2^2 - h_1^2) \tag{3-18}$$

所以有

$$k = \frac{2.3q}{\pi(h_2^2 - h_1^2)}\lg\frac{r_2}{r_1} \tag{3-19}$$

式中，h_1、h_2 分别为距抽水井距离为 r_1、r_2 的观测井的地下水位。

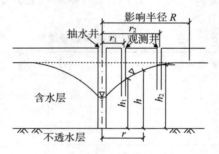

图 3-9 无压井

由图 3-9 可知，距抽水井距离越远，抽水对地下水位的影响越小。从抽水井到地下水位不受影响位置的距离叫作影响半径。

2. 承压井

参照图 3-10，假设半径为 r_0 的抽水井，与无压井一样，通过距抽水井中心距离为 r、含水层厚度为 D 的圆筒侧面积 $2\pi rD$ 的流量与抽水量 q 相等。

$$q = kiA = k\frac{\mathrm{d}h}{\mathrm{d}r}(2\pi rD) \tag{3-20}$$

对上式进行转换并积分得

$$\int q\frac{\mathrm{d}r}{r} = \int 2\pi kD\,\mathrm{d}h \tag{3-21}$$

$$q\ln r = 2\pi kDh + C \tag{3-22}$$

式中，C 为积分常数。

引入图 3-10 中的边界条件（$r = r_0$ 及 $r = R$）解得

$$q = \frac{2\pi kD(H - h_0)}{\ln(R/r_0)} \tag{3-23}$$

$$k = \frac{q\ln(R/r_0)}{2\pi D(H - h_0)} \tag{3-24}$$

假如在含水层以上存在不透水层,由现场抽水试验求透水系数 k 时,应该以式(3-24)取代式(3-19)。

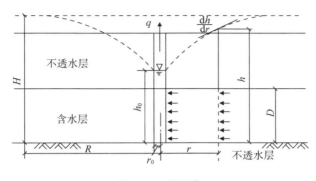

图 3-10 承压井

3.3 成层土的等效渗透系数

天然地层往往是由渗透性不同的土层组成的。若土层层面平行,当各土层的渗透系数和厚度已知时,可求出整个土层与层面平行和垂直的 k 值。

3.3.1 水平渗流情况

如图 3-11 所示,已知地基内各层土的渗透系数分别为 $k_1, k_2, k_3, \cdots, k_n$,厚度分别为 $H_1, H_2, \cdots, H_n$,总厚度为 H。

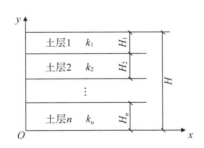

图 3-11 成层土的平均渗透系数

任取两水流断面 1-1、2-2,两断面距离为 L,水头损失为 Δh,这种平行于各层面的水平渗流的特点是:各土层的水力梯度 i 与等效土层的平均水力梯度相同,即 $i = i_1 = i_2 = i_n$。

若通过各土层的渗流量为 $q_{1x}, q_{2x}, \cdots, q_{nx}$,则通过整个土层总渗流量 q_x 应为各土层渗流量之总和,即

$$q_x = q_{1x} + q_{2x} + \cdots + q_{nx} = \sum_{i=1}^{n} q_{ix} \tag{3-25}$$

将达西定律代入上式,可得

$$k_x iH = \sum_{i=1}^{n} (k_i i H_i) = i \sum_{i=1}^{n} (k_i H_i) \quad (k_x \text{ 为等效渗透系数}) \tag{3-26}$$

整理之后,即可得出沿水平方向的等效渗透系数 k_x。

$$k_x = \frac{1}{H} \sum_{i=1}^{n} (k_i H_i) \tag{3-27}$$

例题 3.3 如图 3-12 所示,某建筑场地的土层为杂填土、粉土和粉质黏土,相应的厚度分别为 1 m、6 m 和 4 m,水平方向的渗透系数分别为 1 m/d、4 m/d 和 2 m/d,其下为不透水基岩,求该场地的等效水平渗透系数。

解 各层土中的水力坡降 i(即 h/L)与等效土层的平均水力坡降 i 相同,且通过等效土层 H 的总渗流量等于各层土的渗流量之和,根据达西定律,即可求得

$$k_x = \frac{1}{H} \sum_{i=1}^{n} (k_i H_i) = \frac{1}{1+6+4} \times (1 \times 1 + 4 \times 6 + 2 \times 4) = 3 \text{ m/d}$$

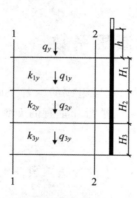

图 3-12 成层地基土竖向渗流情况

3.3.2 竖直渗流情况

对于与层面垂直的渗流情况,可用类似的方法来求解。已知总流量等于每一层的流量,总的截面面积与每层土的截面面积相同,总的水头损失等于每一层的水头损失之和。这里以 3 层土为例进行说明,根据水流的连续性原理,通过单位面积上的各层水流量相等,即: $q_{1y} = q_{2y} = q_{3y} = q_y$,但流经各层所损失的水头和需要的水力坡降不同,其中 H_1、H_2 和 H_3 分别为水流过 1、2 和 3 层土的水头损失。根据达西定律,各层土单位面积上水流量为

$$h_i = \frac{q_i H_i}{k_i} \tag{3-28}$$

因为 $H = \sum H_i$,代入上式后得到:

$$\frac{q_y H}{k_y} = \sum \frac{q_{iy} H_i}{k_i} \tag{3-29}$$

又因为 $q_{1y} = q_{2y} = q_{3y} = q_y$,且 $H = \sum H_i$,代入上式,则

$$\frac{1}{k_y} = \sum \left(\frac{H_i}{H} \cdot \frac{1}{k_i} \right) \tag{3-30}$$

$$k_y = \frac{H}{\sum \dfrac{H_i}{k_i}} \tag{3-31}$$

通过上述计算，实际工程中在选用等效渗透系数时，一定要注意水流的方向，选择正确的等效渗透系数。

例题 3.4 有一粉土地基，粉土厚 1.8 m，其中有一厚度为 15 cm 的水平砂夹层。已知粉土的渗透系数 $k_1 = 6.5 \times 10^{-2}$ cm/s，砂土的渗透系数 $k_2 = 2.5 \times 10^{-5}$ cm/s。假设各土层的渗透性都是各向同性的，求这一复合土层与层面平行和与层面垂直渗流的等效渗透系数。

解 ①先求与层面平行渗流的等效渗透系数，由式(3-27)可直接计算：

$$k_H = \frac{H_1 k_1 + H_2 k_2}{H_1 + H_2} = \frac{15 \times 650 + 180 \times 0.25}{15 + 180} \times 10^{-4} = 5.02 \times 10^{-3} \text{ cm/s}$$

②再计算与层面垂直渗流的等效渗透系数，由式(3-31)可得

$$k_V = \frac{H_1 + H_2}{H_1/k_1 + H_2/k_2} = \frac{15 + 180}{15/650 + 180/0.25} \times 10^{-4} = 2.71 \times 10^{-5} \text{ cm/s}$$

可见薄砂夹层的存在对与层面垂直渗流的等效渗透系数几乎没有影响，可以忽略不计。但厚度仅为 15 cm 的砂夹层大大增大了与层面平行渗流的等效渗透系数，大约增大至没有砂夹层时的 200 倍。在基坑开挖时，挖穿强透水夹层与否，基坑中的涌水量相差极大，应特别注意。

3.3.3　渗透系数的影响因素

影响土体渗透系数的因素很多，也比较复杂，土中固相、液相的性质及气体含量对渗透系数都有影响。如颗粒大小、矿物成分、孔隙比、土的结构、水的黏滞性、饱和度等。作为自然历史产物的土，上述各影响因素之间，有些是互相关联的，很难截然区分开来。对不同的土样，试验表明：土粒越粗，渗透性越强；土粒越细，渗透性越弱。这一方面是由于粗颗粒间的孔隙尺寸大，使得它的透水能力相比孔隙比相同，但颗粒较细、孔隙尺寸较小的土的透水能力要强，例如 1 根粗管的过水能力比 10 根每根过水面积为粗管的 1/10 的细管的过水能力要强；另一方面，黏粒周围的结合水也使渗透性大大降低。所以尽管有的黏性土孔隙比很大，但其渗透性却远低于密实的砂土。对于砂土、粉土这类亲水性较差的土，人们常直接在颗粒大小与渗透系数间建立经验关系。

对同一土样，无论是哪一类土，渗透系数将随孔隙比的减小而减小。比如，天然状态下较松软的黏性土，会在荷载作用下逐渐变密，这时渗透系数也将随之减小。渗透系数随孔隙比的变化关系可通过室内试验测定。天然黏土层以及分层碾压的填土，由于经受竖向压密变形，使呈片状的黏土颗粒趋于水平排列，因而会表现出各向异性，使水平方向的渗透系数大于垂直方向的数值。此外，从宏观上，有的土层是由渗透性不同的几种土一层层交互沉积的，比如，一层黏土，一层粉砂，一层粉质黏土，再一层粉砂等。就整个土层来讲，它也是各向异性的，水平方向的渗透系数大于垂直方向的。水的黏滞性对渗透系数有明显的影响，黏滞性小则易于流过孔隙，黏滞性大则不易流过孔隙，水的黏滞性随温度的升高而降低。国内试验规程规定以 20 ℃为确定渗透系数的标准温度，当试验水温不是 20 ℃时，要对试验结果进行校正。如土中存在封闭气泡或渗透水中含有气体，则渗透通道会被部分阻塞，从而降低渗透性；随饱和度的增高，渗透系数也将增大。

3.4 二维渗流与流网

3.4.1 平面渗流控制方程

如图 3-13 所示，从稳定渗流场中取一微元土体，其面积为 $dxdz$，厚度为 $dy=1$，在 x 和 z 方向各有流速 v_x、v_z。单位时间内流入和流出这个微元体的水量分别为 dq_e 和 dq_o，则有

$$dq_e = dq_o$$

从而

$$\frac{\partial v_x}{\partial x} + \frac{\partial v_z}{\partial z} = 0 \qquad (3-32)$$

上式即为二维平面渗流的连续性方程。

根据广义达西定律，对于坐标轴和渗透主轴方向一致的各向异性土，则有

$$k_x \frac{\partial^2 h}{\partial x^2} + k_z \frac{\partial^2 h}{\partial z^2} = 0 \qquad (3-33)$$

对于各向同性土体，则有

$$\frac{\partial^2 h}{\partial x^2} + \frac{\partial^2 h}{\partial z^2} = 0 \qquad (3-34)$$

式(3-34)即为著名的拉普拉斯(Laplace)方程。该方程描述了各向同性土体渗流场内部测管水头 h 的分布规律，是平面稳定渗流的控制方程式。通过求解一定边界条件下的拉普拉斯方程，即可求得该条件下渗流场中水头的分布。

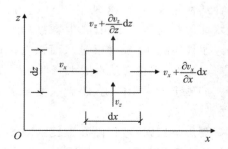

图 3-13　二维渗流的连续性条件

3.4.2 渗流问题的边界条件

每一个渗流问题均是在一个限定空间的渗流场内发生的。在渗流场的内部，渗流满足前述渗流控制方程。沿这些渗流场边界起支配作用的条件称为"边界条件"。求解一个渗流场问题，正确地确定相应的边界条件也是非常关键的。

对于在工程中常常遇到的渗流问题，主要具有如下几种类型的边界条件。

1. 已知水头的边界条件

在相应边界上给定水头分布，也称为"水头边界条件"。在渗流问题中，非常常见的情况

是某段边界同一个自由水面相连,此时在该段边界上总水头为恒定值,其数值等于相应自由水面所对应的测管水头。例如,如果取 0-0 为基准面,在图 3-14(a)中,AB 和 CD 边界上的水头值分别为 $h=h_1$ 和 $h=h_2$;在图 3-14(b)中,AB 和 GF 边界上的水头值 $h=h_3$,LKJ 边界上的水头值 $h=h_4$。

2. 已知法向流速的边界条件

在相应边界上给定法向流速的分布,也称为"流速边界条件"。最常见的流速边界为法向流速为零的不透水边界,亦即 $v_n=0$。例如,图 3-14(a)中的 BC,图 3-13(b)中的 CE,当地下连续墙不透水时,沿墙的表面,亦即 $ANML$ 和 $GHIJ$ 也为不透水边界。

对于如图 3-14(b)所示的基坑降水问题,整体渗流场沿 KD 轴对称,所以在 KD 的法向也没有流量的交换,相当于法向流速为零值的不透水边界,此时仅需求解渗流场的一半。此外,图 3-14(b)中的 BC 和 EF 是人为的截断断面,计算中也近似按不透水边界处理。注意此时 BC 和 EF 的选取不能离地下连续墙太近,以保证求解的精度。

3. 自由水面边界

在渗流问题中也称其为"浸润线",如图 3-14(a)中的 AFE。在浸润线上应该同时满足两个条件:①测管水头等于位置水头,亦即 $h=z$,这是由于在浸润线以上土体孔隙中的气体和大气连通,浸润线上压力水头为零所致;②浸润线上的法向流速为零,即渗流方向沿浸润线的切线方向,此条件和不透水边界完全相同,即 $v_n=0$。

4. 渗出面边界

如图 3-14(a)中的 ED,其特点也是和大气连通,压力水头为零,同时有水从该段边界渗出。因此,在渗出面上也应该同时满足如下两个条件:
①$h=z$,即测管水头等于位置水头。
②$v_n \leq 0$,也就是渗流方向和渗出面相交,且渗透流速指向渗流域的外部。

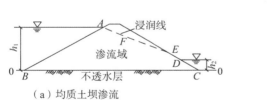
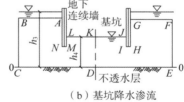

(a)均质土坝渗流   (b)基坑降水渗流

图 3-14 典型渗流问题中的边界条件

3.4.3 流网的绘制及应用

1. 势函数及其特性

为了研究的方便,在渗流场中引进一个标量函数 $\varphi(x,z)$:

$$\varphi = -kh = -k\left(\frac{u}{\gamma_w} + z\right) \tag{3-35}$$

式中,k 为土体的渗透系数;h 为测管水头。

根据广义达西定律可得：

$$v_x = \frac{\partial \varphi}{\partial x}, v_z = \frac{\partial \varphi}{\partial z} \tag{3-36}$$

即

$$v = \mathbf{grad}\, \varphi \tag{3-37}$$

由上式可见，渗流流速矢量 v 是函数 φ 的梯度。一般说来，当流动的速度正比于一个标量函数的梯度时，这种流动称为"有势流动"，这个标量函数被称为"势函数"或"流速势"。由此可见，满足达西定律的渗流问题是一个势流问题。

由渗流势函数 φ 的定义可知，势函数和测管水头呈比例关系，等势线也是等水头线，两条等势线的势值差也同相应的水头差成正比，它们两者之间完全可以互换。因此，在流网的绘制过程中，一般直接使用等水头线。

将式(3-36)代入式(3-32)可得

$$\frac{\partial^2 \varphi}{\partial x^2} + \frac{\partial^2 \varphi}{\partial z^2} = 0 \tag{3-38}$$

可见，势函数满足拉普拉斯方程。

2. 流函数及其特性

流线是流场中的曲线，在这条曲线上所有各点的流速矢量都与该曲线相切(图 3-15)。对于不随时间变化的稳定渗流场，流线也是水质点的运动轨迹线。根据流线的上述定义，可以写出流线所应满足的微分方程：

$$\frac{\mathrm{d}z}{\mathrm{d}x} = \frac{v_z}{v_x}$$

即

$$v_x \mathrm{d}z - v_z \mathrm{d}x = 0 \tag{3-39}$$

根据高等数学的理论，式(3-39)可写成某一个函数全微分形式的充要条件：

$$\frac{\partial v_x}{\partial x} = \frac{\partial(-v_z)}{\partial z}$$

即 $\frac{\partial v_x}{\partial x} + \frac{\partial v_z}{\partial z} = 0$。

对比式(3-32)可以发现，上述的充要条件就是渗流的连续性方程，在渗流场中是恒等成立的。因此，必然存在函数 ψ 为式(3-39)左边项的全微分，即

$$\mathrm{d}\psi = \frac{\partial \psi}{\partial x}\mathrm{d}x + \frac{\partial \psi}{\partial z}\mathrm{d}z = v_x \mathrm{d}z - v_z \mathrm{d}x \tag{3-40}$$

式中，函数 ψ 称为"流函数"。由式(3-40)可知：

$$\frac{\partial \psi}{\partial x} = -v_z, \quad \frac{\partial \psi}{\partial z} = v_x \tag{3-41}$$

流函数 ψ 具有如下的两条重要特性：

①不同的流线互不相交，在同一条流线上，流函数的值为一常数。流线间互不相交是由流线的物理意义所决定的。根据式(3-38)和式(3-40)显然可以发现，在同一条流线上有 $\mathrm{d}\psi = 0$，因此流函数的值为一常数。反过来这也说明，流线就是流函数的等值线。

②两条流线上流函数的差值等于穿过该两条流线间的渗流量，对于图 3-16 中所示的情况应有 $\mathrm{d}\psi = \mathrm{d}q$。

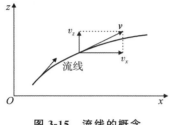

图 3-15 流线的概念

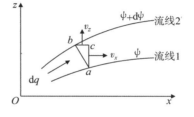

图 3-16 流函数的特性

在两条流线上各取一点 a 和 b，其坐标分别为 $a(x,z),b(x-\mathrm{d}x,z+\mathrm{d}z)$。显然，$ab$ 为两流线间的过水断面，则流过 ab 的流量 $\mathrm{d}q$ 为

$$\mathrm{d}q = v_x ac + v_z bc = v_x \mathrm{d}z - v_z \mathrm{d}x = \frac{\partial \psi}{\partial z}\mathrm{d}z - (-\frac{\partial \psi}{\partial x})\mathrm{d}x = \mathrm{d}\psi \tag{3-42}$$

将式(3-42)代入式(3-32)可得

$$\frac{\partial^2 \psi}{\partial x^2} + \frac{\partial^2 \psi}{\partial z^2} = 0 \tag{3-43}$$

可见，同势函数一样，流函数也满足拉普拉斯方程。

3.4.4 流网及其特性

由前面的讨论可以发现，在渗流场中势函数和流函数均满足拉普拉斯方程。实际上根据相关高等数学的知识，势函数和流函数两者互为共轭的调和函数，当求得其中一个时就可以推求出另外一个。从这个意义上讲，势函数和流函数两者均可独立和完备地描述一个渗流场。

在渗流场中，由一组等势线(或者等水头线)和流线组成的网格称为"流网"。流网具有如下特性：

①对各向同性土体，等势线(等水头线)和流线处处垂直，故流网为正交的网格。该条特性可通过等势线和流线的物理意义进行说明。根据等势线的特性可知，渗流场中一点的渗流速度方向为等势线的梯度方向，这表明渗流速度必与等势线垂直。而另一方面，根据流线的定义可知，渗流场中一点的渗流速度方向又是流线的切线方向。因此，等势线与流线必定相互垂直正交。

②在绘制流网时，如果取相邻等势线间的 $\Delta\varphi$ 和相邻流线间的 $\Delta\psi$ 为不变的常数，则流网中每一个网格的边长比也保持为常数。特别是当取 $\Delta\varphi=\Delta\psi$ 时，流网中每一个网格的边长比为1，此时流网中的每一网格均为曲边正方形。

设在流网中取出一个网格，如图 3-17 所示。相邻等势线的差值为 $\Delta\varphi$，间距 l；相邻流线的差值为 $\Delta\psi$，间距 s。设网格处的渗透流速为 v，则有

$$\Delta\psi = \Delta q = vs \tag{3-44}$$

$$\Delta\varphi = -k\Delta h = -k\frac{\Delta h}{l}l = vl \tag{3-45}$$

所以

$$\frac{\Delta\varphi}{\Delta\psi}=\frac{vl}{vs}=\frac{l}{s} \tag{3-46}$$

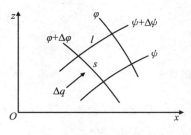

图 3-17　流网的特性

因此,当 $\Delta\varphi$ 和 $\Delta\psi$ 均保持不变时,流网网格的长宽比 l/s 也保持为一常数,而当 $\Delta\varphi=\Delta\psi$ 时,对流网中的每一网格均有 $l=s$,这样,流网中的每一网格均为曲边正方形。

3.4.5　流网的画法

根据前述的流网特征可知,绘制流网时必满足下列几个条件:

①流线与等势线必须正交。

②流线与等势线构成的各个网格的长宽比应为常数,即 l/s 为常数。为了绘图的方便,一般取 $l=s$,此时网格应呈曲线正方形,这是绘制流网时最方便和最常见的一种流网图形。

③必须满足流场的边界条件,以保证解的唯一性。

3.4.6　流网的应用

1. 求各点的测管水头 h

根据上、下游总水头差 ΔH 和等势线条数 $n+1$,可确定两相邻等势线间的水头差:

$$\Delta h=\frac{\Delta H}{n} \tag{3-47}$$

然后看考察点位于哪一条等势线附近,如果从上游(高水头一侧)数它位于第 i 条与第 $i+1$ 条等势线之间,再根据流网上游边界第一条等势线的总水头 H_1 确定该点水头:

$$H=H_1-\frac{i-1}{n}\Delta H-\delta h \tag{3-48}$$

其中的 δh 可由考察点在第 i 条与 $i+1$ 条等势线之间的位置采用内插法确定,例如图 3-18 中 a 点的总水头可以估算为 $H_a=H_1-\dfrac{4-1}{11}\Delta H-\dfrac{0.5}{11}\Delta H$。

2. 求各网格的水力梯度 i

由于各相邻等势线间的水头差 Δh 都相等,而每一网格又接近于正方形,每一网格中水力梯度可以认为是常数:

$$i_i=\frac{\Delta h}{l_i} \tag{3-49}$$

式中,l_i 代表的是第 i 个网眼的平均宽度(两相邻等势线在此网眼的平均距离)。

从式(3-49)可以看出在网格密集处的水力梯度必然大。由图 3-18 和图 3-19 可见,在逸出处的网格一般比较密,这里也是易发生渗透破坏的部位。根据各网眼的水力梯度,很容易计算各网眼土骨架受到的渗流力 j_i。

3. 确定渗流量

对于挡水建筑物或取水建筑物,渗流量是工程所关心的问题。首先可以从某个网格来计算每个流槽(两相邻流线所组成的渗流通道)单位宽度上的流量:

$$\Delta q = v_i s_i = k \frac{\Delta h}{l_i} s_i \tag{3-50}$$

由于网眼是正方形的,长和宽相等,即 $l_i = s_i$,则

$$\Delta q = k \Delta h = k \frac{\Delta H}{n} \tag{3-51}$$

若流网由 m 个流槽所组成,则单位宽度上的总渗流量为

$$q = m \Delta q = k \frac{m}{n} \Delta H \tag{3-52}$$

4. 判断渗透破坏的可能性

流砂(流土)必然发生在由下向上渗流的逸出处,因而需要判断垂直向上渗流的出口处网格最密的地方,比如图 3-18 中 F 点附近。有时还可以将网格进一步细分,进一步判断某些局部的渗透稳定;也可根据流网中各处的水力梯度和土的类型与性质判断其他渗透稳定问题,尤其是两层土的交界处。

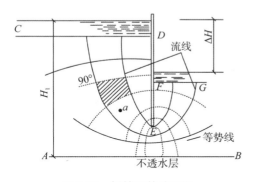

图 3-18 板桩下的流网图

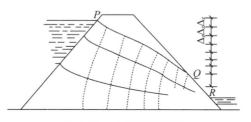

图 3-19 土坝中的流网

例题 3.5 图 3-20 为一水闸挡水后在闸基透水土层中形成的流网。已知,透水土层深 18.0 m,渗透系数 $k = 5 \times 10^{-7}$ m/s,闸基下面的防渗墙(假定不透水)深入土层表面以下 9.0 m,水闸前后水深如图 3-20 所示。试求图中所示 a、b、c、d、e 各点的孔隙水压力。

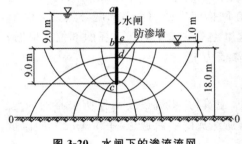

图 3-20　水闸下的渗流流网

解　根据图 3-20 的流网可知,每一等势线间隔的水头损失 $\Delta h = (9-1)/8 = 1.0(\text{m})$。列表计算 a、b、c、d、e 点的孔隙水压力,结果见表 3-2。

表 3-2　a、b、c、d、e 点孔隙水压力计算结果

位置	位置水头 z/m	测管水头 h/m	压力水头 h_u/m	孔隙水压力 u/kPa
a	27.0	27.0	0	0
b	18.0	27.0	9.0	90
c	9.0	23.0	14.0	140
d	18.0	19.0	1.0	10
e	19.0	19.0	0	0

3.5　有效应力原理

由第二章可知,土体是由固体颗粒和孔隙组成的。一般将通过固体颗粒接触面传递的应力称为"有效应力";通过孔隙传递的压力称为"孔隙压力";作用于土体单位面积上的内力称为"总应力"。由于土体孔隙中填充了水和气,所以孔隙压力又包括孔隙水压力和孔隙气压力。饱和土中孔隙全被水充满,因此没有孔隙气压力。

事实上,固体颗粒间的接触面非常小,接触情况非常复杂,接触力的方向和大小很难确定,因此无法求出各接触点处的应力;从工程角度讲也没有必要计算真正的粒间接触力。工程上感兴趣的是土体总截面上由颗粒骨架承担的力,因此将土体截面中所有粒间接触面上法向分力之和 N_s 除以土体总面积 A(包括固体颗粒和孔隙),得到的平均应力定义为有效应力 σ',即

$$\sigma' = \frac{N_s}{A} \tag{3-53}$$

可见,在实际中是将有效应力定义为土粒间传递的力与土体截面面积之比。用式(3-53)直接计算或测量有效应力非常困难。饱和土体中除了有效应力外,还有孔隙水压力,因此可以通过孔隙水压力和有效应力之间的关系,间接计算得到有效应力。

假设饱和土体中某一研究面的总面积为 A,见图 3-21(a),因 a-a 截面切开了一部分土

粒,而有效应力研究的是土粒之间传递的力,故取图 3-21(b)中的 b-b"弯曲"截面,其中各土粒接触面积之和为 A_s,孔隙水所占面积为 $A_w = A - A_s$。如果该面上作用有外荷载 F,则

$$F = N_s + (A - A_s)u \tag{3-54}$$

式中,N_s 为粒间接触面上法向分力之和;u 为孔孔隙水压力。

两边同时除以总面积 A,有

$$\frac{F}{A} = \frac{N_s}{A} + \frac{(A - A_s)u}{A} \tag{3-55}$$

根据式(3-55)的定义,得到:

$$\sigma = \sigma' + (1 - \frac{A_s}{A})u = \sigma' + (1 - a)u \tag{3-56}$$

式中,σ 为作用在土体研究面上的总应力;a 为总面积中颗粒接触面所占的比例,$a = A_s/A$,见图 3-21(b),其中,下标 i 代表某个土粒。

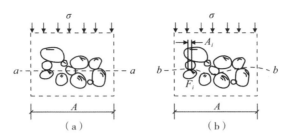

图 3-21　土体上总应力和有效应力示意

试验研究表明颗粒间接触面的面积很小(小于土体横截面面积的 3%),因此式(3-54)可以简写为

$$\sigma = \sigma' + u \tag{3-57}$$

式(3-57)就是著名的太沙基有效应力原理公式,即饱和土中一点的总应力 σ 等于有效应力 σ' 与孔隙水压力 u 之和。也就是说,即使总应力不变,有效应力和孔隙水压力可互相转化。根据太沙基有效应力原理,土体中的有效应力可以很方便地得到,因为总应力和孔隙水压力可以通过计算或测量得到。

这里简单介绍一下孔隙水压力的计算方法。如果在土体中每一点都布置测压管,则任一点的孔隙水压力等于该点处测压管中水柱高度乘以水的重度。静水条件下(测压管中水位与地下水位平齐),孔隙水压力等于该点处单位面积上的水柱重量,与水深成正比,见图 3-22。此时的孔隙水压力称为"静孔隙水压力"(static pore water pressure)。如果土体中存在渗流(此时测压管中水位高度不等于地下水位高度),如图 3-23 所示,均质土坝内一点 C 处的孔隙水压力由两部分组成,一部分是下游静水位产生的静孔隙水压力 $r_w h_2$,另一部分是渗流引起的超静孔隙水压力(excess pore water pressure),

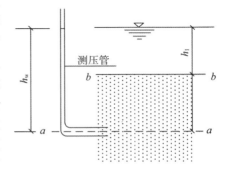

图 3-22　静水条件下的孔隙水压力

它是超过静水压力的部分，即 $\gamma_w(h_C-h_2)$，超静孔隙水压力可能由渗流引起，也可能由外部荷载引起。

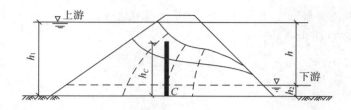

图 3-23　均质土坝内点 C 处的孔隙水压力

3.6　渗流力和渗透破坏

3.6.1　渗流力

上述内容中，均将土粒骨架看成是固定的且不发生变形的刚体。但实际上，土颗粒常常可以运动，并可能被水流带出。我们将作用于单位体积土中土颗粒的渗流作用力（体力）称为"渗流力"。

通常渗流力来源于沿着流线的孔隙水压力差 Δu。图 3-22 中，作用于流管两端孔隙水压力的差值为 $a\Delta u$（a 为流管的横截面面积），方向为水流方向。渗流力（单位体积力）用下式表示：

$$j = \frac{a\Delta u}{aL} = \frac{\gamma_w \Delta h}{L} = \gamma_w i \tag{3-58}$$

另外，在进行土体的受力分析时，有两种方法可供选择：①渗流力＋有效重量（用有效重度 γ' 计算）方法；②孔隙水压力＋土、水总重量（用饱和重度 γ_{sat} 计算）方法。其实，两种方法都可以得到相同的结果。然而，不论是采用方法①还是方法②，在计算过程中都应该统一。比较起来，还是方法②更确切一些。如上所述，要确定孔隙水压力 u，可假想测压管，求出压力水头，则孔隙水压力 u＝压力水头×γ_w。

3.6.2　临界水力梯度及渗流破坏

渗流力的作用方向不同，会对构筑物产生不同影响。例如地下水流动时，若水流方向为由上向下，此时动水力的方向与土颗粒重力方向一致，增加土颗粒间的压力，使土颗粒压得更密实，对工程无害；反之，若水的渗流方向为自下而上，动水力方向与重力方向相反，减小了土颗粒间的压力。当动水力大于或等于土的浮重度时，将使土颗粒悬浮而失稳，土颗粒随水流动，这种现象称为"流砂"或"流土"。此时的水头梯度称为"临界水力梯度"，用符号 i_{cr} 表示，即

$$G_D = \gamma_w i_{cr} = \gamma' \tag{3-59}$$

$$i_{cr} = \frac{\gamma'}{\gamma_w} = \frac{\gamma_{sat}}{\gamma_w} - 1 \tag{3-60}$$

式中，γ_{sat} 为土的饱和重度；γ_w 为水的重度。

工程中将临界水力梯度 i_{cr} 除以安全系数 K 作为容许水力梯度 $[i]$，设计时，渗流逸出处的水力梯度应满足：

$$i \leqslant [i] = \frac{i_{cr}}{K} \tag{3-61}$$

在细砂土或粉砂土地层中开挖基坑，当开挖至地下水位以下时，往往会出现土颗粒不断地从基坑边或基坑底部冒出的现象，即流砂。一旦出现边挖边冒流砂的现象，土体将会逐渐丧失承载力，致使施工条件恶化，基坑难以挖到设计深度，严重时会引起基坑边坡塌方；邻近建筑因地基被掏空而出现开裂、下沉、倾斜甚至倒塌。细颗粒、松散、饱和的非黏性土特别容易发生流砂现象。

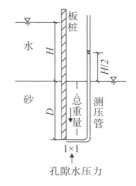

图 3-24　砂土打入板桩

例题 3.6　在图 3-24 所示的砂土地基中打入板桩。为了避免流砂现象，试求上游侧的水深 H 和板桩的入土深度 D 之间的关系。设砂土地基的孔隙比为 e，砂的比重为 G_s。

解　因为板桩底部处水力坡度 i 最大，渗流力 $i\gamma_w$ 也最大，所以是最危险的地方。在此，考虑板桩底部前面单位面积（1×1）上力的平衡。根据前述产生流砂的条件，可知只需比较在该部位处单元体的总重量与孔隙水压力的大小即可。

单元体总重量－孔隙水压力 $= \gamma_{sat} D - \gamma_w \left(D + \dfrac{H}{2} \right)$，根据第二章所述的土体三相比例指标的换算关系，可得

$$\gamma_{sat} D - \gamma_w \left(D + \frac{H}{2} \right) = \frac{G_s + e}{1 + e} \gamma_w D - \gamma_w \left(D + \frac{H}{2} \right)$$

$$= \left(\frac{G_s + e}{1 + e} - 1 \right) \gamma_w D - \gamma_w \frac{H}{2}$$

$$= \underbrace{\frac{G_s - 1}{1 + e} \gamma_w}_{= \gamma'} \underbrace{D \times 1 \times 1}_{体积} - \underbrace{\frac{H}{2D}}_{= i} \gamma_w \underbrace{D \times 1 \times 1}_{体积} \begin{cases} > 0 & 安全 \\ \leqslant 0 & 危险 \end{cases}$$

$$\text{（单元体有效重量）} \qquad \text{（单元体渗流力）}$$

因此，不论是考虑单元体总重量与孔隙水压力的平衡，还是考虑单元体有效重量与渗流力的平衡，都可以得到相同的结果。

另外，取水力梯度 $i = H/(2D)$ 的理由也可以这样理解：水流沿着板桩从左向右渗流，渗流路径是 $2D$，水头损失只有 H，而水力梯度等于水头损失除以渗流路径。

若取 $G_s = 2.65$，$e = 0.65$（对砂土可以这样取值），可得出：$D > H/2$ 时，安全；$D \leqslant H/2$ 时，危险（会产生流砂）。也就是说，板桩的入土深度 D 至少不能小于上、下游水头差 H 的一半，这个结论对工程至关重要。

刚开始发生流砂现象时的水力梯度称为"临界水力梯度 i_{cr}"。根据流砂的定义，当渗流

力 $\gamma_w i$ 等于土的有效重度 γ' 时,土即处于产生流砂的临界状态,因此,临界水力梯度为

$$i_{cr} = \frac{\gamma'}{\gamma_w} = (G_s - 1)(1 - n) \tag{3-62}$$

例题 3.7 在图 3-25 所示的板桩下游设置盖重反滤层时,试分析防治流砂的条件(即求满足安全要求时 h_f、H、D 三者之间的关系)。假设砂土地基的饱和重度为 γ_{sat},盖重反滤层的重度为 γ_f,水的重度为 γ_w。

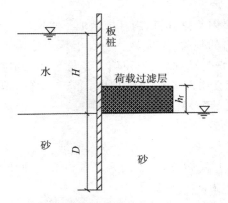

图 3-25 有盖重反滤层时板桩下游产生流砂的条件

解 同例题 3.6 解答,考虑板桩右侧底部处单位面积(1×1)上力的平衡:

$$\underset{\text{(单元体总重量)}}{(\gamma_{sat} D + \gamma_f h_f)} - \underset{\text{(孔隙水压力)}}{(D + \frac{H}{2})\gamma_w} > 0, \text{安全}$$

$$\text{或} \underset{=\gamma'}{\underbrace{(\gamma_{sat} - \gamma_w)}} D + \gamma_f h_f - \underset{\text{(单元体渗透力)}}{\frac{H}{2D}\gamma_w D} > 0, \text{安全}$$

（单元体有效重量）

3.6.3 管涌和流砂现象

1. 管涌

在渗透水流作用下,土中的细颗粒在粗颗粒形成的孔隙中移动,以致流失。随着土的孔隙不断扩大,渗透速度不断增加,较粗的颗粒也相继被水流逐渐带走,最终导致土体内形成贯通的渗流管道(图 3-26),造成土体塌陷,这种现象称为"管涌"。可见,管涌破坏一般有一段时间的发展过程,是一种渐进性质的破坏。

在自然界中,在一定条件下同样会发生上述渗透破坏作用,为了与人类工程活动所引起的管涌相区别,通常称之为"潜蚀"。潜蚀作用有机械潜蚀和化学潜蚀两种。机械潜蚀是指渗流的机械力将细土粒冲走而形成洞穴;化学潜蚀是指水流溶解了土中的易溶盐或胶结物使土变松散,细土粒被水冲走而形成洞穴。在通过坝基的管涌中这两种作用往往是同时存在的(图 3-26)。

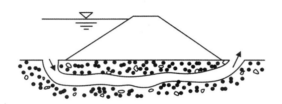

图 3-26　通过坝基的管涌

2. 流砂

流砂现象是发生在土体表面渗流逸出处,不发生于土体内部;而管涌现象可以发生在渗流逸出处,也可能发生于土体内部。

发生管涌的临界水力梯度与土颗粒的大小和级配有关。土是否发生管涌,首先取决于土的性质,管涌多发生在砂性土中,其特征是颗粒大小差别较大,往往缺少某种粒径,孔隙直径大且相互连通。无黏性土产生管涌必须具备两个条件:①几何条件。土中粗颗粒所构成的孔隙直径必须大于细颗粒的直径,这是必要条件,一般不均匀系数大于 10 的土才会发生管涌。②水力条件。渗流力带动细颗粒在孔隙间滚动或移动是发生管涌的水力条件,可用管涌的水力梯度来表示。但管涌临界水力梯度的计算至今尚未成熟,对于重大工程,应尽量由试验确定。

3. 管涌和流砂的防治

防治管涌现象一般可从下列两个方面采取措施:①改变几何条件,在渗流逸出部位铺设反滤层是防止管涌破坏的有效措施;②改变水力条件,降低水力梯度,如打板桩等。

对于管涌现象的防治,实际抢险救灾中减压围井(民间一般叫"养水盆")技术是在堤防背河侧抢堵管涌和漏洞的一种有效的导渗方法。2020 年入夏以来,长江防汛形势严峻,武汉江夏区共购买了 360 吨黄豆来抗洪。蓄水反压是对付管涌的好办法。蓄水反压,是在管涌区外围堆围一圈沙包形成"养水盆",抬高管涌区的水位,降低渗水压力,防止细砂被冲走,避免堤坝周边土壤坍塌。黄豆吸水变大,可以抬高"养水盆"的水位,还可以填补管涌区砂砾的缝隙,起到补漏的作用。黄豆吸水膨胀变大,用来补漏,收到了良好的效果(图 3-27)。

图 3-27　"养水盆"防治管涌现象

图片来源:https://baijiahao.baidu.com/s? id＝1673056154066096097&wfr＝spider&for＝pc。

思考题

3-1 影响土的渗透能力的主要因素有哪些？

3-2 渗透系数的测定方法有哪些？

3-3 试比较流砂现象和管涌现象的异同点。

3-4 何谓动力水？何谓临界水力梯度？

3-5 流网的绘制方法有哪几种？

习题

3-1 何谓达西定律,达西定律成立的条件是什么？

3-2 达西定律计算出的流速和土中水的实际流速是否相同？为什么？

3-3 渗流力的概念？渗透破坏有几种形式？各自有什么特征？

3-4 流网有什么特征？

3-5 某渗透装置如图 3-28 所示。土样 Ⅰ 的渗透系数为 $k_1 = 3 \times 10^{-1}$ cm/s,土样 Ⅰ 和土样 Ⅱ 的截面积分别为40 cm² 和80 cm²,土样的厚度分别如图所示,若使渗流过程中总水头差保持不变,求：

①当土样 Ⅱ 的水头损失为土样 Ⅰ 的 2 倍时,土样 Ⅱ 的渗透系数 k_2 是多少？

②每秒流经两土样排出的水量为多少？

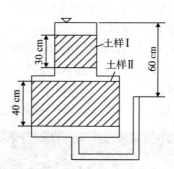

图 3-28 渗透装置(习题 3-5)

3-6 设做变水头渗透试验的黏土试样的截面积为30 cm²,厚度为4 cm,渗透仪细玻璃管的内径为0.4 cm,试验开始时的水位差为145 cm,经时段7 min 25 s观察得水位差为130 cm,试验时的水温为20 ℃,试求试样的渗透系数。

3-7 如图 3-29 所示,两排打入砂层的板桩墙,在其中进行基坑开挖,并在基坑内排水。求：

①绘制流网。

②根据所绘流网计算基坑单位宽度上的总渗流量 q。

③确定 P、Q 两点水头。

④判断基底的渗透稳定性(是否会发生流砂)。

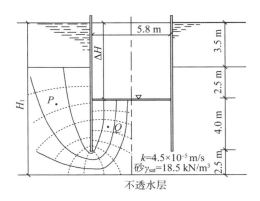

图 3-29 基坑板桩墙(习题 3-7)

3-8 图 3-30 所示容器中的土样,受到水的渗流作用。已知土样高度 $l=0.4$ m,土样横截面面积 $A=25$ cm²,土样的土粒比重 $G_s=2.69$,孔隙比 $e=0.8$。

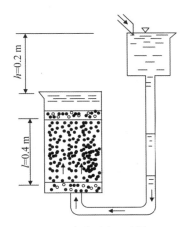

图 3-30 渗流过程(习题 3-8)

①计算作用在土样上的动水力大小及其方向。

②若土样发生流砂现象,其水头差 h 应是多少?

3-9 不透水岩基上有水平分布的三层土,厚度均为 1 m,渗透系数分别为 $k_1=1$ m/d,$k_2=2$ m/d,$k_3=10$ m/d,则等效土层竖向渗透系数为多少?

3-10 已知土体比重 $G_s=2.7$,孔隙比 $e=1$,求该土的临界水力坡降。

参考文献

[1]王常明. 土力学[M]. 2 版. 北京:地质出版社,2015.

[2]卢延浩. 土力学[M]. 2 版. 南京:河海大学出版社,2005.

[3]赵树德,廖红建. 土力学[M]. 2 版. 北京:高等教育出版社,2010.

[4]杨进良. 土力学[M]. 4 版. 北京:中国水利水电出版社,2009.

[5]李镜培,梁发云,赵春风. 土力学[M]. 2 版. 北京:高等教育出版社,2008.

[6]中华人民共和国住房和城乡建设部,中华人民共和国国家质量监督检验检疫总局. 建筑地基基础设计规范:GB 50007—2011[S]. 北京:中国建筑工业出版社,2012.

[7]《工程地质手册》编委会. 工程地质手册[M]. 4 版. 北京:中国建筑工业出版社,2007.

[8]国家市场监督管理总局,中华人民共和国住房和城乡建设部. 土工试验方法标准:GB/T 50123—2019[S]. 北京:中国计划出版社,2019.

[9]中华人民共和国住房和城乡建设部,中华人民共和国国家质量监督检验检疫总局. 水利水电工程地质勘察规范:GB 50487—2008[S]. 北京:中国计划出版社,2009.

土力学学科名人堂——斯肯普顿

斯肯普顿（Skempton,1914—2001）

图片来源:https://baijiahao.baidu.com/s? id=1733068328951245996&wfr=spider&for=pc.

　　Skempton 1914 年出生于英格兰的北安普敦(Northampton),是英国伦敦大学帝国学院的著名教授,他的学士学位(1935)、硕士学位(1936)及博士学位(1949)也是在该校获得的。

　　Skempton 的研究兴趣主要在土力学、岩石力学、地质学、土木工程史等领域。在土力学方面,他对有效应力、黏土中的孔隙水压、地基承载力、边坡稳定性等问题的研究作出了突出的贡献,他具有从复杂的问题中提取出重要而关键部分的杰出本领,由他所创立并领导的伦敦帝国大学土力学研究中心是国际顶尖的土力学研究中心。Skempton 是第四届(1957—1961)国际土力学与基础工程学会主席,1961 年当选英国皇家学会会员。

　　Skempton 于 2001 年 8 月 9 日在伦敦逝世。

第四章 土中应力

课前导读

　　本章主要内容包括土中应力的分类及自重应力、基底压力、基底附加压力、土中附加应力的计算等。本章的教学重点为自重应力和附加应力的概念、自重应力的计算、各种荷载条件下土中附加应力的计算方法以及附加应力的分布规律。学习难点为各种荷载条件下土中附加应力的计算。

能力要求

　　通过本章的学习,学生应掌握自重应力的计算方法、基底压力和基底附加压力的计算原则,掌握矩形面积均布矩形荷载、矩形面积三角形分布荷载、均布圆形荷载条件下土中附加应力的计算方法以及影响附加应力分布的因素。

4.1 概述

　　为了对建筑物地基基础进行沉降(变形)和承载力计算以及稳定性分析,必须了解和掌握建筑物修建前后土中应力的分布和变化规律。土中应力可概括为两大类,即土中的自重应力和附加应力。自重应力是由土体本身自重引起的应力,附加应力是由外荷载引起的应力增量。外荷载不仅包括建筑物、堤坝等静力荷载,还包括车辆、地下水渗流、地震等动力荷载。这些荷载是导致地基变形、地基土强度破坏和失稳的主要原因。本章主要介绍地基中的自重应力和由建筑物荷载引起的附加应力,在计算附加应力前必须了解基础底面的压力,即基底压力的大小和分布规律。

4.1.1 应力计算的有关假定

　　地基中的附加应力是基底以下地基中任何一点处由基底附加压力引起的应力。地基与基底面积相比,在基础以下的土体可视为半无限体。同时,实践表明,当外荷载不大时,地基受荷与变形基本上呈直线关系,因此理论上可把地基视为半无限的直线变形体,这样就可以应用弹性力学的理论来计算地基中任意一点处的附加应力。目前附加应力的计算都是以下面 4 点假设为前提。

①连续体假定,是指整个物体所占据的空间都被介质所填满而不留任何空隙。土是由颗粒堆积而成的具有孔隙的非连续体,因此在研究土体内部微观受力情况(如颗粒之间的接触力和颗粒的相对位移)时,必须把土体当作散粒状的三相体来看待;但当研究宏观土体的受力问题时,土体的尺寸远大于土颗粒的尺寸,可以把土体当作连续体对待。

②完全弹性体假定,是指应力与应变呈线性正比关系,且应力卸除后变形可以完全恢复。根据土样的单轴压缩试验资料,当应力较小时,土的应力-应变关系曲线不是一条直线,如图 4-1 所示,即土的变形具有明显的非线性特征。而且在应力卸除后,应变也不能完全恢复。但在实际工程中土中应力水平较低,土的应力-应变关系接近于线性关系,可以采用弹性理论方法。但是对一些十分重要、对沉降有特殊要求的建筑物或特别复杂的工程,用弹性理论进行土体中的应力分析可能精度不够,这时必须借助更复杂的应力-应变关系和力学原理才能得到比较符合实际的应力与变形解答。

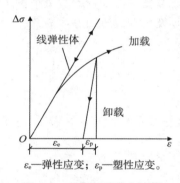

ε_e—弹性应变; ε_p—塑性应变。

图 4-1　土中自重应力计算

③均质假定,是指受力体各点的性质是相同的。天然地基土是由成层土组成的,因此将土体视为均质体将会产生一定的误差。不过当各层土的性质相差不大时,将土作为均质体所引起的误差不大。

④各向同性假定,主要是指受力体在同一点处的各个方向上的性质是相同的。天然地基土往往由成层土所组成,具有较复杂的构造,即使是同一成层土,其变形性质也随深度而变,因此将土体视为各向同性会带来误差。但当土性质的方向性不是很强时,假定其为各向同性对应力分布引起的误差通常也在容许范围之内。如果土的各向异性特点很明显而不能忽略,则应采用可以考虑材料各向异性的弹性理论计算应力。

4.1.2　土力学中应力符号的规定

土是散粒体,一般不能承受拉力。在土中出现拉应力的情况很少,因此在土力学中对土中应力的正负号常作如下规定:法向应力以压为正,以拉为负,如图 4-2 所示。

自重应力是指在未修建建筑物之前,地基中由于土体本身的有效重量而产生的应力。所谓有效重量,是指土颗粒之间接触点传递

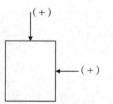

图 4-2　土力学中应力符号的规定

的应力。本节所讨论的自重应力都是有效自重应力,之后各节提到的有效自重应力均简称为"自重应力"。研究土体自重应力的目的是确定土体的初始应力状态。在计算土的自重应力时,假定天然土体是半无限空间弹性体,所以在任意一竖直面和水平面上都无剪应力存在。也就是说,土体在自重作用下无侧向变形和剪切变形,只会发生竖向变形。

4.2 土的自重应力

4.2.1 均质土中的自重应力

研究土中自重应力是为了确定地基土体的初始应力状态。计算土中的自重应力时,一般将地基作为半无限弹性体来考虑,在自重应力作用下土体只能产生竖向变形,而不产生侧向位移及剪切变形。可以证明,地基内部的任一水平面和垂直面上,均只有正应力而无剪应力,因此这些面上的正应力即为主应力。

设地基中某单元距地面的距离为 z,如图 4-3(a)所示,土的天然重度为 γ(kN/m³),则该单元上的竖向自重应力等于其单位面积上土柱的重量,即

$$\sigma_{cz} = \gamma z \tag{4-1}$$

单位以 kPa 计。从式(4-1)很容易得出,竖向自重应力随深度的增加而增大。在均质土地基中,竖向自重应力沿深度的分布是一条向下倾斜的直线,如图 4-3(b)所示。

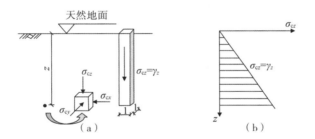

图 4-3 均质土中的自重应力

地基中除有作用于水平面上的竖向自重应力外,还有作用于竖直面上的水平向(侧向)自重应力,侧向自重应力 σ_{cx} 和 σ_{cy} 与 σ_{cz} 成正比,即

$$\sigma_{cx} = \sigma_{cy} = K_0 \sigma_{cz} \tag{4-2}$$

式中,K_0 为土的侧压力系数(也称"静止土压力系数",各类土的 K_0 的经验值见表 4-1)。

必须指出,对于成土年代长久,土体在自重应力作用下已经完成压缩变形的情况,土中竖向和侧向的自重应力一般均指有效应力。若计算点在地下水位以下,由于水对土体有浮力作用,水下部分土柱的有效重量应采用土的有效重度 γ' 计算。

为了简化方便,将常用的竖向有效自重应力 σ_{cz} 简称为"自重应力",并改用符号 σ_c 表示。

表 4-1　各类土 K_0 的经验值

土的种类和状态		K_0	泊松比 μ
碎石土		0.18～0.25	0.15～0.20
砂土		0.25～0.33	0.20～0.25
粉土		0.33	0.25
粉质黏土	坚硬状态	0.33	0.25
	可塑状态	0.43	0.30
	软塑及流塑状态	0.53	0.35
黏土	坚硬状态	0.33	0.25
	可塑状态	0.53	0.35
	软塑及流塑状态	0.72	0.42

4.2.2　成层土中的自重应力

如果地基是由不同性质的若干层土组成，或有地下水存在时，则在地面以下任一深度 z 处的竖向自重应力为

$$\sigma_c = \sum_{i=1}^{n} \gamma_i h_i \tag{4-3}$$

式中，σ_c 为天然地面下任意深度处的竖向有效自重应力，kPa；n 为深度 z 范围内的土层总数；h_i 为第 i 层土的厚度，m；γ_i 为第 i 层土的天然重度，对地下水位以下的土层取有效重度 γ_i'，kN/m³。

如图 4-4(a)所示，由三层土组成的土体，在第三层土底面处，在水位变动以前土体的竖向自重应力为

$$\sigma_c = \gamma_1 h_1 + \gamma_2 h_2 + \gamma_3' h_3 \tag{4-4}$$

从图 4-4 中可以看出，土中自重应力的分布特点：

①成层土中自重应力的分布呈折线状，拐点在土层交界处或地下水位处。

②同一层土中的自重应力呈直线分布。

③自重应力随深度的增加而增大。

值得注意的是：在地下水位以下，若埋藏有不透水层（如基岩层、连续分布的硬黏性土层），由于不透水层中不存在水的浮力，层面及层面以下的自重应力按上覆土层的水土总重计算。

世界上相当多的城市，因大量抽取地下水，以致地下水位长期大幅度下降，使地基中有效自重应力增大，从而导致地面大面积沉降。而如图 4-4(b)在人工抬高蓄水水位的地区（如筑坝蓄水）或大量工业废水渗入地下的地区，地下水的上升可造成地基承载力的降低以及湿陷性土的陷塌等现象，因此必须引起注意。

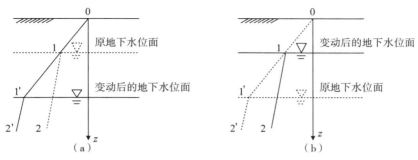

0-1-2 线为原来自重应力的分布；0-1'-2' 线为地下水位变动后自重应力的分布。

图 4-4　地下水位升降对土中自重应力的影响

例题 4.1 某建筑场地的地层分布如下：第一层粉土，$\gamma_1 = 18.0 \text{ kN/m}^3$，厚度为 1 m；第二层黏土，$\gamma_2 = 19.0 \text{ kN/m}^3$，厚度为 3 m，土粒比重 $G_s = 2.72$，天然含水率 $w = 28.0\%$，地下水位距天然地面 2 m；第三层中砂，$\gamma_{sat} = 19.3 \text{ kN/m}^3$，厚度为 4 m。试确定中砂层底部的自重应力。

解 地下水位以上采用土的天然重度，地下水位以下采用有效重度。对第二层粉质黏土，由 $\gamma_2 = 19.0 \text{ kN/m}^3$，$G_s = 2.72$，$w = 28.0\%$，求出 γ_2'。

$$e = \frac{G_s(1+w)\gamma_w}{\gamma_2} - 1 = \frac{2.72 \times (1+0.28) \times 10.0}{19.0} - 1 = 0.83$$

$$\gamma_2' = \frac{(G_s - 1)\gamma_w}{1+e} = \frac{(2.72-1) \times 10.0}{1+0.83} = 9.4 \text{ kN/m}^3$$

而对第三层中砂：

$$\gamma_3' = \gamma_{sat} - \gamma_w = 19.3 - 10.0 = 9.3 \text{ kN/m}^3$$

中砂层底部的自重应力为

$$\sigma_c = \sum_{i=1}^{n} \gamma_i h_i = 1 \times 18.0 + 1 \times 19.0 + 2 \times 9.4 + 4 \times 9.3 = 93.0 \text{ kPa}$$

例题 4.2 一地基由多层土组成，地层剖面如图 4-5(a)所示。试计算并绘制自重应力沿深度的分布图。

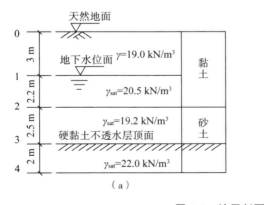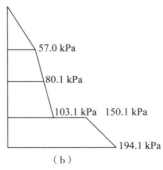

图 4-5　地层剖面

解 计算各层土的应力为

$$\sigma_0 = 0.0 \text{ kPa}$$

$$\sigma_1 = 3 \times 19.0 = 57.0 \text{ kPa}$$

$$\sigma_2 = \sigma_1 + 2.2 \times (20.5 - 10.0) = 80.1 \text{ kPa}$$

$$\sigma_{3上} = \sigma_2 + 2.5 \times (19.2 - 10.0) = 103.1 \text{ kPa}$$

$$\sigma_{3下} = \sigma_{3上} + 10.0 \times (2.2 + 2.5) = 150.1 \text{ kPa}$$

$$\sigma_4 = \sigma_{3下} + 2 \times 22.0 = 194.1 \text{ kPa}$$

将各应力点连接便得到了图 4-5(b)所示的不同深度处土体自重应力分布。

例题 4.3 某建筑场地的地质柱状图和土的有关指标列于下图 4-6 中。试计算地面下深度为2.5 m、5 m和9 m处的自重应力，并绘出分布图。

解 本例天然地面下第一层粉土厚 6 m，其中地下水位以上和以下的厚度分别为3.6 m和2.4 m；第二层为粉质黏土层。依次计算2.5 m、3.6 m、5 m、6 m、9 m各深度处的土中竖向自重应力，计算过程及自重应力分布图一并列于图 4-6 中。

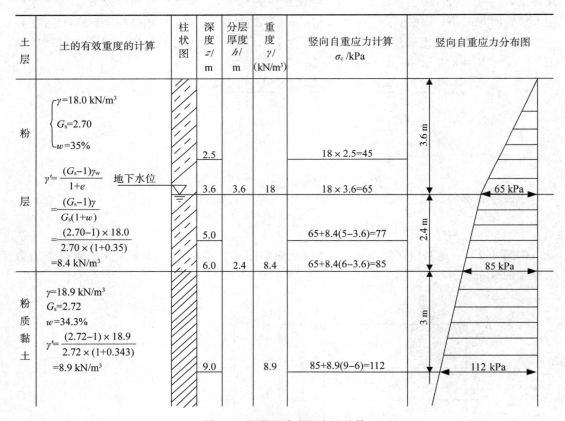

图 4-6 不同深度土层自重计算

4.3 基底压力计算及分布

所谓基底压力是指基础底面与土之间接触面上的接触压力。因为建筑物的荷载是通过基础传给地基的,为了计算上部荷载在地基土层中引起的附加应力,就必须首先研究基础底面与基础底面接触面上的压力大小与分布情况。土中的附加应力是由于建筑物荷载等作用引起的应力增量,而上部建筑物和基础的重量都是通过基础传给地基的,在基础和地基接触面处的压力称为"接触压力",也称为"基底压力"。地基中的附加应力就是由基底压力所引起的,所以为了计算地基中的附加应力,必须先确定基底压力的大小和分布规律。

4.3.1　基底压力的分布

试验表明,基础底面接触压力的分布取决于下列诸因素:①地基与基础的相对刚度;②荷载大小与分布情况;③基础埋深大小;④地基土的性质。建筑物的荷载是通过其基础传给地基的。基底压力的大小和分布状况,将对地基内部的附加应力有着十分重要的影响。而基底压力的大小和分布状况,又与荷载的大小和分布、基础的刚度、基础的埋置深度以及土的性质等多种因素有关。

试验研究指出,对于刚性很小的基础或柔性基础,由于它能够适应地基土的变形,故基底压力大小和分布状况与作用在基础上的荷载大小和分布状况相同。当基础上的荷载均匀分布时,基底压力(常以基底反力形式表示)也均匀分布,如图 4-7(a)所示;当荷载为梯形分布时,其基底压力也为梯形分布,如图 4-7(b)所示。

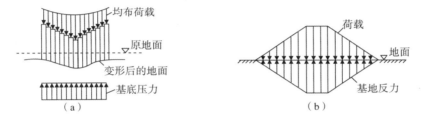

图 4-7　柔性基础基底压力分布示意

对于刚性基础,由于其刚度很大,不能适应地基土的变形,其基底压力分布将随上部荷载的大小、基础的埋置深度和土的性质的变化而变化。例如,建造在砂土地基表面上的条形基础,当受到中心荷载作用时,由于砂土颗粒之间没有黏聚力(cohesion),故基底压力中间大,而边缘处等于零,类似于抛物线分布,如图 4-8(a)所示。而在黏土层地基表面上的条形刚性基础,当受到中心荷载作用时,由于黏性土具有黏聚力,基底边缘处能承受一定的压力,因此在荷载较小时,基底压力边缘大而中间小,类似于马鞍形分布;当荷载逐渐增大并达到破坏时,基底压力分布就变成中间大而边缘小的形状,如图 4-8(b)所示。

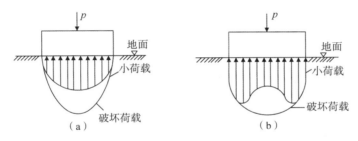

图 4-8　刚性基础基底压力分布示意

4.3.2 基底压力的简化计算

桥梁墩台基础以及工业与民用建筑中的柱下独立基础、墙下条形基础等扩展基础,均可视为刚性基础。这些基础因为受地基容许承载力的限制,加上基础还有一定的埋置深度,其基底压力呈马鞍形分布,而且其发展趋向均匀,故可近似简化为基底反力均匀分布;另外,根据弹性理论中圣维南原理,基础底面下一定深度所引起的地基附加应力与基底荷载分布形态无关,而只与其合力的大小和作用点位置有关。因此,在工程应用中,对于具有一定刚度以及尺寸较小的扩展基础,其基底压力近似当作直线分布,按材料力学公式进行简化计算。

4.3.3 竖直中心荷载作用下的基底压力

如图 4-9 所示,当竖向荷载的合力通过基础底面的形心点时,基底压力假定为均匀分布,并按下式计算:

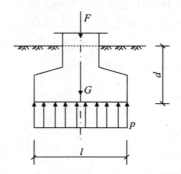

图 4-9 竖直中心荷载作用下基底的压力分布

$$p=\frac{F+G}{A} \tag{4-5}$$

式中,F 为相应于荷载效应标准组合时,上部结构传至基础顶面的竖向力,kN;G 为基础自重和基础上的土重,kN,且其计算公式为

$$G=\gamma_G A d \tag{4-6}$$

式中,γ_G 为基础及回填土的平均重度,一般取 20 kN/m³,地下水位以下部分应采用浮重度,即扣除 10 kN/m³ 的浮力;d 为基础的埋置深度,m;A 为基础底面面积,m²,$A=lb$,其中 l 为矩形基础的长度,b 为矩形基础的宽度。

对荷载沿长度方向均匀分布的条形基础,可沿长度方向取一延米进行计算,则 F、G 为一延米长的荷载。

4.3.4 竖直偏心荷载作用下的基底压力

常见的偏心荷载作用在矩形基础的一个方向,即单向偏心,取基础的长边方向与偏心方向一致,基底的边缘压力可按下式计算:

$$p_{\max}(p_{\min})=\frac{F+G}{A}\pm\frac{M}{W}=\frac{F+G}{A}\left(1\pm\frac{6e}{l}\right) \tag{4-7}$$

式中，p_{max} 为基础最大边缘压力，kPa；p_{min} 为基础最小边缘压力，kPa；e 为荷载偏心距，$e = \dfrac{M}{F+G}$；M 为作用于基础底面的偏心力矩，kN·m；W 为基础底面的抵抗矩，对于矩形基础，$W = \dfrac{1}{6}bl^2$，m^3。

从式(4-7)中可以看出，随着偏心距 e 的不同，基底压力可以出现 3 种不同的情况：

①当偏心距 $e < \dfrac{l}{6}$ 时，$p_{min} > 0$，基底压力呈梯形分布，如图 4-10(a)所示。

②当偏心距 $e = \dfrac{l}{6}$ 时，$p_{min} = 0$，基底压力呈三角形分布，如图 4-10(b)所示。

③当偏心距 $e > \dfrac{l}{6}$ 时，$p_{min} < 0$，即出现了拉应力，如图 4-10(c)所示。

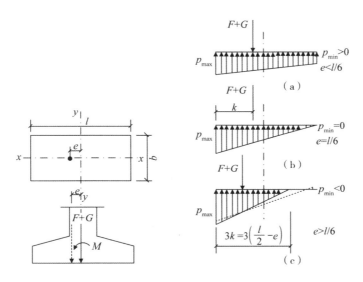

图 4-10　竖直偏心荷载作用下基底压力的分布

实际上地基和基础之间是不能承受拉应力的，此时基础底面和地基脱离，脱离部分常称为"零应力区"，致使基底压力出现了应力重分布。根据偏心荷载与基底反力平衡的条件，得出基底三角形压力的合力（作用点为三角形的形心），且必定与外荷载 $F+G$ 大小相等、方向相反，由此得出边缘的最大压应力为

$$p_{max} = \frac{2(F+G)}{3b(l/2 - e)} \tag{4-8}$$

4.3.5　倾斜偏心荷载作用下的基底压力

如图 4-11 所示，当基础受到倾斜偏心荷载作用时，可先将偏心荷载 R（或 $\bar{R}$）分解为竖向分量 P（或 $\bar{P}$）和水平分量 H（或 $\bar{H}$），其中 $P = R\cos\beta$（或 $\bar{P} = \bar{R}\cos\beta$），$H = R\sin\beta$（或 $\bar{H} = \bar{R}\sin\beta$），$\beta$ 为倾斜荷载与竖直线之间的夹角。由竖直偏心荷载引起的基底压力按式(4-7)计算。水平基底压力假定为均匀分布，对于矩形基础，则

$$p_{\mathrm{h}} = \frac{H}{A} \tag{4-9}$$

式中，A 为矩形基础底面面积。

对于条形基础，则为

$$p_{\mathrm{h}} = \frac{\bar{H}}{B} \tag{4-10}$$

式中，B 为条形基础宽度。

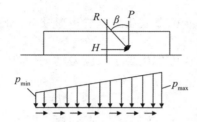

图 4-11　倾斜偏心荷载作用下基底压力的分布

4.4　分布荷载作用下地基附加应力

4.4.1　矩形均布荷载作用下的附加应力

建筑物通过基础把荷载传给地基。在地基设计中，常要计算作用于基底上的荷载在地基中引起的附加应力，轴心受压基础底面的附加压力属于均布的矩形荷载。这类问题的求解方法是先求出矩形面积角点下的附加应力，再利用"角点法"求出任意点下的附加应力。

1. 均布矩形荷载角点下的附加应力

如图 4-12 所示，角点下的附加应力是指图中 O、A、C、D 4 个角点下任意深度处的附加应力。只要深度 z 相同，则 4 个角点下的附加应力 σ_z 都相同。将坐标的原点取在角点 O 上，在荷载面积内任取微分面积 $\mathrm{d}A = \mathrm{d}x\,\mathrm{d}y$，并将其上作用的荷载以集中力 $\mathrm{d}P$ 代替，则 $\mathrm{d}P = p_0\mathrm{d}A = p_0\mathrm{d}x\,\mathrm{d}y$。利用式（4-11）即可求出该集中荷载在角点 O 以下深度 z 处 M 点所引起的竖直向附加应力 $\mathrm{d}\sigma_z$：

$$\mathrm{d}\sigma_z = \frac{3\mathrm{d}P}{2\pi} \cdot \frac{z^3}{R^5} = \frac{3p_0}{2\pi} \cdot \frac{z^3}{(x^2 + y^2 + z^2)^{5/2}}\mathrm{d}x\,\mathrm{d}y \tag{4-11}$$

将式（4-11）沿整个矩形面积 $OACD$ 积分，即可得出矩形面积上均布矩形荷载 p_0 在 M 点引起的附加应力 σ_z：

$$\begin{aligned}
\sigma_z &= \int_0^L \int_0^B \frac{3p_0}{2\pi} \cdot \frac{z^3}{(x^2 + y^2 + z^2)^{5/2}}\mathrm{d}x\,\mathrm{d}y \\
&= \frac{p_0}{2\pi}\left[\arctan\frac{m}{n\sqrt{1+m^2+n^2}} + \frac{mn}{\sqrt{1+m^2+n^2}}\left(\frac{1}{m^2+n^2} + \frac{1}{1+n^2}\right)\right]
\end{aligned} \tag{4-12}$$

式中，$m=\dfrac{L}{B}$，$n=\dfrac{z}{B}$，其中 L 为矩形的长边，B 为矩形的短边。

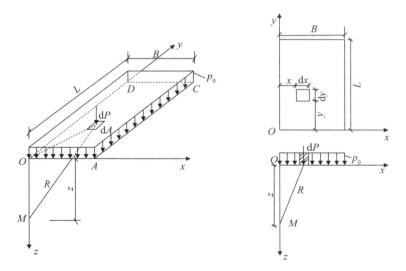

图 4-12　均布矩形荷载角点下的附加应力 σ_z

为了方便计算，可将式(4-12)简写成

$$\sigma_z = \alpha_c p_0 \tag{4-13}$$

式中，α_c 为矩形面积受竖向均布荷载角点下的附加应力系数，α_c 是 $\dfrac{L}{B}$ 和 $\dfrac{z}{B}$ 的函数，可从表 4-2 中查得。

表 4-2　矩形基底受竖向均布荷载作用时角点下的附加应力系数 α_c 值

n	m										
	1.0	1.2	1.4	1.6	1.8	2.0	3.0	4.0	5.0	6.0	10.0
0.0	0.2500	0.2500	0.2500	0.2500	0.2500	0.2500	0.2500	0.2500	0.2500	0.2500	0.2500
0.2	0.2486	0.2489	0.2490	0.2491	0.2491	0.2491	0.2492	0.2492	0.2492	0.2492	0.2492
0.4	0.2401	0.2420	0.2429	0.2434	0.2437	0.2439	0.2443	0.2443	0.2443	0.2443	0.2443
0.6	0.2229	0.2275	0.2300	0.2315	0.2324	0.2329	0.2339	0.2341	0.2342	0.2342	0.2342
0.8	0.1999	0.2075	0.2120	0.2147	0.2165	0.2176	0.2196	0.2200	0.2202	0.2202	0.2202
1.0	0.1752	0.1851	0.1911	0.1955	0.1981	0.1999	0.2034	0.2042	0.2044	0.2045	0.2046
1.2	0.1516	0.1626	0.1705	0.1758	0.1793	0.1818	0.1870	0.1882	0.1885	0.1887	0.1888
1.4	0.1308	0.1423	0.1508	0.1569	0.1613	0.1644	0.1712	0.1730	0.1735	0.1738	0.1740
1.6	0.1123	0.1241	0.1429	0.1436	0.1445	0.1482	0.1567	0.1590	0.1598	0.1601	0.1604
1.8	0.0969	0.1083	0.1172	0.1241	0.1294	0.1334	0.1434	0.1463	0.1474	0.1478	0.1482
2.0	0.0840	0.0947	0.1034	0.1103	0.1158	0.1202	0.1314	0.1350	0.1363	0.1368	0.1374
2.2	0.0732	0.0832	0.0917	0.0984	0.1039	0.1084	0.1205	0.1248	0.1264	0.1271	0.1277

续表

n	m										
	1.0	1.2	1.4	1.6	1.8	2.0	3.0	4.0	5.0	6.0	10.0
2.4	0.0642	0.0734	0.0812	0.0879	0.0934	0.0979	0.1108	0.1156	0.1175	0.1184	0.1192
2.6	0.0566	0.0651	0.0725	0.0788	0.0842	0.0887	0.1020	0.1073	0.1095	0.1106	0.1116
2.8	0.0502	0.0580	0.0649	0.0709	0.0761	0.0805	0.0942	0.0999	0.1024	0.1036	0.1048
3.0	0.0447	0.0519	0.0583	0.0640	0.0690	0.0732	0.0870	0.0931	0.0959	0.0973	0.0987
3.2	0.0401	0.0467	0.0526	0.0580	0.0627	0.0668	0.0806	0.0870	0.0900	0.0916	0.0933
3.4	0.0361	0.0421	0.0477	0.0527	0.0571	0.0611	0.0747	0.0814	0.0847	0.0864	0.0882
3.6	0.0326	0.0382	0.0433	0.0480	0.0523	0.0561	0.0694	0.0763	0.0799	0.0816	0.0837
3.8	0.0296	0.0384	0.0395	0.0439	0.0479	0.0516	0.0645	0.0717	0.0753	0.0773	0.0796
4.0	0.0270	0.0318	0.0362	0.0403	0.0441	0.0474	0.0603	0.0674	0.0712	0.0733	0.0758
4.2	0.0247	0.0291	0.0333	0.0371	0.0407	0.0439	0.0563	0.0634	0.0674	0.0696	0.0724
4.4	0.0227	0.0268	0.0306	0.0343	0.0376	0.0407	0.0527	0.0597	0.0639	0.0662	0.0692
4.6	0.0209	0.0247	0.0283	0.0317	0.0348	0.0378	0.0493	0.0564	0.0606	0.0630	0.0663
4.8	0.0193	0.0229	0.0262	0.0294	0.0324	0.0352	0.0463	0.0533	0.0576	0.0601	0.0635
5.0	0.0179	0.0212	0.0243	0.0274	0.0302	0.0328	0.0435	0.0504	0.0547	0.0573	0.0610
6.0	0.0127	0.0151	0.0174	0.0196	0.0218	0.0238	0.0325	0.0388	0.0431	0.0460	0.0506
7.0	0.0094	0.0112	0.0130	0.0147	0.0164	0.0180	0.0251	0.0306	0.0346	0.0376	0.0428
8.0	0.0073	0.0087	0.0101	0.0114	0.0127	0.0140	0.0198	0.0246	0.0283	0.0311	0.0367
9.0	0.0058	0.0069	0.0080	0.0091	0.0102	0.0112	0.0161	0.0202	0.0235	0.0262	0.0319
10.0	0.0047	0.0056	0.0065	0.0074	0.0083	0.0092	0.0132	0.0167	0.0198	0.0222	0.0280

2. 任意点下的附加应力——角点法

对于基底范围以内或以外任意点的附加应力,可以利用公式(4-13)并按叠加原理进行计算,这种方法称为"角点法"。如图 4-13 所示,设矩形基底 $abcd$ 上作用的竖直均布荷载为 p_0,在基底内 M 点下任意深度 z 处的附加应力为 σ_z。计算时,通过 M 点把荷载分成若干个矩形面积,这样 M 点就必须是划分出的各个矩形的公共角点,然后按式(4-13)计算每个矩形角点处同一深度 z 处的 σ_z,并求其代数和。四种情况分别如下:

① M 点在荷载面边缘,如图 4-13(a)所示。

$$\sigma_z = \sigma_{zI} + \sigma_{zII} \tag{4-14}$$

② M 点在荷载面内,如图 4-13(b)所示。

$$\sigma_z = \sigma_{zI} + \sigma_{zII} + \sigma_{zIII} + \sigma_{zIV} \tag{4-15}$$

③ M 点在荷载边缘外侧,如图 4-13(c)所示。

$$\sigma_z = \sigma_{zI} - \sigma_{zII} + \sigma_{zIII} - \sigma_{zIV} \tag{4-16}$$

I($Mfbg$),II($Mfah$),III($Mecg$),IV($Medh$)。

④ M 点在荷载面角点外侧,如图 4-13(d)所示。

$$\sigma_z = \sigma_{zI} - \sigma_{zII} - \sigma_{zIII} + \sigma_{zIV} \tag{4-17}$$

$I(Mhce)$，$II(Mhbf)$，$III(Mgde)$，$IV(Mgaf)$。

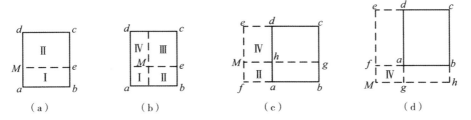

图 4-13　以角点法计算均布矩形荷载作用下的地基附加应力

4.4.2　三角形分布的矩形荷载

假设竖向荷载沿矩形面积一边 b 方向上呈三角形分布（沿另一边 l 的荷载分布不变），荷载集度的最大值为 p_0，取荷载集度零值边的角点 1 为坐标原点（图 4-14），则可将荷载面内某点 (x,y) 处所取微单元面积 $\mathrm{d}x\mathrm{d}y$ 上的分布荷载以集中力 $\dfrac{x}{b}p_0\mathrm{d}x\mathrm{d}y$ 代替。角点 1 下深度 z 处的 M 点由该集中力引起的附加应力为 $\mathrm{d}\sigma_z$，在整个矩形荷载面积进行积分后得角点 1 下 M 点处竖向附加应力 σ_z：

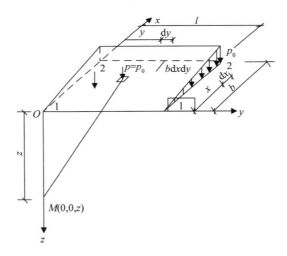

图 4-14　三角形分布矩形荷载角点下的 σ_z

$$\sigma_z = \alpha_{t1} p_0 \tag{4-18}$$

上式中，$\alpha_{t1} = \dfrac{mn}{2\pi}\left[\dfrac{1}{\sqrt{m^2+n^2}} - \dfrac{n^2}{(1+n^2)\sqrt{m^2+n^2+1}}\right]$，其中 m、n 的含义同前。

同理，还可求得荷载集度最大值边的角点 2 下任意深度 z 处的竖向附加应力 σ_z。α_c 为均布的矩形荷载角点下的竖向附加应力系数，可查表 4-2 获得；α_{t1} 和 α_{t2} 均为 $m=l/b$ 和 $n=z/b$ 的函数（b 是沿三角形分布荷载方向的边长），可由表 4-3 查用。

表 4-3　三角形分布的矩形荷载角点下的竖向附加应力系数 α_{t1} 和 α_{t2}

l/b	z/b 0.2		0.4		0.6		0.8		1.0		1.2		1.4		1.6	
	角点1	角点2	角点1	角点2	角点1	角点2	角点1	角点2	角点1	角点2	角点1	角点2	角点1	角点2	角点1	角点2
0.0	0.0000	0.2500	0.0000	0.2500	0.0000	0.2500	0.0000	0.2500	0.0000	0.2500	0.0000	0.2500	0.0000	0.2500	0.0000	0.2500
0.2	0.0223	0.1821	0.0280	0.2115	0.0296	0.2165	0.0301	0.2178	0.0304	0.2182	0.0305	0.2184	0.0305	0.2185	0.0306	0.2185
0.4	0.0269	0.1094	0.0420	0.1604	0.0487	0.1781	0.0517	0.1844	0.0531	0.1870	0.0539	0.1881	0.0543	0.1886	0.0545	0.1889
0.6	0.0259	0.0700	0.0448	0.1165	0.0560	0.1405	0.0621	0.1520	0.0654	0.1575	0.0673	0.1602	0.0684	0.1616	0.0690	0.1625
0.8	0.0232	0.0480	0.0421	0.0853	0.0553	0.1093	0.0637	0.1232	0.0688	0.1311	0.0720	0.1355	0.0739	0.1381	0.0751	0.1396
1.0	0.0201	0.0346	0.0375	0.0638	0.0508	0.0852	0.0602	0.0996	0.0666	0.1086	0.0708	0.1143	0.0735	0.1176	0.0753	0.1202
1.2	0.0171	0.0260	0.0324	0.0491	0.0450	0.0673	0.0546	0.0807	0.0615	0.0901	0.0664	0.0962	0.0698	0.1007	0.0721	0.1037
1.4	0.0145	0.0202	0.0278	0.0386	0.0392	0.0540	0.0483	0.0661	0.0554	0.0751	0.0606	0.0817	0.0644	0.0864	0.0672	0.0897
1.6	0.0123	0.0160	0.0238	0.0310	0.0339	0.0440	0.0424	0.0547	0.0492	0.0628	0.0545	0.0696	0.0586	0.0743	0.0616	0.0780
1.8	0.0105	0.0130	0.0204	0.0254	0.0294	0.0363	0.0371	0.0457	0.0435	0.0534	0.0487	0.0596	0.0528	0.0644	0.0560	0.0681
2.0	0.0090	0.0108	0.0176	0.0211	0.0255	0.0304	0.0324	0.0387	0.0384	0.0456	0.0434	0.0513	0.0474	0.0560	0.0507	0.0596
2.5	0.0063	0.0072	0.0125	0.0140	0.0183	0.0205	0.0236	0.0265	0.0284	0.0318	0.0326	0.0365	0.0362	0.0405	0.0393	0.0440
3.0	0.0046	0.0051	0.0092	0.0100	0.0135	0.0148	0.0176	0.0192	0.0214	0.0233	0.0249	0.0270	0.0280	0.0303	0.0307	0.0333
5.0	0.0018	0.0019	0.0036	0.0038	0.0054	0.0056	0.0071	0.0074	0.0088	0.0091	0.0104	0.0108	0.0120	0.0123	0.0135	0.0139
7.0	0.0009	0.0010	0.0019	0.0019	0.0028	0.0029	0.0038	0.0038	0.0047	0.0047	0.0056	0.0056	0.0064	0.0066	0.0073	0.0074
10.0	0.0005	0.0004	0.0009	0.0010	0.0014	0.0014	0.0019	0.0019	0.0023	0.0024	0.0028	0.0028	0.0033	0.0032	0.0037	0.0037

续表

l/b	z/b													
	1.8		2.0		3.0		4.0		6.0		8.0		10.0	
	角点1	角点2	角点1	角点2	角点1	角点2	角点1	角点2	角点1	角点2	角点1	角点2	角点1	角点2
0.0	0.0000	0.2500	0.0000	0.2500	0.000	0.2500	0.0000	0.2500	0.0000	0.2500	0.0000	0.2500	0.0000	0.2500
0.2	0.3060	0.2185	0.0306	0.2185	0.0306	0.2186	0.0306	0.2186	0.0306	0.2186	0.0306	0.0186	0.0306	0.2186
0.4	0.0546	0.1891	0.0547	0.1892	0.0548	0.1894	0.0549	0.1894	0.0549	0.1894	0.0549	0.1894	0.0549	0.1894
0.6	0.0694	0.1630	0.0696	0.1633	0.0701	0.1638	0.0702	0.1639	0.0702	0.1640	0.0702	0.1640	0.0702	0.1640
0.8	0.0759	0.1405	0.0764	0.1412	0.0773	0.1423	0.0776	0.1424	0.0776	0.1426	0.0776	0.1426	0.0776	0.1426
1.0	0.0766	0.1215	0.0774	0.1225	0.0790	0.1244	0.0794	0.1248	0.0795	0.1250	0.0796	0.1250	0.0796	0.1250
1.2	0.0738	0.1055	0.0749	0.1069	0.0774	0.1096	0.0779	0.1103	0.0782	0.1105	0.0783	0.1105	0.0783	0.1105
1.4	0.0692	0.0921	0.0707	0.0937	0.0739	0.0973	0.0748	0.0982	0.0752	0.0986	0.0752	0.0987	0.0753	0.0987
1.6	0.0639	0.0806	0.0656	0.0826	0.0697	0.0870	0.0708	0.0882	0.0714	0.0887	0.0715	0.0888	0.0715	0.0889
1.8	0.0585	0.0709	0.0604	0.0730	0.0652	0.0782	0.0666	0.0797	0.0673	0.0805	0.0675	0.0806	0.0675	0.0808
2.0	0.0533	0.0625	0.0553	0.0649	0.0607	0.0707	0.0624	0.0726	0.0634	0.0734	0.0636	0.0736	0.0636	0.0738
2.5	0.0419	0.0469	0.0440	0.0491	0.0504	0.0559	0.0529	0.0585	0.0543	0.0601	0.0547	0.0604	0.0548	0.0605
3.0	0.0331	0.0359	0.0352	0.0380	0.0419	0.0451	0.0449	0.0482	0.0469	0.0504	0.0474	0.0509	0.0476	0.0511
5.0	0.0148	0.0154	0.0161	0.0167	0.0214	0.0221	0.0248	0.0256	0.0283	0.0290	0.0296	0.0303	0.0301	0.0309
7.0	0.0081	0.0083	0.0089	0.0091	0.0124	0.0126	0.0152	0.0154	0.0186	0.0190	0.0204	0.0207	0.0212	0.0216
10.0	0.0041	0.0042	0.0046	0.0046	0.0066	0.0066	0.0084	0.0083	0.0111	0.0111	0.0128	0.0130	0.0139	0.0141

应用上述均布和三角形分布的矩形荷载角点下的附加应力系数 α_c、α_{t1}、α_{t2}，即可用角点法求算梯形分布时地基中任意点的竖向附加应力 σ_z 值。

例题 4.4 有一个三角形分布的矩形荷载（$l=5$ m、$b=4$ m）作用于地基表面，荷载集度最大值 $p_0=120$ kPa。计算在矩形面内 O 点下深度 $z=3$ m 处的竖向附加应力 σ_z 值（图 4-15）。

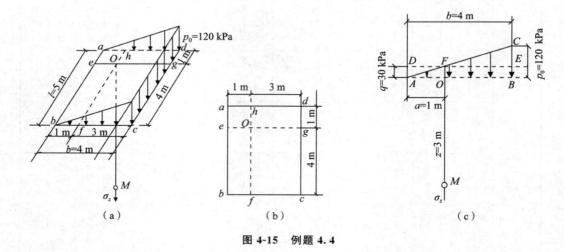

图 4-15 例题 4.4

解 本题求解时要采用两次叠加法计算。第一次是荷载作用面的叠加，第二次是荷载的叠加。分别计算如下：

① 荷载作用面的叠加

因为 O 点在矩形面（$abcd$）内，故可用角点法划分。如图 4-15(b)所示，通过 O 将矩形面划分为 4 块，假定其上作用着的均布荷载 $q=\dfrac{120}{4}=30$ kPa。则图 4-15(c)中均布矩形荷载（$DABE$）对 M 点产生的竖向应力 σ_{z1} 可用角点法计算，即

$$\sigma_{z1}=\sigma_{z1}(aeOh)+\sigma_{z1}(ebfO)+\sigma_{z1}(Ofcg)+\sigma_{z1}(hOgd)=q(\alpha_{cI}+\alpha_{cII}+\alpha_{cIII}+\alpha_{cIV})$$

各荷载作用面角点下的竖向附加应力系数列于表 4-4 中。

表 4-4 均布矩形荷载角点下的竖向应力系数 α_{ci} 计算结果

编号	荷载作用面	$m=\dfrac{l}{b}$	$n=\dfrac{z}{b}$	α_{ci}
I	$aeOh$	$\dfrac{1}{1}=1.0$	$\dfrac{3}{1}=3.0$	0.045
II	$ebfO$	$\dfrac{4}{1}=4.0$	$\dfrac{3}{1}=3.0$	0.093
III	$Ofcg$	$\dfrac{4}{3}=1.3$	$\dfrac{3}{3}=1.0$	0.188
IV	$hOgd$	$\dfrac{3}{1}=3.0$	$\dfrac{3}{1}=3.0$	0.087

则

$$\sigma_{z1} = q \sum \alpha_{ci} = 30 \times (0.045 + 0.093 + 0.188 + 0.087) = 12.4 \text{ kPa}$$

②荷载的叠加

上述角点法求得的应力 σ_{z1} 是由均布荷载 $q = 30$ kPa 产生的,但实际作用的荷载是三角形分布,因此可以将图 4-15 所示的三角形分布荷载 ABC 分割成 3 块:均布荷载($DABE$)、三角形荷载(AFD、CFE)。三角形荷载 ABC 等于均布荷载 $DABE$ 减去三角形荷载 AFD 再加上三角形荷载 CFE。故可将三块分布荷载产生的应力叠加计算。

三角形分布荷载 AFD,其最大值为 $q = 30$ kPa,作用在矩形面 Ⅰ($aeOh$)及 Ⅱ($ebfO$)上,并且 O 点在荷载集度为零处。因此它对 M 点引起的竖向应力 σ_{z2} 是这两块三角形分布矩形荷载产生的应力之和。即

$$\sigma_{z2} = \sigma_{z2}(aeOh) + \sigma_{z2}(ebfO) = q(\alpha_{t\,\mathrm{I}} + \alpha_{t\,\mathrm{II}})$$

式中的竖向附加应力系数 $\alpha_{t1\,\mathrm{I}}$、$\alpha_{t1\,\mathrm{II}}$ 的计算列于表 4-5 中。

$$\sigma_{z2} = q \sum \alpha_{t1i} = 30 \times (0.021 + 0.045) = 2.0 \text{ kPa}$$

表 4-5　应力系数 α_{t1i} 计算结果

编号	荷载作用面	$m = \dfrac{l}{b}$	$n = \dfrac{z}{b}$	α_{t1i}
Ⅰ	$aeOh$	$\dfrac{1}{1} = 1.0$	$\dfrac{3}{1} = 3.0$	0.021
Ⅱ	$ebfO$	$\dfrac{4}{1} = 4.0$	$\dfrac{3}{1} = 3.0$	0.045
Ⅲ	$Ofcg$	$\dfrac{4}{3} = 1.3$	$\dfrac{3}{3} = 1.0$	0.072
Ⅳ	$hOgd$	$\dfrac{1}{3} = 0.3$	$\dfrac{3}{3} = 1.0$	0.029

三角形分布荷载 CFE,其荷载集度最大值为 $(p_0 - q)$,作用在矩形面 Ⅲ($Ofcg$)及 Ⅳ($hOgd$)上,同样 O 点也在荷载集度为零处。因此,它对 M 点产生的竖向应力 σ_{z3} 是这两块三角形分布矩形荷载引起的应力之和。即:

$$\sigma_{z3} = \sigma_{z3}(Ofcg) + \sigma_{z3}(hOgd) = (p_0 - q)(\alpha_{t1\,\mathrm{III}} + \alpha_{t1\,\mathrm{IV}})$$

式中的竖向附加应力系数 $\alpha_{t1\,\mathrm{III}}$、$\alpha_{t1\,\mathrm{IV}}$ 的计算列于表 4-5 中。

$$\sigma_{z3} = (p_0 - q) \sum \alpha_{ti} = (120 - 30) \times (0.072 + 0.029) = 9.1 \text{ kPa}$$

最后可叠加求得三角形分布矩形荷载 ABC 对 M 点产生的竖向应力 σ_z:

$$\sigma_z = \sigma_{z1} - \sigma_{z2} + \sigma_{z3} = 12.4 - 2.0 + 9.1 = 19.5 \text{ kPa}$$

4.4.3　均布的圆形荷载

设圆形荷载面积的半径为 r_0,作用于地基表面上的竖向均布荷载为 p_0,如以圆形荷载面的中心点为坐标原点 O(图 4-16),并在荷载面上取微面积 $\mathrm{d}A = r\mathrm{d}\theta\mathrm{d}r$,以集中力 $p_0\mathrm{d}A$ 代替微面积上的分布荷载,则可运用式(4-9)以积分法求得均布圆形荷载中点下任意深度 z 处 M 点的 σ_z:

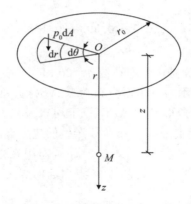

图 4-16　均布圆形荷载中点下的 σ_z

$$\sigma_z = \iint_A \mathrm{d}\sigma_z = \frac{3 p_0 z^3}{2\pi} \int_0^{2\pi} \int_0^{r_0} \frac{r \,\mathrm{d}\theta \,\mathrm{d}r}{(r^2 + z^2)^{\frac{5}{2}}}$$

$$= p_0 \left[1 - \frac{z^3}{(r_0^2 + z^2)^{\frac{3}{2}}} \right]$$

$$= p_0 \left[1 - \frac{1}{\left(\dfrac{1}{\dfrac{z^2}{r_0^2}} + 1 \right)^{\frac{3}{2}}} \right]$$

$$= \alpha_r p_0 \tag{4-19}$$

　　式中，α_r 为均布的圆形荷载面中心点下的竖向附加应力系数，它是 z/r_0 的函数，可由表 4-6 查得。

表 4-6　均布的圆形荷载面中心点下的附加应力系数 α_r

z/r_0	α_r	z/r_0	α_r	z/r_0	α_r	z/r_0	α_r	z/r_0	α_r	z/r_0	α_r
0.0	1.000	0.8	0.756	1.6	0.390	2.4	0.213	3.2	0.130	4.0	0.087
0.1	0.999	0.9	0.701	1.7	0.360	2.5	0.200	3.3	0.124	4.1	0.079
0.2	0.992	1.0	0.646	1.8	0.332	2.6	0.187	3.4	0.117	4.2	0.073
0.3	0.976	1.1	0.595	1.9	0.307	2.7	0.175	3.5	0.111	4.3	0.067
0.4	0.949	1.2	0.547	2.0	0.285	2.8	0.165	3.6	0.106	4.4	0.062
0.5	0.911	1.3	0.502	2.1	0.264	2.9	0.155	3.7	0.101	4.5	0.057
0.6	0.864	1.4	0.461	2.2	0.246	3.0	0.146	3.8	0.096	4.6	0.040
0.7	0.811	1.5	0.424	2.3	0.229	3.1	0.138	3.9	0.091	4.7	0.015

4.5　量测结果及影响土中附加应力分布的因素

上述有关土中附加应力的计算,都是按弹性理论将地基土视为均质、各向同性的线弹性体,而实际遇到的地基均在不同程度上与上述理想条件偏离,因此计算出的应力与实际中的应力相比都有一定的误差。研究表明:当土质较均匀,颗粒较细,且压力不是很大时,上述计算出的竖向附加应力与实测值相比,误差不是很大。不满足上述条件时会产生较大误差。下面简要讨论土体的非线性、非均质和各向异性等因素对附加应力分布的影响。

4.5.1　均质土中附加应力的量测结果

寇克(Kogler)用小尺寸刚性圆板,在均质砂中进行了竖向附加应力的量测,发现在较小荷载作用下,土中附加应力的分布基本上与按弹性理论算得的结果一致,如图 4-17 所示。图中在 60 cm 深度以上的 σ_z 分布值是观测所得,以下是计算所得,可见实测和计算是基本符合的。

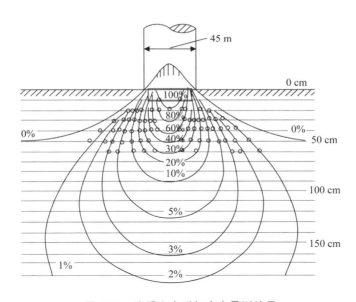

图 4-17　均质土中附加应力量测结果

4.5.2　非线性材料的影响

研究表明,土体的非线性对于竖向附加应力计算值的影响一般不是很大,但有时最大误差也可达到 25%~30%,对水平应力有更加显著的影响。

4.5.3　成层地基的影响

图 4-18 为两种双层地基情况。图中的虚线表示假定土体为均质半无限直线变形体时计算所得 σ_z 的分布曲线,实线表示实际土层 σ_z 分布曲线。对条形荷载(平面问题),两图中

实线所围面积与虚线所围面积相等,都和外荷载相平衡。

图 4-18(a)中,表层为软层,下卧层为硬层。在软硬层分界面上,实际 σ_z 值在基础中心线附近增大,远离中心线处减小,这一现象称为"应力集中"。应力集中的程度主要与软层厚度 H 和荷载的作用宽度 B 的比值有关,H/B 增大,应力集中现象减弱。

图 4-18(b)中,表层为硬层,下卧层为软层,与上述情况相反,这时在软硬层分界面上,实际 σ_z 值在基础中心线附近减小,远离中心线处增大,这一现象称为"应力扩散"。在道路工程路面设计中,采用一层比较坚硬的路面可以降低地基中的应力集中,从而减小路面的不均匀变形,就是这个原理。

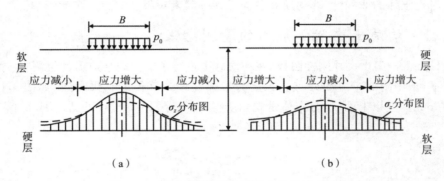

图 4-18 双层地基中的应力扩散和应力集中

4.5.4 各向异性的影响

天然沉积土因沉积条件以及侧向和竖向不同的应力状态常常形成具有各向异性特征的土体,层状结构的针片状黏土,在垂直方向和水平方向的变形模量(deformation modulus)不相同,土体的各向异性也会影响土层的附加应力分布。研究表明,如果土在水平方向的变形模量 E_x 与竖直方向 E_z 不等,但泊松比相同时,若 $E_x > E_z$,在各向异性地基中将出现应力扩散现象,相反,若 $E_x < E_z$,地基中将出现应力集中现象。

思考题

4-1 什么是土的自重应力和附加应力? 自重应力的分布规律是什么?

4-2 地下水升降对土中自重应力的分布有何影响? 对工程实践有何影响?

4-3 有渗流发生时,对土体有效自重应力有何影响? 由下向上渗流对有效自重应力有何影响?

4-4 均质地基上,当基底面积、埋深相等时,基础宽度相同的条形基础和方形基础哪个沉降大,为什么?

4-5 影响基底压力分布的因素有哪些? 简化成直线分布的假设条件是什么?

4-6 在基底总压力不变的前提下,增大基础埋置深度对土中应力有何影响?

4-7 如何计算基底附加压力? 在计算中为什么要减去自重应力?

习题

4-1　某地质剖面图如图 4-19 所示,地下水位在地面下 1.1 m 处,试计算土层的自重应力并绘制自重应力沿深度的分布图。若细砂层底面是不透水的硬塑黏土层,则其自重应力沿深度的分布图会有怎样的变化?

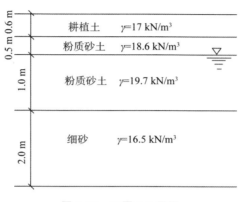

图 4-19　习题 4-1 用图

4-2　某土层及其物理性质指标如图 4-20 所示,计算土中自重应力。

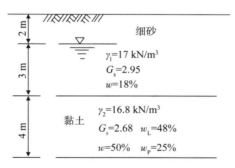

图 4-20　习题 4-2 用图

4-3　计算如图 4-21 所示水下地基中的自重应力分布。

4-4　如图 4-22 所示基础基底尺寸为 4 m×2 m,试求基底平均压力 $\bar{p}$、最大压力 p_{max} 和最小压力 p_{min},绘出沿偏心方向的基底压力分布图。

4-5　已知一宽度为 3 m 的条形基础,在基底平面上作用着中心荷载 $F+G=240$ kN 及力矩 M。试问当 M 为何值时 $p_{min}=0$?

4-6　如图 4-23 所示,某建筑柱基采用矩形基础,矩形基础底面积 $L×B=6$ m×2 m,基底上作用着竖直均布荷载 $p=300$ kPa,试求基底上 A、E、C、D 和 O 等点以下深度 2 m 处的竖向附加应力。

4-7　有一均布荷载 $p_0=100$ kN/m²,荷载面积为 $2×1=2$ m²,如图 4-24 所示,试求荷载面积上角点 A、边上一点 E、中心点 O 以及荷载面积外 F 点和 G 点 5 个点下 $z=1$ m深度处的附加应力,并利用计算结果说明附加应力的扩散规律。

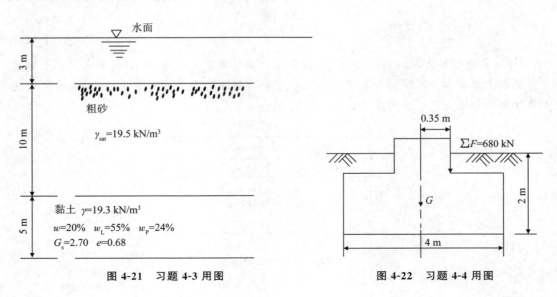

图 4-21　习题 4-3 用图

图 4-22　习题 4-4 用图

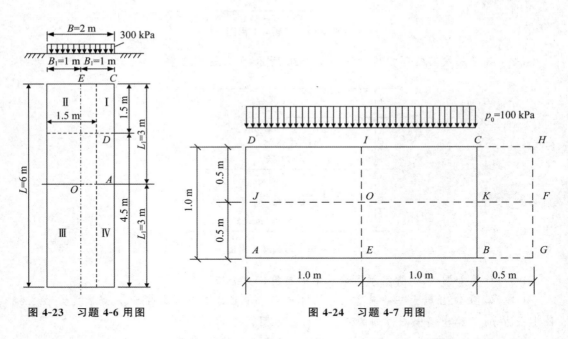

图 4-23　习题 4-6 用图

图 4-24　习题 4-7 用图

参考文献

[1]陈希哲.土力学地基基础[M].4 版.北京:清华大学出版社,2004.

[2]洪毓康.土质学与土力学[M].2 版.北京:人民交通出版社,2002.

[3]赵明华.土力学与基础工程[M].武汉:武汉工业大学出版社,2000.

[4]卢延浩. 土力学[M]. 南京:河海大学出版社,2002.

[5]侍倩. 土力学[M]. 3 版. 武汉:武汉大学出版社,2017.

[6]任文杰. 土力学与基础工程习题集[M]. 北京:中国建材工业出版社,2004.

[7]钱建固. 土质学与土力学[M]. 北京:人民交通出版社,2015.

[8]高大钊. 土力学与岩土工程师:岩土工程疑难问题答疑笔记整理之一[M]. 北京:人民交通出版社,2008.

[9]单明,刘忠昌,舒昭然,等. 水源热泵抽取和回灌地下水对建筑物沉降的影响[J]. 建筑结构,2010,40(1):62-64.

土力学学科名人堂——达西

达西（Darcy,1803—1858）

图片来源:https://baijiahao.baidu.com/s? id=1733068328951245996&wfr=spider&for=pc。

Darcy 1803 年 6 月 10 日出生于法国第戎(Di jon)。Darcy 少年时期正值国内政局动荡,因此其学业也很不稳定。1821 年,18 岁的 Darcy 进入巴黎工艺学校(Polytechnic School)学习,2 年后进入巴黎路桥学校(School of Bridges and Roads)。该校属法国帝国路桥工兵团,法国许多世界级的科学家如皮托(Pitot)、圣维南(Saint-Venant)、科里奥利(Coriolis)、纳维叶(Navier)等都出自该校,其中一些还在该校任教。

Darcy 的一项杰出成就是第戎供水系统的建造。19 世纪上半叶,大多数城市都没有供水和排水系统,供水依靠马车从城市附近的河流、井、泉运送。1839—1840 年,Darcy 设计和主持建造了第戎镇的供水系统,它甚至比巴黎的供水系统早了 20 年。为了感谢 Darcy 对家乡的贡献,人们将该镇的中心广场以他的名字命名。Darcy 拒绝了镇上欲付给他的高额补偿,他最终得到的好处是他本人及亲属可免费用水。

1856 年,Darcy 在经过大量的试验后,于第戎发表了他对孔隙介质中水流的研究成果,即著名的达西定律。

第五章　土的压缩变形与地基沉降

课前导读

　　本章主要内容包括土的压缩性及其相关参数指标、土的一维渗透固结理论等。本章的教学重点为土的压缩特性及相关指标、计算地基沉降量的分层总和法、先期固结压力、太沙基一维渗透固结理论的假定及其内容、固结度(degree of consolidation)的概念及其应用。学习难点为通过一维渗透固结理论理解沉降与时间的关系，以及 e-p 曲线法与 e-$\lg p$ 曲线法之间的区别。

能力要求

　　通过本章的学习，学生应掌握地基土体的压缩性指标及其测定方法、分层总和法计算地基沉降量、太沙基一维渗透固结理论、地基沉降随时间的变化规律以及固结度的应用。

5.1　概述

　　地基的沉降计算是土力学的重点内容之一，地基变形计算涉及土体内的应力分布、土的应力应变关系、变形参数的选取、建筑物上部结构与基础共同作用等问题。地基沉降其实就是地基土的压缩，虽说地基土产生压缩的原因较多，但可以归纳为内因与外因两大类。外因主要有：①建筑物荷载作用，这是普遍存在的因素；②地下水位大幅度下降，相当于施加大面积荷载；③施工影响，基槽持力层土的结构扰动；④振动影响，产生震沉；⑤温度变化影响，如冬季冻胀，春季融沉；⑥浸水下沉，如黄土湿陷、填土下沉。内因主要是土的三相压缩问题，包括：①固相矿物本身虽具压缩性，但由于压缩量极小，对建筑工程来说可以忽略；②土中液相水的压缩，在一般工程荷载(100~600 kPa)作用下，水的压缩也很小，亦可忽略不计；③土中孔隙的压缩，土中水与气体在荷载作用下从孔隙中挤出，使土的孔隙减小，这就构成了土的压缩。上述诸多因素中，建筑物荷载作用是主要外因，通过土中孔隙的压缩这一内因发生实际效果。

　　本章主要分析在建筑物荷载作用下地基的变形。这种变形既有竖直向的，也有水平向的。由于建筑物基础的沉降量与地基的竖直向变形量是一致的，因此通常所说的基础沉降量指的就是地基的竖直向变形量。实际工程中,根据建筑物的变形特征,将地基变形分为沉降量、沉降差、倾斜、局部倾斜等。不同类型的建筑物,对这些变形特征值都有不同的要求,其中沉降量是其他变形特征值的基本量。一旦沉降量确定之后,其他变形特征值便可求得。

地基的均匀沉降一般对建筑物危害较小,但均匀沉降过大,会使建筑物的高程降低,影响建筑物的正常使用。地基的不均匀沉降对建筑物的危害较大,较大的沉降差或倾斜可能会导致建筑物的开裂或局部构件的断裂,危及建筑物的安全。地基变形计算的目的在于确定建筑物可能出现的最大沉降量和沉降差,为建筑物的设计或地基处理提供依据。

在工程计算中,首先关心的问题是建筑物的最终沉降量(或地基最终沉降量)。所谓地基最终沉降量是指在外荷载作用下地基土层被压缩达到稳定时基础底面的沉降量,简称"地基变形量"或"沉降量"。此外,地基的沉降是一个过程,完成沉降所需时间主要取决于土层的透水性和荷载的大小,深厚饱和软黏土上的建筑物的沉降往往需要几年、几十年或更长时间才能完成,这个过程又称为"土体的固结"。

在地基变形计算中,除了计算地基最终沉降量外,有时还需要知道地基沉降的过程,掌握沉降规律,即沉降与时间的关系,计算不同时间的沉降量。

地基产生变形是因为土体具有可压缩的特性,因此计算地基变形,首先要研究土的压缩性以及通过压缩试验确定沉降计算所需的压缩性指标。

5.2　土的压缩性及压缩性指标

5.2.1　压缩试验

土的压缩特性通常用室内固结试验和现场载荷试验测得的压缩性指标描述,下面分别进行介绍。

1. 室内固结试验

固结试验是最常用的测定土体压缩性指标的试验,一般在室内固结仪上进行。试验时用金属环刀切取天然原状土样,置于固结仪的刚性护环内,试样上下各放一块透水石使试样在压力作用下排水。外部压力通过顶部的加压活塞施加到试样上,见图 5-1,加压的同时用

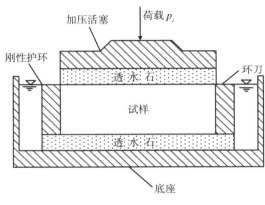

图 5-1　固结仪示意

百分表量测试样的压缩变形。测量每级荷载 p_i 下试样受压后的稳定高度 H_i，计算压缩稳定后的孔隙比 e_i，就可以绘出土的压缩曲线。

室内固结试验中，试样连同环刀是放于刚性护环内的，在竖向压力作用下，试样只会发生竖向压缩变形，而不会发生侧向变形，所以室内固结试验是在完全侧限条件下的单向压缩试验，试验过程中试样的横截面面积保持不变。

2. 现场载荷试验

现场载荷试验分浅层平板载荷试验和深层平板载荷试验两种，根据所需测试的土层深度进行选择。试验时施加的荷载通过承压板传到地基中，通过试验得到荷载-沉降曲线，从而得到承压板下应力影响范围内土体的地基承载力特征值。一般情况下地基承载力特征值接近地基的比例界限荷载，地基土体的变形处于直线变形阶段，利用地基沉降的弹性力学公式可以反算出地基土体的变形模量。

在现场载荷试验中，尽管承压板下的土体承受着周边土体的约束，但在竖向荷载作用下，其在竖向变形的同时也会发生侧向变形。因此，与室内固结试验中土体所处的完全侧限条件不同，现场载荷试验中的土体处于部分侧限条件下。

现场载荷试验与钻孔取样进行室内固结试验相比，土体受扰动较少，但测试结果受承压板的大小影响较大，承压板较大时土体中应力与实际情况更接近。现场载荷试验的工作量大，沉降稳定判别标准有很大的近似性，反算变形模量时修正系数的选取也有很大的地区性和经验性。

5.2.2　压缩性指标

1. 压缩系数和压缩指数

固结试验得到试样在每级荷载 p_i 下的压缩稳定高度 H_i，按照下列方法可以推求出压缩稳定后试样的孔隙比 e_i，从而得到相应的压缩曲线。

假设土体中固体颗粒不可压缩且固体颗粒体积 $V_s=1$，试样的初始孔隙比等于 e_0，根据孔隙比定义 $e=V_v/V_s$，得到土体初始孔隙体积 $V_v=e_0$，则土体初始体积 $V_0=V_s+V_v=1+e_0$。考虑到受压前后固体颗粒体积不变，压缩后试样体积 $V_i=1+e_i$。试样在刚性护环内不能发生侧向变形，所以受压前后试样的截面面积不变，即

$$\frac{1+e_0}{H_0}=\frac{1+e_i}{H_i} \tag{5-1}$$

式中，H_0 为试样的初始高度；H_i 为压缩后的试样高度。

可得到荷载 p_i 作用下土体的孔隙比 e_i：

$$e_i=e_0-\frac{(1+e_0)\Delta H_i}{H_0} \tag{5-2}$$

式中，ΔH_i 为荷载 p_i 下试样的压缩量。

只要测出试样在各级压力 p_i 下的稳定压缩量 ΔH_i，按式(5-2)计算出相应的孔隙比，就可以绘出压缩曲线(图 5-2 和图 5-3)。

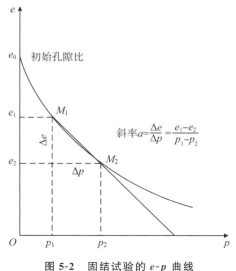

图 5-2　固结试验的 $e\text{-}p$ 曲线

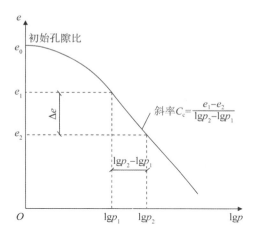

图 5-3　固结试验的 $e\text{-}\lg p$ 曲线

图 5-2 和图 5-3 分别是普通直角坐标系和单对数坐标系中试样的压缩曲线。不同土体的压缩性不同，压缩曲线的形状也不同，曲线越陡说明土的压缩性越大（随着压力的增大，土体的孔隙比降低得越快）。压缩性大小可以用 $e\text{-}p$ 曲线切线斜率的绝对值，即土的压缩系数（compression coefficient）a 来描述。

$$a = \left| \frac{\mathrm{d}e}{\mathrm{d}p} \right| = -\frac{\mathrm{d}e}{\mathrm{d}p} \tag{5-3}$$

由图 5-2 可知，$e\text{-}p$ 曲线上各点的切线斜率不同，所以土的压缩系数不是常数。实际应用时，用两点间的割线斜率 $a = \dfrac{\Delta e}{\Delta p} = \dfrac{e_1 - e_2}{p_2 - p_1}$ 代替切线斜率。为了便于比较，一般统一用 $p_1 = 100\ \mathrm{kPa}$ 至 $p_2 = 200\ \mathrm{kPa}$ 范围内的压缩系数 $a_{1\text{-}2}$ 来衡量土体压缩性的高低。

固结试验结果如果绘制在单对数坐标系中，横坐标压力 p 用对数坐标表示，纵坐标孔隙比 e 用普通坐标表示，这样的曲线称为" $e\text{-}\lg p$ 曲线"。压力较高时 $e\text{-}\lg p$ 曲线的斜率为常数，见图 5-3，该斜率称为"土的压缩指数"（compression index）C_c：

$$C_c = \frac{e_1 - e_2}{\lg p_2 - \lg p_1} \tag{5-4}$$

压缩指数 C_c 越大，压缩曲线越陡，土的压缩性就越高；反之，C_c 越小，压缩曲线越平缓，土的压缩性就越低。

压缩系数和压缩指数是常用的土体压缩性指标，一个描述普通直角坐标系中压缩曲线的斜率，另一个描述单对数坐标系中压缩曲线的斜率。压缩系数是变量，随初始压力和压力增量而变化，而压缩指数则是常数。

如果在固结试验中荷载施加到某一级后，不再继续加载而卸载，就可以得到土体的回弹曲线。卸载到零压力后再继续加载，就可以得到再压缩曲线，见图 5-4。这样的加载过程可以模拟在基坑开挖时卸载及修建上部建筑物时再加载路径下土体压缩特性的变化。

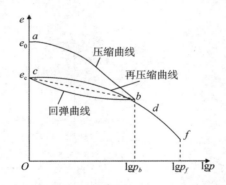

图 5-4　土体的回弹曲线和再压缩曲线

由图 5-4 可见,土体的回弹曲线和再压缩曲线有以下特点:

①卸载时试样沿曲线 bc 回弹,而不是沿着初始压缩曲线 ab 回弹。这说明土体变形由可恢复的弹性变形及不可恢复的塑性变形组成,而且以塑性变形为主,图中 c 点的孔隙比远小于 a 点的孔隙比就清楚地证明了这一点。

②回弹曲线和再压缩曲线形成一个滞回圈,这是土体不完全发生弹性变形的又一表征。

③回弹曲线和再压缩曲线比初始压缩曲线平缓得多。说明土体的初始压缩性最大,卸载及再加载过程中土体的变形量较小,即卸载和再加载的压缩系数和压缩指数都比较小。

④再加载时,当压力超过 b 点,再压缩曲线继续沿着初始压缩曲线路径变化,就像其间没有经历过回弹和再压缩一样。

2. 压缩模量和体积压缩系数

压缩模量(compression modulus)E_s 定义为土体在完全侧限条件下的竖向压力增量 Δp 与相应竖向应变 $\Delta \varepsilon_a$ 的比值,又称为"完全侧限模量"。根据定义,有

$$E_s = \frac{\Delta p}{\Delta \varepsilon_a} \tag{5-5}$$

Δp 作用下土体的压缩量为 $\Delta H = H_0 - H_i$,即 $H_i = H_0 - \Delta H$,将 H_i 代入式(5-1)得到:

$$\frac{1 + e_0}{H_0} = \frac{1 + e_i}{H_0 - \Delta H} \tag{5-6}$$

于是 Δp 下土体的竖向应变为

$$\Delta \varepsilon_a = \frac{\Delta H}{H_0} = \frac{e_0 - e_i}{1 + e_0} = \frac{\Delta e}{1 + e_0} \tag{5-7}$$

将上式代入式(5-5)中,则

$$E_s = \frac{\Delta p}{\Delta \varepsilon_a} = \frac{\Delta p(1 + e_0)}{\Delta e} \tag{5-8}$$

考虑到压缩系数 $a = \dfrac{\Delta e}{\Delta p}$,于是式(5-8)可写为

$$E_s = \frac{1 + e_0}{a} \tag{5-9}$$

上述表达式就是在完全侧限条件下土体的压缩模量计算式。土体的压缩模量与压缩系

数的倒数成比例,它反映了单向压缩时土体对压缩变形的抵抗能力,压缩模量 E_s 值越小,土体的压缩性越高。

需要特别强调的是,获得式(5-9)的前提是以荷载未施加($p=0$)的初始状态(初始孔隙比为 e_0)作为压缩曲线中的参照起点,若以某一级荷载 p_i 作用下压缩稳定的状态(此时孔隙比为 e_i)作为压缩曲线中的参照起点,则压缩模量的表达式应为 $E_s=(1+e_i)/a$ 。换句话说,土体压缩模量的大小是与所考察的压力段密切相关的,在使用时应特别注意。

土体在完全侧限条件下由单位竖向压力增量引起的单位体积变化(体积应变)定义为土体的体积压缩系数(coefficient of volume compressibility) m_v。假定由竖向压力增量 Δp 引起的土体体积应变增量为 $\Delta\varepsilon_v$,而在完全侧限条件下,$\Delta\varepsilon_v$ 就等于土体的竖向应变增量 $\Delta\varepsilon_a$,根据土体体积压缩系数的定义有:

$$m_v=\frac{\Delta\varepsilon_v}{\Delta p}=\frac{\Delta\varepsilon_a}{\Delta p}=\frac{1}{E_s} \tag{5-10}$$

可见土体体积压缩系数 m_v 是压缩模量 E_s 的倒数,等于在完全侧限条件下由单位竖向压力增量引起的土体单位高度的压缩量。m_v 越大,土体的压缩性越高。

5.2.3　变形模量

土体的变形模量 E_0 是通过现场载荷试验求得的压缩性指标,其定义为土体在部分侧限条件下,其竖向应力增量与相应的应变增量的比值。由定义可知,土体的变形模量与压缩模量的区别在于土体压缩时是否为完全侧限条件。变形模量反映了土体抵抗弹塑性变形的能力。

现场载荷试验得到承压板下一定范围内土体的荷载-沉降曲线,由荷载-沉降曲线可以得到地基承载力特征值,利用弹性理论计算沉降的公式便可以反求出土体的变形模量。现场载荷试验中土体变形模量 E_0 的计算公式为

$$E_0=\frac{\omega(1-\mu^2)bp_0}{s_0} \tag{5-11}$$

式中,E_0 为土的变形模量。ω 为沉降影响系数,圆形刚性承压板 $\omega=0.79$,方形刚性承压板 $\omega=0.88$。μ 为土的泊松比。b 为承压板的边长或直径。p_0 为比例界限荷载。如果沉降曲线的比例界限明确,取曲线的比例界限荷载;如果地基的极限荷载能确定(且该值小于比例界限荷载的 1.5 倍时),取极限荷载的一半。s_0 为与 p_0 相对应的沉降值。

理论上,土体的变形模量 E_0 与压缩模量 E_s 可以相互换算。根据广义胡克定律,部分侧限条件下土体中应力 σ_x、σ_y 和 σ_z 引起的应变分别为

$$\varepsilon_x=\frac{\sigma_x}{E_0}-\frac{\mu}{E_0}(\sigma_y+\sigma_z) \tag{5-12a}$$

$$\varepsilon_y=\frac{\sigma_y}{E_0}-\frac{\mu}{E_0}(\sigma_x+\sigma_z) \tag{5-12b}$$

$$\varepsilon_z=\frac{\sigma_z}{E_0}-\frac{\mu}{E_0}(\sigma_x+\sigma_y) \tag{5-12c}$$

完全侧限条件下土体的侧向应变为零,则

$$\varepsilon_x=\varepsilon_y=0 \tag{5-13}$$

且

$$\sigma_x = \sigma_y \tag{5-14}$$

将式(5-13)和式(5-14)代入式(5-12a)可以得到：

$$\sigma_x - \mu(\sigma_x + \sigma_z) = 0 \tag{5-15}$$

或

$$\frac{\sigma_x}{\sigma_z} = \frac{\mu}{1-\mu} \tag{5-16}$$

将式(5-16)结合式(5-14)并代入式(5-12c)中得到完全侧限条件下的竖向应变：

$$\varepsilon_z = \frac{\sigma_z}{E_0} - \frac{\mu}{E_0}(\sigma_x + \sigma_y) = \frac{\sigma_z}{E_0}\left(1 - \frac{2\mu^2}{1-\mu}\right) \tag{5-17}$$

另外，根据完全侧限条件下竖向应变的定义，有

$$\varepsilon_z = \frac{\sigma_z}{E_s} \tag{5-18}$$

由式(5-17)与式(5-18)相等便可推导出压缩模量 E_s 与变形模量 E_0 的关系：

$$E_0 = E_s\left(1 - \frac{2\mu^2}{1-\mu}\right) \tag{5-19}$$

由于土的泊松比 $\mu \leqslant 0.5$，所以由上式计算出的变形模量 E_0 总是小于压缩模量 E_s。

5.3　太沙基一维渗透固结理论

当可压缩土层的下面(或上下两面)有排水砂层，在土层表面有均布外荷载作用时，该层中孔隙水主要沿铅直方向流动(排出)，类似于室内侧限压缩试验的情况，我们称之为"单向渗透固结"或"一维渗透固结"。

5.3.1　基本假设

太沙基单向渗透固结理论的基本假定是：
①土层是均质饱和的。
②土的固体颗粒和水是不可压缩的。
③土层压缩和孔隙水排出只沿一个方向(竖向)发生。
④孔隙水的流动符合达西定律，且固结过程中渗透系数不变。
⑤土的压缩符合压缩定律，且固结过程中压缩系数不变。
⑥外荷载均布、连续并且是瞬时一次施加。

5.3.2　单向渗透固结微分方程的建立

设有一厚度为 H 的饱和土层，如图 5-5(a)所示，在自重应力作用下已固结完成，其上为排水边界，下为不透水的非压缩土层，假设在这种地基上一次性瞬时施加一无限宽广的均布荷载 p，该荷载在地基中所引起的附加应力 $\sigma_z(=p)$ 不随深度而变。有关条件符合基本假定，属于单向排水条件。

考察土层顶面以下 z 深度的微元体 $\mathrm{d}x\,\mathrm{d}y\,\mathrm{d}z$ 在 $\mathrm{d}t$ 时间内的变化[图 5-5(b)]。

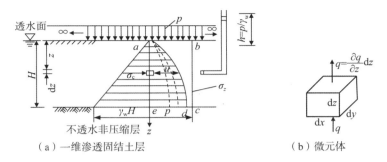

（a）一维渗透固结土层　　　　　　　（b）微元体

图 5-5　饱和黏土的一维渗透固结

①连续性条件：$\mathrm{d}t$ 时间内微元体内水量的变化应等于微元体内孔隙体积的变化。$\mathrm{d}t$ 时间内微元体内水量 Q 的变化为

$$\mathrm{d}Q=\frac{\partial Q}{\partial t}\mathrm{d}t=\left[q\,\mathrm{d}x\,\mathrm{d}y-\left(q+\frac{\partial q}{\partial z}\mathrm{d}z\right)\mathrm{d}x\,\mathrm{d}y\right]\mathrm{d}t=-\frac{\partial q}{\partial z}\mathrm{d}x\,\mathrm{d}y\,\mathrm{d}z\,\mathrm{d}t \tag{5-20}$$

式中，q 为单位时间内流过单位水平横截面积的水量。

$\mathrm{d}t$ 时间内微元体内孔隙体积 V_{v} 的变化为

$$\mathrm{d}V_{\mathrm{v}}=\frac{\partial V_{\mathrm{v}}}{\partial t}\mathrm{d}t=\frac{\partial(eV_{\mathrm{s}})}{\partial t}\mathrm{d}t=\frac{1}{1+e_{1}}\frac{\partial e}{\partial t}\mathrm{d}x\,\mathrm{d}y\,\mathrm{d}z\,\mathrm{d}t \tag{5-21}$$

式中，V_{s} 为固体体积，$V_{\mathrm{s}}=\dfrac{1}{1+e_{1}}\mathrm{d}x\,\mathrm{d}y\,\mathrm{d}z$，不随时间而变；$e_{1}$ 为渗透固结前初始孔隙比。

由 $\mathrm{d}Q=\mathrm{d}V_{\mathrm{v}}$ 得

$$\frac{1}{1+e_{1}}\cdot\frac{\partial e}{\partial t}=-\frac{\partial q}{\partial z} \tag{5-22}$$

②根据达西定律：

$$q=ki=k\frac{\partial h}{\partial z}=\frac{k}{\gamma_{\mathrm{w}}}\frac{\partial u}{\partial z} \tag{5-23}$$

式中，i 为水头梯度；h 为超静水头，m；u 为超静孔隙水压力，kPa。

③根据侧限条件下孔隙比的变化与竖向有效应力变化的关系（见基本假设）得

$$\frac{\partial e}{\partial t}=-\frac{a\,\partial\sigma'}{\partial t} \tag{5-24}$$

式中，σ' 为有效应力。

④根据有效应力原理，式(5-24)变为

$$\frac{\partial e}{\partial t}=-\frac{a\,\partial\sigma'}{\partial t}=-\frac{a\,\partial(\sigma-u)}{\partial t}=\frac{a\,\partial u}{\partial t} \tag{5-25}$$

上式在推导中利用了在一维渗透固结过程中任一点竖向总应力 σ 不随时间而改变的条件。将式(5-23)及式(5-25)代入式(5-22)可得

$$\frac{a}{1+e_{1}}\frac{\partial u}{\partial t}=\frac{k}{\gamma_{\mathrm{w}}}\frac{\partial^{2}u}{\partial z^{2}} \tag{5-26}$$

令 $C_{\mathrm{v}}=\dfrac{k(1+e_{1})}{a\gamma_{\mathrm{w}}}=\dfrac{kE_{\mathrm{s}}}{\gamma_{\mathrm{w}}}$，则式(5-26)为

$$\frac{\partial u}{\partial t} = C_{\mathrm{v}} \frac{\partial^2 u}{\partial^2 z} \tag{5-27}$$

式(5-27)即为太沙基一维渗透固结微分方程,其中 C_{v} 称为"土的竖向固结系数"(单位: $\mathrm{cm^2/s}$)。固结微分方程的解析式(5-27)一般称为"一维渗透固结微分方程",可以根据不同的初始条件和边界条件求得它的特解。对图5-5所示的情况:

当 $t=0,0 \leqslant z \leqslant H$ 时, $u=u_0=p$;

当 $0 < t \leqslant \infty,z=0$ 时, $u=0$;

当 $0 \leqslant t \leqslant \infty,z=H$ 时, $\frac{\partial u}{\partial z}=0$;

当 $t=\infty,0 \leqslant z \leqslant H$ 时, $u=0$。

应用傅里叶级数,可求得满足上述边界条件和初始条件的解答如下:

$$u_{z,t} = \frac{4\sigma_z}{\pi} \sum_{m=1}^{\infty} \frac{1}{m} \sin \frac{m\pi z}{2H} \mathrm{e}^{-m^2 \left(\frac{\sigma^2}{4}\right) T_{\mathrm{v}}} \tag{5-28}$$

式中,m 为正奇数($1,3,5,\cdots$);e 为自然对数底数;$u_{z,t}$ 为 z 深度处土体 t 时刻的超静孔隙水压力;H 为最远排水距离,当土层为单面排水时,H 等于土层厚度,当土层上下双面排水时,H 采用土层厚度的一半,m;T_{v} 为时间因数(无量纲)按式(5-29)计算。

$$T_{\mathrm{v}} = \frac{C_{\mathrm{v}}}{H^2} t \tag{5-29}$$

式中,C_{v} 为土层的竖向固结系数,$\mathrm{cm^2/a}$;t 为固结历时,ar。

在上述边界条件下,固结微分方程的解析式(5-28)具有如下特点:

①孔压 u 用无穷级数表示。

②孔压 u 与 σ_z 成正比。

③每一项的正弦函数中仅含变量 z,表示孔压在空间上按三角函数分布。

④每一项的指数函数中仅含变量 t 且系数为负,表示孔压在时间上按指数衰减。

⑤随着 m 的增加,以后各项的影响急剧减小。

根据上述特点⑤,在时间 t 不是很小时,式(5-28)取一项即可满足一般工程要求的精度。按式(5-28),可以绘制在不同 t 值时土层中的超静孔隙水压力分布曲线(u-z 曲线),如图5-6所示。从 u-z 曲线随 t(或 T_{v})的变化情况可看出渗透固结过程的进展情况。u-z 曲线上某点的切线斜率反映该点处的竖向水力梯度,即 $i=-\frac{1}{\gamma_{\mathrm{w}}} \frac{\partial u}{\partial z}$。

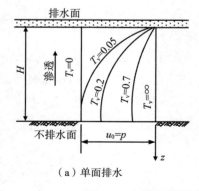

（a）单面排水

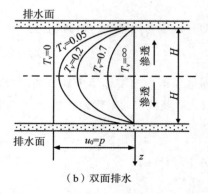

（b）双面排水

图 5-6　土层在固结过程中超静孔隙水压力的分布

5.4 固结度

根据有效应力原理,不难得到任意深度 t 时刻的有效应力。有了 t 时刻孔隙水压力和相应的有效应力及分布,利用沉降计算公式就能计算出 t 时刻的沉降量。为了使计算简单,t 时刻的沉降也可以用 t 时刻的固结度计算。

固结度是指在某一压力作用下,z 深度处土体 t 时刻的固结程度或孔隙水压力的消散程度,即

$$U_z = \frac{u_0 - u}{u_0} = 1 - \frac{u}{u_0} \tag{5-30}$$

式中,U_z 为 z 深度处土体的固结度;u_0 为土体初始超静孔隙水压力;u 为 z 深度处土体 t 时刻的超静孔隙水压力。

地基中一点的固结度对实际工程问题意义不大,工程中关心的是地基土层的平均固结度,即整个土层的平均固结情况,根据式(5-30)平均固结度可以表示为

$$U = 1 - \frac{\int_0^H u_{z,t}\,\mathrm{d}z}{\int_0^H u_0\,\mathrm{d}z} \tag{5-31}$$

式中,$u_{z,t}$ 为 z 深度处土体 t 时刻的超静孔隙水压力;H 为最大排水距离。

将式(5-28)代入式(5-31),在连续均布荷载 p_0 下,$t = 0$ 时 H 厚度土层中超静孔隙水压力为

$$\int_0^H u_0\,\mathrm{d}z = p_0 H$$

积分后有

$$U = 1 - \frac{8}{\pi^2}\left(e^{-\frac{\pi^2}{4}T_v} + \frac{1}{9}e^{-\frac{2\pi^2}{4}T_v} + \frac{1}{25}e^{-\frac{25\pi^2}{4}T_v} + \cdots \right) \tag{5-32}$$

上式中括号内级数收敛很快,所以当 $U > 30\%$ 时,平均固结度可以近似表示为

$$U_t = 1 - \frac{8}{\pi^2}e^{-\frac{\pi^2}{4}T_v} \tag{5-33}$$

需要指出的是,上式是均布荷载下均质土体一维渗透固结的平均固结度公式,对于二维、三维、成层固结或非线性固结等复杂情况,要另行计算。

式中固结度是时间因数 T_v 的函数,可绘出 U_t 与 T_v 的关系曲线,如图 5-7 中①所示。

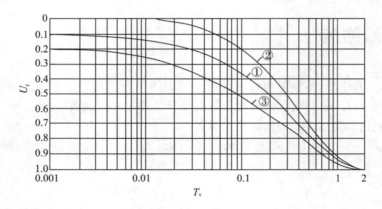

图 5-7　U_t 与 T_v 关系曲线

地基平均固结度也可以从变形角度定义为地基 t 时刻的固结沉降 s_t 与最终沉降 s_∞ 之比,或者从应力的角度定义为地基土体 t 时刻的平均有效应力(或所消散的平均超静孔隙水压力)与平均总应力之比。最方便也是最常用的定义是:

$$U = \frac{s_t}{s_\infty} \tag{5-34}$$

式中,s_t 为 t 时刻地基的沉降量;s_∞ 为地基的最终沉降量。

例题 5.1　在不透水的非压缩岩层上,为一厚 10 m 的饱和黏土层,其上面作用着大面积均布荷载 $p = 200$ kPa,已知该土层的孔隙比 $e_1 = 0.8$,压缩系数 $a = 0.00025$ kPa^{-1},渗透系数 $k = 6.4 \times 10^{-8}$ cm/s。试计算:①加荷一年后地基的沉降量;②加荷后多长时间,地基的固结度 $U_t = 75\%$。

解　①一年后的沉降量:

土层的最终沉降量:

$$s_\infty = \frac{a}{1+e_1}\sigma_z H = \frac{0.00025}{1+0.8} \times 200 \times 1000 = 27.8 \text{ cm}$$

土层的固结系数:

$$C_v = \frac{k(1+e_1)}{\gamma_w a} = \frac{6.4 \times 10^{-8}(1+0.8)}{10 \times 0.00025 \times 0.01} = 4.61 \times 10^{-3} \text{ cm}^2/\text{s}$$

经一年时间的时间因数:

$$T_v = \frac{C_v t}{H^2} = \frac{4.61 \times 10^{-3} \times 86400 \times 365}{1000^2} = 0.145$$

由图 5-7 曲线①查得 $U_t = 0.42$,按 $U_t = s_t/s_\infty$,计算加荷一年后的地基沉降量:

$$s_t = s_\infty U_t = 27.8 \times 0.42 = 11.68 \text{ cm}$$

②求 $U_t = 0.75$ 时所需时间:

由 $U_t = 0.75$ 查图 5-7 曲线①得 $T_v = 0.472$,按时间因数的定义公式,可计算所需时间:

$$T_v = \frac{C_v t}{H^2} \Rightarrow t = \frac{T_v H^2}{C_v} = \frac{0.472 \times 1000^2}{4.61 \times 10^{-3}} \times \frac{1}{86400 \times 365} = 3.25 \text{ 年}$$

5.5　土的应力历史对土体压缩性的影响

5.5.1　沉积土(层)的应力历史

所谓应力历史,是指土体在形成历史上曾经受到过的压力状态。在讨论应力历史对土压缩性的影响之前,将引入固结应(压)力的概念。所谓固结应力,是指能够使土体产生固结或压缩的应力。就地基土层而言,能够使土体产生固结或压缩的应力主要有两种:一是土的自重应力,二是外荷载在地基内部引起的附加应力。对于新沉积的土或人工填土,起初土粒尚处于悬浮状态,土的自重应力由孔隙水承担,有效应力为零。随着时间的推移,土在自重作用下逐渐沉降固结,最后自重应力全部转化为有效应力,这类土的自重应力就是固结应力。对于大多数天然土,由于经历了漫长的地质年代,在自重作用下已完全固结,即在自重作用下已经压缩稳定,此时的自重应力已不再引起土层压缩,能够进一步使土层产生压缩的就只有外荷载引起的附加应力了,故此时的固结应力仅指附加应力。土层在地质历史过程中受到过的最大固结压力(包括自重和外荷载)称为"前期固结压力",以 p_c 表示。前期固结压力与现今天然状态下土层自重应力(以 p_0 表示)之比,称为"土的超固结比"(over-consolidation ratio,OCR),即

$$\text{OCR} = \frac{p_c}{p_0} \qquad (5-35)$$

依据 OCR 的大小,天然土层可分为 3 种固结状态(图 5-8)。

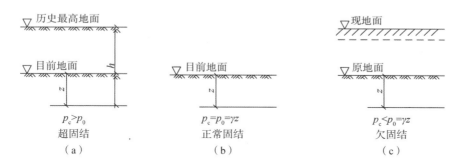

图 5-8　天然土层的 3 种固结状态

①OCR＝1,即 $p_c = p_0$,称为"正常固结(normally consolidation,NC)土",表征某一深度的土层在地质历史上所受过的最大压力 p_c 与现今的自重应力相等,土层处于正常固结状态。一般来说,这种土层沉积时间较长,在其自重应力作用下已达到了最终固结,沉积后土层厚度没有变化,也没有受到过侵蚀或其他卸荷作用。

②OCR＞1,即 $p_c > p_0$,称为"超固结(over-consolidation,OC)土",表征土层曾经受过的最大压力比现今的自重应力要大,处于超固结状态。如土层在地质历史上曾有过相当厚的沉积物,后来由于地面上升或河流冲刷将上部土层剥蚀掉;或者古冰川下曾受过冰荷重的压缩,后来气候转暖,冰川融化,压力减小;或者由于古老建筑物的拆毁、地下水位的长期变

化以及土层的干缩;或者是人类工程活动(如碾压、打桩等)。

③OCR<1,即 $p_c<p_0$,称为"欠固结土",表征土层的固结程度尚未达到现有自重应力条件下的最终固结状态,处于欠固结状态。一般来说,这种土层的沉积时间较短,土层在其自重作用下还未完成固结,还处于继续压缩之中,如新近沉积的淤泥、冲填土等属于欠固结土。

由此可见,前期固结压力是反映土层原始应力状态的一个指标。当施加于土层的荷重小于或等于土的前期固结压力时,土层的压缩变形极小,甚至可以忽略不计;当荷重超过土的前期固结压力时,土层的压缩变形量将会发生很大的变化。当其他条件相同时,超固结土的压缩变形量常小于正常固结土的压缩变形量,而欠固结土的压缩变形量则大于正常固结土的压缩变形量。因此,在计算地基变形量时,必须首先清楚土层的受荷历史,以便分别考虑这三种不同固结状态的影响,使地基变形量的计算尽量符合实际情况。

5.5.2　前期固结压力的确定

为了判断天然土层的固结状态及应力历史对地基变形的影响,需要确定土的前期固结压力(图 5-9)。人们通过长期实践经验,摸索出了从压缩试验曲线中确定 p_c 的方法,常用的是卡萨格兰德(Casagrande)的经验图解法,简称"C 法",其步骤如下:

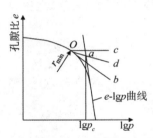

图 5-9　e-$\lg p$ 曲线上确定前期固结压力

①取原状土做室内固结试验,绘出 e-$\lg p$ 曲线。

②在 e-$\lg p$ 曲线的转折点处,找出相应最小曲率半径的点 O,过 O 点作该曲线的切线 Ob 和平行于横坐标的水平线 Oc。

③作 $\angle bOc$ 的角分线 Od,延长 e-$\lg p$ 曲线后段的直线段与 Od 线相交于 a 点,则 a 点所对应的有效固结压力 p_c 即为该原状土的前期固结压力。

图解法是目前最常用的一种简便方法。但应注意,若试验时采用的压缩稳定标准及绘制 e-$\lg p$ 曲线时采用的比例不同,相应最小曲率半径的 O 点定得不准,则都将影响 p_c 值的确定。因此,如何确定较符合实际的前期固结压力尚需进一步研究。

5.6　地基的最终沉降量计算

通常情况下,天然土层是经历了漫长的地质历史时期而沉淀下来的,往往地基土层在自重应力作用下压缩已稳定。在这样的地基土上建造建筑物时,建筑物的荷重会使地基土在原来自重应力的基础上再增加一个应力增量,即附加应力。由土的压缩性可知,附加应力会引起地基的沉降,地基土层在建筑物荷载作用下不断地产生压缩,直至压缩稳定后地基表面的沉降量称为"地基的最终沉降量"。计算地基的最终沉降量可以帮助我们预知该建筑物建成后将产生的地基变形,判断其值是否超出允许的范围,以便在建筑物设计或施工时为采取相应的工程措施提供科学依据,保证建筑物的安全。

本节主要介绍国内常用的沉降量计算方法:分层总和法、《建筑地基基础设计规范》(GB 50007—2011)推荐沉降计算法和斯肯普顿-比伦法。

5.6.1　分层总和法

1. 单一压缩土层的沉降量计算

如图 5-10 所示,地基中仅有一层有限深度的压缩土层,厚度为 H_1,在无限均布竖向荷载作用下,土层被压缩,压缩稳定后的厚度为 H_2,因此土层的压缩量 s 为

$$s = H_1 - H_2 \tag{5-36}$$

式中,H_1 可通过勘察资料得到,H_2 可通过换算得到。

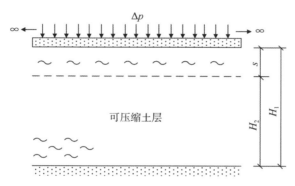

图 5-10　单一压缩土层的沉降量计算

在无限均布荷载作用下只需考虑土体的竖向变形,土体的工作条件与室内压缩试验相同。土样在压缩前后变形量为 s,整个过程中土粒体积和土样横截面面积不变。设土粒体积 $V_s = 1$,受压前土样横截面面积 $A_1 = \dfrac{1+e_1}{H_1}$,受压后土样横截面面积 $A_2 = \dfrac{1+e_2}{H_2}$,有

$$\frac{1+e_1}{H_1} = \frac{1+e_2}{H_2} \tag{5-37}$$

得

$$H_2 = \frac{1+e_2}{1+e_1} H_1 \tag{5-38}$$

将式(5-38)代入式(5-36)得

$$s = H_1 - H_2 = \frac{e_1 - e_2}{1 + e_1} H_1 \tag{5-39}$$

式中,e_1 为土层与初始应力 p_1 所对应的初始孔隙比;e_2 为土层与最终应力 p_2 所对应的最终孔隙比。

通过室内压缩试验测得 e-p 曲线后,即可得到相应的孔隙比 e_1、e_2,从而可通过式(5-39)计算得到在无限均布荷载作用下土体的沉降量。

已知 $e_1-e_2=a(p_2-p_1)$,式(5-39)可变换为

$$s=\frac{e_1-e_2}{1+e_1}H_1=\frac{a(p_2-p_1)}{1+e_1}H_1=\frac{p_2-p_1}{\dfrac{1+e_1}{a}}H_1=\frac{p_2-p_1}{E_s}H_1 \tag{5-40}$$

在实际工程中,地层分布往往是很复杂的,单一压缩土层很少或者几乎不存在,同时在一般的情况下基础都是有一定形状的,作用于地基上的荷载也是局部的。在这种情况下,地基沉降量的计算常采用分层总和法。

2. 分层总和法计算地基最终沉降量

(1)基本假定

①地基土的每一分层为一均匀、连续、各向同性的半无限空间弹性体。在建筑物荷载作用下,土中的应力和应变呈直线关系,可用弹性理论方法计算地基中的附加应力。

②地基土的变形条件为完全侧限条件,即在建筑物荷载作用下,地基土层只发生竖向变形,没有侧向变形,计算沉降量时可采用室内压缩试验测定的压缩性指标。

③地基沉降量计算采用基础中心点处的附加应力。

(2)基本原理

在地基变形的深度范围内,根据土的特性和应力状态的变化分层,按式(5-40)计算各层的沉降量 s_i,再将各层的 s_i 叠加起来,即得出地基的最终沉降量 s。

$$s=\sum_{i=1}^{n}s_i=\sum_{i=1}^{n}\frac{a_i(p_{2i}-p_{1i})}{1+e_{1i}}h_i=\sum_{i=1}^{n}\frac{p_{2i}-p_{1i}}{\dfrac{1+e_{1i}}{a_i}}h_i=\sum_{i=1}^{n}\frac{p_{2i}-p_{1i}}{E_{si}}h_i \tag{5-41}$$

(3)两点规定

①分层厚度:每一层的分层厚度 $h_i\leqslant 0.4b$(b 为基础宽度),不同土层分界面处、地下水位处应分层。

②沉降计算深度 z_n 的确定:沉降计算深度 z_n 的确定应满足 $\dfrac{\sigma_z}{\sigma_{cz}}\leqslant 0.2$,对于软土,$\dfrac{\sigma_z}{\sigma_{cz}}\leqslant 0.1$。

(4)计算步骤

①根据地基资料划分计算土层。将压缩层厚度分层,分层的原则是:A. 不同土层的分界面;B. 地下水位处;C. 为了保证每一分层内 σ_z 的分布线段接近于直线,以便求出该分层内 σ_z 的平均值,分层厚度应适当,每一分层厚度不宜大于 $0.4b$(b 为基础宽度)。

②计算基底附加应力。

③计算基底中心点下每一分层处土的自重应力和附加应力,并绘出自重应力和附加应力分布曲线。

④确定地基沉降计算深度。附加应力随深度的增加而减小,自重应力随深度的增加而增加。在一定深度处,附加应力相对于该处原有的自重应力已经很小,引起的压缩变形可以忽略不计,此处即为计算深度。一般取附加应力 σ_z 与自重应力 σ_{cz} 的比值为 0.2(一般土)或 0.1(软土)的深度(即压缩层厚度)处作为沉降计算深度的界限。

⑤计算各分层土的平均自重应力和平均附加应力。

图 5-11 所示为基底中心点下每一分层处土的自重应力和附加应力分布曲线,为了得到孔隙比 e_{1i}、e_{2i},需要计算每一分层(以第 i 层为例)处的平均自重应力 $\bar{\sigma}_{czi}$ 和平均附加应力 $\bar{\sigma}_{zi}$,即

$$\bar{\sigma}_{czi} = \frac{\sigma_{cz(i-1)} + \sigma_{ci}}{2} \tag{5-42}$$

$$\bar{\sigma}_{zi} = \frac{\sigma_{z(i-1)} + \sigma_{zi}}{2} \tag{5-43}$$

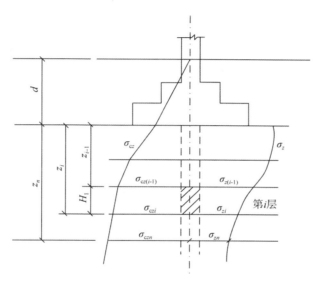

图 5-11 基础下自重应力和附加应力分布曲线

⑥令 $p_{1i} = \bar{\sigma}_{czi}$,$p_{2i} = \bar{\sigma}_{czi} + \bar{\sigma}_{zi}$,从土层的压缩曲线中查出 e_{1i}、e_{2i}。

⑦按式(5-40)和式(5-41)计算每一分层土的沉降量和地基的最终沉降量。

分层总和法包含上述基本假设,且压缩层厚度的确定方法没有严格的理论依据,研究表明,确定压缩层厚度方法的不同,会使计算结果相差 10% 左右。该方法实际上为半经验性的方法,沉降计算值与工程中实测值不完全相符。对于软土,沉降计算结果比实际要小很多;对于硬土,计算结果比实际要高。然而,由于分层总和法计算沉降概念比较明确,计算过程及变形指标的选取比较简便,易于掌握,故它依然是工程界广泛采用的沉降计算方法。

例题 5.2 某正常固结土层厚为 2.0 m,其下为不可压缩层,平均自重应力 $p_{cz} = 100$ kPa;压缩试验数据见表 5-1,建筑物平均附加应力 $p_0 = 200$ kPa,试求该土层最终沉降量。

表 5-1 压缩试验数据

压力 p/kPa	0	50	100	200	300	400
孔隙比 e	0.984	0.900	0.828	0.752	0.710	0.680

解 土层厚度为 2.0 m,其下为不可压缩层,当土层厚度 H 小于基底厚度 b 的 1/2 时,由于基础底面和不可压缩层顶面的摩阻力对土层的限制作用,土层压缩时只出现很小的侧

向变形,因而认为它和固结仪中土样的受力和变形条件很相近,其沉降量可用下式计算。

$$s = \frac{e_1 - e_2}{1 + e_1}H$$

式中,H 为土层厚度;e_1 为 e-p 曲线上土层顶、底处自重应力平均值 p_{cz}(即原始压力 $p_1 = p_{cz}$)所对应的孔隙比;e_2 为 e-p 曲线上土层顶、底处自重应力平均值 p_{cz} 与附加应力平均值 p_0 之和($p_2 = p_{cz} + p_0$)所对应的孔隙比。

当 $p_1 = 100$ kPa 时,$e_1 = 0.828$;

当 $p_2 = 100 + 200 = 300$ kPa 时,$e_2 = 0.710$。

故

$$s = \frac{e_1 - e_2}{1 + e_1}H = \frac{0.828 - 0.710}{1 + 0.828} \times 2000 = 129.1 \text{ mm}$$

例题 5.3　图 5-12 所示为某厂房柱下单独方形基础,已知基础底面尺寸为 4 m×4 m,埋深 $d = 1.0$ m,地基为粉质黏土,地下水位距天然地面 3.4 m。上部荷载传至基础顶面的压力 $F = 1440$ kN,土的天然重度 $\gamma = 16.0$ kN/m³,饱和重度 $\gamma_{sat} = 17.2$ kN/m³,平均重度 $\gamma_G = 20$ kN/m³,有关计算资料如图 5-12 所示。试用分层总和法计算地基的最终沉降量。

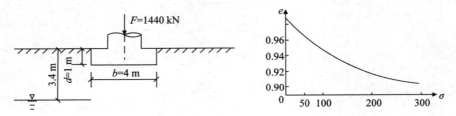

图 5-12　例题 5.3 用图

解　①计算分层厚度:每层厚度 $h_i < 0.4b = 1.6$ m,地下水位以上分两层,各 1.2 m,地下水位以下按 1.6 m 分层。

②计算地基土的自重应力:自重应力从天然地面起算,z 的取值从基底面起算。表 5-2 所示为地基土在不同深度 z 处的自重应力 σ_{cz} 值。

表 5-2　地基土在不同深度 z 处的自重应力 σ_{cz}

z/m	0	1.2	2.4	4.0	5.6	7.2
σ_{cz} /kPa	16	35.2	54.4	65.9	77.4	89

③计算基底压力:

$$G = \gamma_G A d = 320 \text{ kN}$$

$$p = \frac{F + G}{A} = 110 \text{ kPa}$$

④计算基底附加压力:

$$p_0 = p - \gamma d = 94 \text{ kPa}$$

⑤计算基础中心点下地基中的附加应力:用角点法计算,通过基础底面中心点将荷载面

分成四等份,计算边长 $l=b=2$ m, $\sigma_z=4\alpha_c p_0$, α_c 值为矩形基础在均布荷载作用下角点下的附加应力系数。基础中心点下地基中的附加应力如表 5-3 所示。

表 5-3　基础中心点下地基中的附加应力计算结果

z/m	z/b	α_c	σ_z /kPa	σ_{cz} /kPa	σ_z/σ_{cz}	z_n/m
0.0	0.0	0.2500	94.0	16.0		
1.2	0.6	0.2229	83.8	35.2		
2.4	1.2	0.1516	57.0	54.4		
4.0	2.0	0.0840	31.6	65.9		
5.6	2.8	0.0502	18.9	77.4	0.24	
7.2	3.6	0.0326	12.3	89.0	0.14	7.2

⑥确定沉降计算深度 z_n:根据 $\sigma_z=0.2\sigma_{cz}$ 的确定原则,由计算结果,取 $z_n=7.2$ m。

⑦最终沉降量计算:根据 $e\text{-}p$ 曲线,计算各层的沉降量,结果见表 5-4。

表 5-4　各层沉降量的计算结果

z/m	σ_{cz} /kPa	σ_z /kPa	h/mm	$\bar{\sigma}_{cz}$ /kPa	$\bar{\sigma}_z$ /kPa	$\bar{\sigma}_{cz}+\bar{\sigma}_z$ /kPa	e_{1i}	e_{2i}	$e_{1i}-e_{2i}$	s_i/mm
0.0	16.0	94.0								
1.2	35.2	83.8	1200	25.6	88.9	114.5	0.970	0.937	0.033	20.2
2.4	54.4	57.0	1200	44.8	70.4	115.2	0.960	0.936	0.024	14.6
4.0	65.9	31.6	1600	60.2	44.3	104.5	0.954	0.940	0.014	11.5
5.6	77.4	18.9	1600	71.7	25.3	97.0	0.948	0.942	0.006	5.0
7.2	89.0	12.3	1600	83.2	15.6	98.8	0.944	0.940	0.004	3.4

按总和法求得基础最终沉降量为

$$s=\sum s_i=54.7 \text{ mm}$$

5.6.2　《建筑地基基础设计规范》(GB 50007—2011)推荐沉降计算法

《建筑地基基础设计规范》(GB 50007—2011)推荐的地基最终沉降量计算方法是另一种形式的分层总和法,习惯上称为"规范法",它也采用侧限条件的压缩性指标,但运用了地基平均附加应力系数计算地基最终沉降量。该方法确定地基沉降计算深度 z_n 的标准也不同于分层总和法,并引入沉降计算经验系数,使得计算结果比分层总和法更接近实测值。

在分层总和法中,由于应力扩散作用,每一薄分层上下分界面处的应力实际是不相等的,但在压缩曲线上取值时,近似地取其上下分界面处应力的均值作为该分层内应力的计算值。这样的处理显然是为了简化计算,但同时也会有一些缺陷,即当分层厚度较大时,计算结果的误差会加大。为提高计算精度,不妨设想把分层的厚度取到足够小,即 $h_i \to 0$,则每分层上下界面处附加应力 $\sigma_{zi} \approx \sigma_{z(i-1)}$,进而有 $\bar{\sigma}_{zi} \to \sigma_{zi}$,由式(5-41)知,

$$s' = \sum_{i=1}^{n} \frac{\bar{\sigma}_{zi}}{E_{si}} h_i \tag{5-44}$$

这里用了 s' 表示未考虑经验修正的压缩沉降量,以和规范法经过经验修正后的最终沉降量 s 相区别。根据定积分的定义,若假设自基底至深度 z,土层均质,压缩模量 E_{si} 不随深度变化,则式(5-44)可表示为

$$s' = \frac{1}{E_{si}} \int_0^z \sigma_z \, \mathrm{d}z = \frac{A}{E_{si}} \tag{5-45}$$

式中,A 为深度 z 范围内的附加应力分布面积(图 5-13)。

$$A = \int_0^z \sigma_z \, \mathrm{d}z = p_0 \int_0^z \alpha \, \mathrm{d}z \tag{5-46}$$

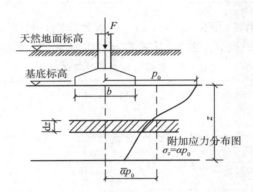

图 5-13　平均附加应力系数示意

上述积分式中的 α 是随计算深度 z 而变化的应力系数,根据积分中值定理,在与深度 $0 \sim z$ 变化范围内对应的 α 中,总可找到一个 $\bar{\alpha}$,使得 $\int_0^z \alpha \, \mathrm{d}z = \bar{\alpha} z$,于是有

$$s' = \frac{A}{E_{si}} = \frac{p_0 \bar{\alpha} z}{E_{si}} \tag{5-47}$$

式中,$\bar{\alpha}$ 为平均附加应力系数。

如果能提前把不同条件下的 α 算出并制成表格,会大大简化计算,不必人为地把土层细分为很多薄层,也不必进行积分运算这样的复杂工作就能准确地计算均质土层的沉降量。式(5-47)可以理解为均质地基的压缩沉降量,等于计算深度范围内附加应力曲线所包围的面积与压缩模量的比值,这是规范法沉降计算的重要思路。

实际地基土是有自然分层的,基底下受压缩的土层可能存在压缩特性不同的若干土层,此时不便直接用式(5-47)计算地基最终沉降量,但可以应用解决上述问题的思想来解决这一问题,即把求压缩沉降量转化为求应力面积,如图 5-14 所示,地基中第 i 层土内应力曲线所包围的面积记为 A_{3456} 。由图 5-14 可知,

$$A_{3456} = A_{1234} - A_{1256}$$

而应力面积：

$$A_{1234} = \bar{\alpha}_i p_0 z_i$$

$$A_{1256} = \bar{\alpha}_{i-1} p_0 z_{i-1}$$

则该层土的压缩沉降量为

$$\Delta s'_i = \frac{A_{1234} - A_{1256}}{E_{si}} = \frac{p_0}{E_{si}}(\bar{\alpha}_i z_i - \bar{\alpha}_{i-1} z_{i-1})$$

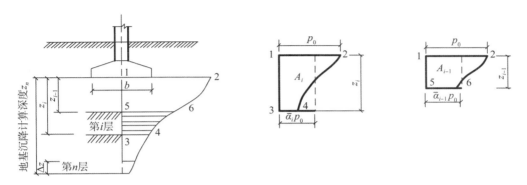

图 5-14　采用平均附加应力系数 $\bar{\alpha}$ 计算沉降量的示意

计算沉降量的示意图中多层地基土总的沉降量为

$$s' = \sum_{i=1}^{n} \Delta s'_i = \sum_{i=1}^{n} \frac{p_0}{E_{si}}(\bar{\alpha}_i z_i - \bar{\alpha}_{i-1} z_{i-1}) \tag{5-48}$$

式中，$\bar{\alpha}_i$、$\bar{\alpha}_{i-1}$ 分别为 z_i 和 z_{i-1} 范围内竖向平均附加应力系数；矩形基础可按表 5-5 查用，条形基础可取 $\frac{l}{b} = 10$ 查得，l 与 b 分别为基础的长边和短边；E_{si} 为基础底面下第 i 层土的压缩模量，应取土的自重压力至土的自重压力与附加压力之和的压力段计算。

需注意，表 5-5 给出的是均布矩形荷载角点下的平均竖向附加应力系数，对非角点下的平均附加应力系数 α_i 需采用角点法计算，其方法同土中应力计算方法。

地基沉降计算深度 z_n 应符合式(5-48)的规定。当计算深度下部仍有较软土层时，应继续计算。

$$\Delta s'_n \leqslant 0.025 \sum_{i=1}^{n} s'_i \tag{5-49}$$

式中，s'_i 为在计算深度 z_n 范围内，第 i 层土的计算变形值，mm；$\Delta s'_n$ 为在计算深度 z_n 处向上取厚度 Δz 土层的计算变形值，mm，Δz 按表 5-6 确定。

表 5-5 均布矩形荷载角点下的平均竖向附加应力系数 $\bar{\alpha}$

z/b	\multicolumn{12}{c}{l/b}
	1.0	1.2	1.4	1.6	2.0	2.4	2.8	3.2	3.6	4.0	5.0	10.0
0.0	0.2500	0.2500	0.2500	0.2500	0.2500	0.2500	0.2500	0.2500	0.2500	0.2500	0.2500	0.2500
0.2	0.2496	0.2497	0.2497	0.2498	0.2498	0.2498	0.2498	0.2498	0.2498	0.2498	0.2498	0.2498
0.4	0.2474	0.2497	0.2481	0.2483	0.2483	0.2484	0.2485	0.2485	0.2485	0.2485	0.2485	0.2485
0.6	0.2423	0.2437	0.2444	0.2448	0.2451	0.2452	0.2454	0.2455	0.2455	0.2455	0.2455	0.2455
0.8	0.2346	0.2372	0.2387	0.2395	0.2400	0.2403	0.2407	0.2408	0.2409	0.2409	0.2410	0.2410
1.0	0.2252	0.2291	0.2313	0.2326	0.2335	0.2340	0.2346	0.2349	0.2351	0.2352	0.2352	0.2353
1.2	0.2149	0.2199	0.2229	0.2248	0.2260	0.2268	0.2278	0.2282	0.2285	0.2286	0.2287	0.2288
1.4	0.2043	0.2102	0.2140	0.2164	0.2180	0.2191	0.2204	0.2211	0.2215	0.2217	0.2218	0.2220
1.6	0.1939	0.2006	0.2049	0.2079	0.2099	0.2113	0.2130	0.2138	0.2143	0.2146	0.2148	0.2150
1.8	0.1840	0.1912	0.1960	0.1994	0.2018	0.2034	0.2055	0.2066	0.2073	0.2077	0.2079	0.2082
2.0	0.1746	0.1822	0.1875	0.1912	0.1938	0.1958	0.1982	0.1996	0.2004	0.2009	0.2012	0.2015
2.2	0.1659	0.1737	0.1793	0.1833	0.1862	0.1883	0.1911	0.1927	0.1937	0.1943	0.1947	0.1952
2.4	0.1578	0.1657	0.1715	0.1757	0.1789	0.1812	0.1843	0.1862	0.1873	0.1880	0.1885	0.1890
2.6	0.1503	0.1583	0.1642	0.1686	0.1719	0.1745	0.1779	0.1799	0.1812	0.1820	0.1825	0.1832
2.8	0.1433	0.1514	0.1574	0.1619	0.1654	0.1680	0.1717	0.1739	0.1753	0.1763	0.1769	0.1777
3.0	0.1369	0.1449	0.1510	0.1556	0.1592	0.1619	0.1658	0.1682	0.1698	0.1708	0.1715	0.1725
3.2	0.1310	0.1390	0.1450	0.1497	0.1533	0.1562	0.1602	0.1628	0.1645	0.1657	0.1664	0.1675
3.4	0.1256	0.1334	0.1394	0.1441	0.1478	0.1508	0.1550	0.1577	0.1595	0.1607	0.1616	0.1628
3.6	0.1205	0.1282	0.1342	0.1389	0.1427	0.1456	0.1500	0.1528	0.1548	0.1561	0.1570	0.1583
3.8	0.1158	0.1234	0.1293	0.1340	0.1378	0.1408	0.1452	0.1482	0.1502	0.1516	0.1526	0.1541
4.0	0.1114	0.1189	0.1248	0.1294	0.1332	0.1362	0.1408	0.1438	0.1459	0.1474	0.1485	0.1500

续表

z/b	\multicolumn{12}{c}{l/b}											
	1.0	1.2	1.4	1.6	2.0	2.4	2.8	3.2	3.6	4.0	5.0	10.0
4.2	0.1073	0.1147	0.1205	0.1251	0.1289	0.1319	0.1365	0.1396	0.1418	0.1434	0.1445	0.1462
4.4	0.1035	0.1107	0.1164	0.1210	0.1248	0.1279	0.1325	0.1357	0.1379	0.1396	0.1407	0.1425
4.6	0.1000	0.1070	0.1127	0.1172	0.1209	0.1240	0.1287	0.1319	0.1342	0.1359	0.1371	0.1390
4.8	0.0967	0.1036	0.1091	0.1136	0.1173	0.1204	0.1250	0.1283	0.1307	0.1324	0.1337	0.1357
5.0	0.0935	0.1003	0.1057	0.1102	0.1139	0.1169	0.1216	0.1249	0.1273	0.1291	0.1304	0.1325
5.2	0.0906	0.0972	0.1026	0.1070	0.1106	0.1136	0.1183	0.1217	0.1241	0.1259	0.1273	0.1295
5.4	0.0878	0.0943	0.0996	0.1039	0.1075	0.1105	0.1152	0.1186	0.1211	0.1229	0.1243	0.1265
5.6	0.0852	0.0916	0.0968	0.1010	0.1046	0.1076	0.1122	0.1156	0.1181	0.1200	0.1215	0.1238
5.8	0.0828	0.0890	0.0941	0.0983	0.1018	0.1047	0.1094	0.1128	0.1153	0.1172	0.1187	0.1211
5.9	0.0817	0.0878	0.0929	0.0970	0.1005	0.1034	0.1081	0.1115	0.1140	0.1159	0.1174	0.1198
6.0	0.0805	0.0866	0.0916	0.0957	0.0991	0.1021	0.1067	0.1101	0.1126	0.1146	0.1161	0.1185
6.2	0.0783	0.0842	0.0891	0.0932	0.0966	0.0995	0.1041	0.1075	0.1101	0.1120	0.1136	0.1161
6.4	0.0762	0.0820	0.0869	0.0909	0.0942	0.0971	0.1016	0.1050	0.1076	0.1096	0.1111	0.1137
6.6	0.0742	0.0799	0.0847	0.0886	0.0919	0.0948	0.0993	0.1027	0.1053	0.1073	0.1088	0.1114
6.8	0.0723	0.0779	0.0826	0.0865	0.0898	0.0926	0.0970	0.1004	0.1030	0.1050	0.1066	0.1092
7.0	0.0705	0.0761	0.0806	0.0844	0.0877	0.0904	0.0949	0.0982	0.1008	0.1028	0.1044	0.1071
7.2	0.0688	0.0742	0.0787	0.0825	0.0857	0.0884	0.0928	0.0962	0.0987	0.1008	0.1023	0.1051
7.4	0.0672	0.0725	0.0769	0.0806	0.0838	0.0865	0.0908	0.0942	0.0967	0.0988	0.1004	0.1031
7.6	0.0656	0.0709	0.0752	0.0789	0.0820	0.0846	0.0889	0.0922	0.0948	0.0968	0.0984	0.1012
7.8	0.0642	0.0693	0.0736	0.0771	0.0802	0.0828	0.0871	0.0904	0.0929	0.0950	0.0966	0.0994
8.0	0.0627	0.0678	0.0720	0.0755	0.0785	0.0811	0.0853	0.0886	0.0912	0.0932	0.0948	0.0976

续表

z/b	l/b											
	1.0	1.2	1.4	1.6	2.0	2.4	2.8	3.2	3.6	4.0	5.0	10.0
8.2	0.0614	0.0663	0.0705	0.0739	0.0769	0.0795	0.0837	0.0869	0.0894	0.0914	0.0931	0.0959
8.4	0.0601	0.0649	0.0690	0.0724	0.0754	0.0779	0.0820	0.0852	0.0878	0.0893	0.0914	0.0943
8.6	0.0588	0.0636	0.0676	0.0710	0.0739	0.0764	0.0805	0.0836	0.0862	0.0882	0.0898	0.0927
8.8	0.0576	0.0623	0.0663	0.0696	0.0724	0.0749	0.0790	0.0821	0.0846	0.0866	0.0882	0.0912
9.2	0.0554	0.0599	0.0637	0.0670	0.0697	0.0721	0.0761	0.0792	0.0817	0.0837	0.0853	0.0882
9.6	0.0533	0.0577	0.0614	0.0645	0.0672	0.0696	0.0734	0.0765	0.0789	0.0809	0.0825	0.0855
10.0	0.0514	0.0556	0.0592	0.0622	0.0649	0.0672	0.071	0.0739	0.0763	0.0783	0.0799	0.0829
10.4	0.0496	0.0537	0.0572	0.0601	0.0627	0.0649	0.0686	0.0716	0.0739	0.0759	0.0775	0.0804
10.8	0.0479	0.0519	0.0553	0.0581	0.0606	0.0628	0.0664	0.0693	0.0717	0.0736	0.0751	0.0781
11.2	0.0463	0.0502	0.0535	0.0563	0.0587	0.0609	0.0644	0.0672	0.0695	0.0714	0.073	0.0759
11.6	0.0448	0.0486	0.0518	0.0545	0.0569	0.059	0.0625	0.0652	0.0675	0.0694	0.0709	0.0738
12.0	0.0435	0.0471	0.0502	0.0529	0.0552	0.0573	0.0606	0.0634	0.0656	0.0674	0.069	0.0719
12.8	0.0409	0.0444	0.0474	0.0499	0.0521	0.0541	0.0573	0.0599	0.0621	0.0639	0.0654	0.0682
13.6	0.0387	0.042	0.0448	0.0472	0.0493	0.0512	0.0543	0.0568	0.0589	0.0607	0.0621	0.0649
14.4	0.0367	0.0398	0.0425	0.0448	0.0468	0.0486	0.0516	0.054	0.0561	0.0577	0.0592	0.0619
15.2	0.0349	0.0379	0.0404	0.0426	0.0446	0.0463	0.0492	0.0515	0.0535	0.0551	0.0565	0.0592
16.0	0.0332	0.0361	0.0385	0.0407	0.0425	0.0442	0.0469	0.0492	0.0511	0.0527	0.054	0.0567
18.0	0.0297	0.0323	0.0345	0.0364	0.0381	0.0396	0.0422	0.0442	0.046	0.0475	0.0487	0.0512
20.0	0.0269	0.0292	0.0312	0.033	0.0345	0.0359	0.0383	0.0402	0.0418	0.0432	0.0444	0.0468

表 5-6　计算厚度 Δz 值

基础宽度 b/m	$b \leqslant 2$	$2 < b \leqslant 4$	$4 < b \leqslant 8$	$b > 8$
$\Delta z/\text{m}$	0.3	0.6	0.8	1.0

当无相邻荷载影响、基础宽度在 $3\sim30$ m 范围内时，基础中点的地基变形计算深度也可按式(5-50)进行计算。当在计算深度范围内存在基岩时，z_n 可取至基岩表面；当存在较厚的坚硬黏性土层时，其孔隙比小于 0.5，压缩模量大于50 MPa；当或存在较厚的密实砂卵石层、其压缩模量大于80 MPa时，z_n 可取至该层土表面，此时，

$$z_n = b(2.5 - 0.4\ln b) \tag{5-50}$$

式中，b 为基础宽度，m。

经过多年的工程实践及对沉降观测资料分析，人们发现影响最终沉降量计算准确度的因素有很多方面。为了提高计算准确度，地基沉降计算深度范围内的计算沉降量 s' 还须乘以一个沉降计算经验系数 ψ_s，即

$$s = \psi_s s' = \psi_s \sum_{i=1}^{n} \Delta s_i' = \psi_s \sum_{i=1}^{n} \frac{p_0}{E_{si}}(z_i \bar{\alpha}_i - z_{i-1}\bar{\alpha}_{i-1}) \tag{5-51}$$

式中，s 为规范法计算的最终沉降量，mm；ψ_s 为经验系数，根据地区观测资料及经验确定，无地区经验时可根据变形计算深度范围内压缩模量的当量值、基底附加压力(按表 5-7)取值；n 为压缩层范围内所划分的土层数；p_0 相应于荷载效应准永久组合时基础底面处的附加压力，kPa；E_{si} 为基础底面下第 i 层土的压缩模量，MPa，按实际应力范围取值；z_i、z_{i-1} 分别为基础底面至第 i 层土、第 $i-1$ 层土底面的距离，m；$\bar{\alpha}_i$、$\bar{\alpha}_{i-1}$ 分别为基础底面计算点至第 i 层土、第 $i-1$ 层土底面范围内平均附加应力系数。

表 5-7　沉降经验修正系数 ψ_s 值

基底附加压力	$\bar{E}_s/\text{MPa}$				
	2.5	4.0	7.0	15.0	20.0
$p_0 \geqslant f_k$	1.4	1.3	1.0	0.4	0.2
$p_0 \leqslant 0.7f_k$	1.1	1.0	0.7	0.4	0.2

注：f_k 为地基土承载力标准值；$\bar{E}_s$ 为变形计算深度内压缩模量的当量值，按式(5-52)计算：

$$\bar{E}_s = \frac{\sum A_i}{\sum \dfrac{A_i}{E_{si}}} \tag{5-52}$$

式中，A_i 为第 i 层土附加应力分布图的面积；E_{si} 为相应于该 i 土层的侧限变形模量。

考虑刚性下卧层的影响时，按下式计算地基的变形量：

$$s_{gz} = \beta_{gz} s_z \tag{5-53}$$

式中，s_{gz} 为具有刚性下卧层时，地基土的变形计算值，mm；β_{gz} 为刚性下卧层对上覆土层的变形增大系数，按表 5-8 采用；s_z 为变形计算深度，相当于实际土层厚度按式(5-51)确定的地基最终变形计算值，mm。

表 5-8　具有刚性下卧层时地基变形增大系数 β_{gz}

h/b	0.5	1.0	1.5	2.0	2.5
β_{gz}	1.26	1.17	1.12	1.09	1.00

注:h 为基底下的土层厚度,b 为基础底面宽度。

例题 5.4　独立基础尺寸为 $4\ m \times 4\ m$,基础底面处的附加压力为 $130\ kPa$,地基承载力特征值 $f_{ak}=180\ kPa$,根据表 5-9 提供的数据,采用分层总和法计算独立柱基的地基最终变形量。变形计算深度为基础底面下 $6.0\ m$,沉降计算经验系数 $\psi_s=0.4$。

表 5-9　地基土层压缩性

土的层数	基底至第 i 土层底面距离 z_i/m	E_s/MPa
1	1.6	16
2	3.2	11
3	6.0	25
4	30.0	60

解　基础中心点的最终变形量计算结果如表 5-10 所示。

表 5-10　变形量计算结果

z/m	l/b	z/b	$\bar{\alpha}$	$z\bar{\alpha}$	$z_i\bar{\alpha}_i - z_{i-1}\bar{\alpha}_{i-1}$	E_s/MPa	$\Delta s'$/mm	$s'=\sum\Delta s'$/mm
1.6	1.0	0.8	0.2436	1.5590	1.5590	16	12.670	12.67
3.2	1.0	1.6	0.1939	2.4819	0.9229	11	10.910	23.58
6.0	1.0	3.0	0.1369	3.2856	0.8037	25	4.179	27.76

$$\sum \Delta s' = \sum \frac{p_0}{E_{si}}(z_i\bar{\alpha}_i - z_{i-1}\bar{\alpha}_{i-1}) = 27.76\ mm$$

$$s = \psi_s \sum s' = 0.4 \times 27.76 = 11.1\ mm$$

计算得基础中心最终沉降为 $11.1\ mm$。

例题 5.5　矩形基础底面尺寸为 $2\ m \times 2\ m$,基底附加应力 $p_0=185\ kPa$,基础埋深为 $3.0\ m$,土层分布:$0\sim4.0\ m$ 粉质黏土,$\gamma=18\ kN/m^3$,$E_s=3.3\ MPa$,地基承载力特征值 $f_{ak}=185\ kPa$;$4.0\sim7.0\ m$ 粉土,$E_s=5.5\ MPa$;$7.0\ m$ 以下中砂,$E_s=7.8\ MPa$。有关数据见表 5-11,按照《建筑地基基础设计规范》(GB 50007—2011),当地基变形计算深度 $z_n=4.5\ m$ 时,试计算地基最终变形量。

表 5-11　沉降计算

z/m	$z_i\bar{\alpha}_i - z_{i-1}\bar{\alpha}_{i-1}$	E_s/MPa	$\Delta s'$/mm	$s'=\sum\Delta s'$/mm
0.0	0			
1.0	0.225×4	3.3	50.5	50.5
4.0	0.219×4	5.5	29.5	80.0
1.5	0.015×4	7.8	1.4	81.4

解 计算 z_n 深度范围内压缩模量的当量值 $\bar{E}_s$。

地基最终沉降量为

$$\bar{E}_s = \frac{\sum\limits_{i=1}^{n} \Delta A_i}{\sum\limits_{i=1}^{n} \dfrac{\Delta A_i}{E_{si}}} = \frac{p_0(z_1\bar{\alpha}_1 - 0 \times \bar{\alpha}_0)(z_2\bar{\alpha}_2 - z_1\bar{\alpha}_1)(z_3\bar{\alpha}_3 - z_2\bar{\alpha}_2)}{p_0\left(\dfrac{z_1\bar{\alpha}_1 - 0 \times \bar{\alpha}_0}{E_{s1}} + \dfrac{z_2\bar{\alpha}_2 - z_1\bar{\alpha}_1}{E_{s2}} + \dfrac{z_3\bar{\alpha}_3 - z_2\bar{\alpha}_2}{E_{s3}}\right)}$$

$$= \frac{0.225 + 0.219 + 0.015}{\dfrac{0.225}{3.3} + \dfrac{0.219}{5.5} + \dfrac{0.015}{7.8}} = \frac{0.459}{0.068 + 0.04 + 0.0019} = \frac{0.459}{0.1099} = 4.18$$

$p_0 = 185 \text{ kPa} = f_{ak}, \psi_s = 1.282$。

地基最终沉降量为

$$s = \psi_s s' = 1.282 \times 81.4 = 104.4 \text{ mm}$$

5.6.3 斯肯普顿-比伦法

根据对黏性土地基在外荷载作用下实际变形发展的观察和分析,认为地基土的总沉降量 s 由 3 个分量组成(图 5-15),即

$$s = s_d + s_c + s_s \tag{5-54}$$

式中,s_d 为瞬时沉降(畸变沉降);s_c 为固结沉降(主固结沉降);s_s 为次固结沉降。

此分析方法是斯肯普顿和比伦提出的比较全面的计算总沉降量的方法,称为"计算地基最终沉降量的变形发展三分法",也称为"斯肯普顿-比伦法"。

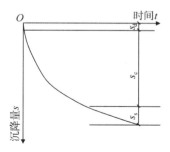

图 5-15 地基表面某点总沉降量的 3 个分量示意

1. 瞬时沉降

瞬时沉降是紧随着加压之后地基即时发生的沉降,地基土在外荷载作用下其体积还来不及发生变化,主要是地基土的畸曲变形,也称为"畸变沉降"或"初始沉降"或"不排水沉降"。斯肯普顿提出黏性土层初始不排水变形所引起的瞬时沉降可用弹性力学公式进行计算,饱和及接近饱和的黏性土在受到中等应力增量的作用时,整个土层的弹性模量可近似地假定为常数。各向同性黏土的初始沉降 s_d 可以用下面弹性理论公式计算,即

$$s_d = \frac{\omega(1-\mu^2)pb}{E} \tag{5-55}$$

式中,ω 为沉降影响系数,按基础刚度、基础底面形状及计算点位置查表 5-12 确定;E、μ 分别为土体的弹性模量、泊松比;p 为均布荷载(与基础底部反力大小相等);b 为矩形荷

载(基础)的宽度或圆形荷载(基础)的直径。

表 5-12 沉降影响系数 ω

荷载面形状	计算点位置	圆形	方形	矩形(l/b)										
				1.5	2.0	3.0	4.0	5.0	6.0	7.0	8.0	9.0	10.0	100.0
柔性基础	ω_c	0.64	0.56	0.68	0.77	0.89	0.98	1.05	1.11	1.16	1.20	1.24	1.27	2.00
	ω_0	1.00	1.12	1.36	1.53	1.78	1.96	2.10	2.22	2.32	2.40	2.48	2.54	4.01
	ω_m	0.85	0.95	1.15	1.30	1.52	1.70	1.83	1.96	2.04	2.12	2.19	2.25	3.70
刚性基础	ω_r	0.79	0.88	1.08	1.22	1.44	1.61	1.72	—	—	—	—	2.12	3.40

注：黏土的弹性参数 E、μ 随应力大小的变化而变化，不是常数。对于饱和黏土，刚加荷时可以认为土体体积不可压缩，因此取 $\mu=0.5$。弹性模量的确定比较困难，一般可以取三轴不排水剪切试验应力-应变曲线的初始切线模量作为土体的弹性模量，由于试验取土扰动，这样得到的弹性模量偏低。比较合理的试验方法是对试样进行多次加、卸载试验，经过 5~6 次循环后，应力-应变曲线的切线模量逐渐趋近于一个稳定值，用这个稳定的再加载模量代表现场土体的弹性模量比较合理(土体弹性模量确定内容可参阅相关文献，此处不赘述)。

上述弹性理论公式在计算时将地基假设为半无限弹性体，实际上地基压缩层厚度是有限的，虽然该方法能反映侧向变形对沉降的影响，但不能反映土的非线性变形特性，也无法考虑相邻基础的影响。

2. 固结沉降

固结沉降是随着超孔隙水压力的消散、有效应力的增长而完成的。斯肯普顿建议固结沉降量 s_c^t 由单向压缩条件下计算的沉降量 s_c 乘以一个考虑侧向变形的修正系数 λ 确定，即 $s_c^t=\lambda s_c$。其中 s_c 按正常固结、超固结土的 e-$\lg p$ 曲线确定，固结沉降修正系数 λ 为 0.2~1.2。

3. 次固结沉降

次固结沉降被认为与土骨架蠕变有关，它是在超孔隙水压力已经消散，有效应力增长基本不变之后仍随时间而缓慢增长的压缩。在次固结沉降过程中，土的体积变化速率与孔隙水从土中流出速率无关，即次固结沉降的时间与土层厚度无关。

许多室内试验和现场测试的结果都表明，在主固结完成之后发生的次固结的孔隙比与时间关系在半对数孔隙比与时间的关系图上接近于一条直线，如图 5-16 所示。因而次固结引起的孔隙比变化可近似地表示为

$$\Delta e = C_a \lg \frac{t}{t_1} \tag{5-56}$$

式中，C_a 为半对数图上直线的斜率，称为"次固结系数"；t 为所求次固结沉降的时间，$t \geq t_1$；t_1 为相当于主固结度为 100% 的时间，根据 e-$\lg p$ 曲线外推而得，见图 5-16。

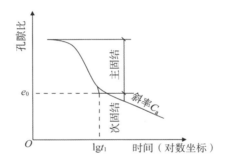

图 5-16　次固结沉降计算时的孔隙比与时间关系曲线

地基次固结沉降的计算公式如下：

$$s_s = \sum_{i=1}^{n} \frac{H_i}{1+e_{0i}} C_{ai} \lg \frac{t}{t_1} \tag{5-57}$$

式中，C_{ai} 为第 i 层土次固结系数；e_{0i} 为第 i 层土初始孔隙比；H_i 为第 i 层土厚度；t_1 为第 i 层土次固结变形开始产生时间；t 为计算所求次固结沉降 s_s 产生的时间。

根据许多室内试验和现场试验结果，C_a 值主要取决于土的天然含水量 w，近似计算时取 $C_a = 0.018w$。

思考题

5-1　何谓土的压缩性?通过固结试验可以得到哪些土的压缩性指标?如何求得?

5-2　如何利用压缩性指标评价土体的压缩性?

5-3　根据应力历史可将土层分为哪些类型?试述它们的定义。

5-4　何谓超固结比?如何利用超固结比确定土体的固结状态?

5-5　试述分层总和法计算地基最终沉降量的基本原理,为何计算时土层的厚度要进行限制?沉降计算时土层的深度如何确定?

5-6　土体的压缩和固结有何不同?

5-7　为什么在实验室采用侧限压缩试验来研究土体的压缩性?

5-8　为什么要研究土的受荷历史?依据土的受荷历史,土体可分为哪几类?

5-9　考虑地基的应力历史时,地基的最终变形如何计算?

5-10　太沙基的单向固结理论有哪些假设?其固结微分方程建立时用到哪些原理?

习题

5-1　均质黏性土地基上有一矩形基础,基础长度 $l=10$ m,宽度 $b=5$ m,埋置深度 $d=1.5$ m,基础顶部作用着轴心荷载 $F=10500$ kN。土体的天然重度 $\gamma=20.0$ kN/m³,饱和重度 $\gamma_{sat}=21.0$ kN/m³,土的压缩曲线如图 5-17 所示,如果地下水位距离基底2.5 m,试求基础中心点的沉降量。

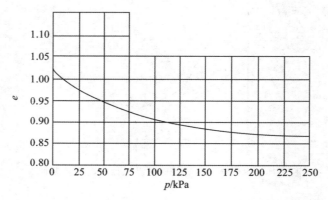

图 5-17　习题 5-1 用图

5-2　地面以下 4～8 m 范围内有一层软黏土,含水率 $w=42\%$,重度 $\gamma=17.5$ kN/m³,土粒比重 $G_s=2.70$,压缩系数 $a=1.35$ MPa⁻¹,4 m 以上为粉质黏土,重度为16.25 kN/m³,地下水位在地表处,若地面作用一无限均布荷载 $q=100$ kPa,求软黏土的最终沉降量。

5-3　地面下有一层 4 m 厚的黏土,天然孔隙比 $e_0=1.25$,若地面施加 $q=100$ kPa 的无限均布荷载,沉降稳定后,测得土的孔隙比为 1.12,求黏土层的沉降。

5-4　地面以下有一层 4 m 厚的软黏土,在地表荷载作用下,测得稳定压缩量为20 cm,孔隙比为 1.10,试问地表荷载作用前,软黏土层原来的孔隙比为多少?

5-5　有一基础埋置深度 1 m,地下水位在地表处,饱和重度 $\gamma_{sat}=18$ kN/m³,孔隙比与应力 p 之间的关系为 $e=1.15-0.00125p$。若在基底下 5 m 处的附加应力为 75 kPa,试问在基底下 4～6 cm 土层的压缩量是多少。

5-6　有一黏土层厚度 4 m,双面排水,地面瞬时施加无限均布荷载 $p=100$ kPa,100 d后土层沉降量为12.8 cm。土固结系数 $C_v=2.96\times10^{-3}$ cm²/s,求黏土层的最终沉降量。当单面排水时结果又将如何?

5-7　有一黏土层厚度 4 m,单面排水,在单面无限均布荷载作用下,计算最终沉降量为28 cm。加荷100 d后,土层沉降18.5 cm,$U=1.128(T_v)^{\frac{1}{2}}$,求黏土层固结系数 C_v。

5-8　地面下有一层 6 m 厚的黏土层,地下水位在地表处,黏土的饱和重度 $\gamma_{sat}=18$ kN/m³,孔隙比与应力之间的关系 p 为 $e=1.25-0.0016p$。若地面施加 $p=100$ kPa 的无限均布荷载,100 d后测得6 m 厚土层压缩了14.5 cm,试求黏土层的固结度。

参考文献

[1]陈希哲. 土力学地基基础[M]. 4 版. 北京:清华大学出版社,2004.

[2]洪毓康. 土质学与土力学[M]. 2 版. 北京:人民交通出版社,2002.

[3]赵明华. 土力学与基础工程[M]. 武汉:武汉工业大学出版社,2000.

[4]卢延浩. 土力学[M]. 南京:河海大学出版社,2002.

[5]单仁亮. 土力学简明教程[M]. 北京:机械工业出版社,2021.

[6]任文杰. 土力学及基础工程习题集[M]. 北京：中国建材工业出版社，2004.

[7]华南理工大学. 地基及基础[M]. 3版. 北京：中国建筑工业出版社，1998.

[8]赵明华. 土力学与基础工程[M]. 4版. 武汉：武汉理工大学出版社，2014.

[9]高大钊. 土力学与岩土工程师：岩土工程疑难问题答疑笔记整理之一[M]. 北京：人民交通出版社，2008.

[10]沈扬. 土力学原理十记[M]. 2版. 北京：中国建筑工业出版社，2021.

土力学学科名人堂——莫尔

莫尔（Mohr，1835—1918）

图片来源：https://baijiahao.baidu.com/s? id=1733068328951245996&wfr=spider&for=pc。

Mohr 1835年生于德国北海岸的韦瑟尔布伦（Wesselburen），16岁进入汉诺威（Hannover）技术学院学习。毕业后，在汉诺威和奥尔登堡（Oldenburg）的铁路部门工作，作为结构工程师，曾设计了不少一流的钢桁架结构和德国一些著名的桥梁。他是19世纪欧洲最杰出的土木工程师之一。与此同时，Mohr也一直在进行力学和材料强度方面的理论研究工作。

1868年，33岁的Mohr应邀前往斯图加特技术学院，担任工程力学系的教授。他的讲课简明、清晰，深受学生欢迎。作为一个理论家和富有实践经验的土木工程师，他对自己所讲的主题了如指掌，因此总能带给学生很多新鲜和有趣的东西。

1873年，Mohr到德雷斯顿（Dresden）技术学院任教，直到1900年他65岁退休后，Mohr留在德雷斯顿继续从事科学研究工作直至1918年去世。Mohr出版过一本教科书并发表了大量结构及强度材料理论方面的研究论文，其中相当一部分是用图解法求解一些特定问题。他提出了用应力圆表示一点应力的方法（所以应力圆也称为"莫尔圆"），并将其扩展到三维问题。应用应力圆，他提出了第一强度理论。Mohr对结构理论也有重要的贡献，如计算梁挠度的图乘法、应用虚位移原理计算超静定结构的位移等。

第六章 土的抗剪强度

课前导读

　　本章主要内容包括土的抗剪强度理论、抗剪强度试验、三轴剪切试验中的孔隙水压力系数、无侧限抗压强度试验(unconfined compression strength test)、十字板剪切试验(vane shear test)、土的应力路径、典型土的剪切特性。本章的教学重点为土的莫尔-库仑抗剪强度理论、土的极限平衡条件、土体破坏的判断方法、土的抗剪强度指标的试验测定方法、典型土的剪切特性。学习难点为饱和黏性土的不固结不排水、固结不排水和固结排水三种试验之间的区别以及各试验条件下土体所表现出来的抗剪强度特性。

能力要求

　　通过本章的学习,学生应掌握莫尔-库仑抗剪强度理论以及应用极限平衡条件判断土体所处的状态、抗剪强度指标的测定方法、典型土的剪切特性,会根据不同固结和排水条件选用合适的抗剪强度指标。

　　土作为一种工程材料,当受到外力后,必然产生附加应力,其中就包括剪应力,剪应力达到一定程度时,就会发生剪切破坏。土的抗剪强度指土体抵抗剪切破坏的极限能力,数值上等于土体发生剪切破坏时的剪应力。

　　土的抗剪强度是土的重要力学性质指标之一。土体的破坏,其本质是剪切破坏。例如,边坡太高太陡,在雨季或受到震动后,容易产生滑动或崩塌破坏,滑动面显然属剪切破坏面,这种情况比较常见,具有直观性;又如地基破坏,直观上是受压破坏,但本质上也是剪切破坏。

　　土的抗剪强度首先取决于其自身的性质,即土的物质组成、土的结构和土所处的状态等。土的性质又与它所形成的环境和应力历史等因素有关。其次,土的性质还取决于土当前所受的应力状态。因此,只有对土的微观结构进行深入、详细研究,才能认识到土的抗剪强度的实质。目前,人们已能利用电子显微镜、X射线的透视和衍射、差热分析等新技术和新方法来研究土的物质成分、颗粒形状、排列、接触和联结方式等,以便阐明土的抗剪强度的实质。这是近代土力学研究的新领域之一。

6.1　基本理论

6.1.1　莫尔-库仑抗剪强度理论

在土体自重和外力作用下,土体内部会产生剪切应力,引起土体发生与形状变化有关的变形,即发生剪切变形。随着剪应力的不断增加,土体变形亦会逐渐增大,直至发生剪切破坏。土体的上述破坏过程称为"土体的剪切破坏"。一般而言,将土体剪切变形随着剪应力的增加而增大达到峰值,而后开始减小的点称为"剪切破坏点"。

对于土体破坏理论,目前应用最为广泛的是莫尔圆破坏理论。图 6-1 所示便为不同受力状态下土体破坏的包络线和破坏线。若土体的破坏包络线近似为直线,便能得到库仑线性公式:

$$\tau = c + \sigma \tan \varphi \tag{6-1}$$

如式(6-1)形式的破坏理论称为"莫尔-库仑破坏理论"。式中,σ 为土中剪切滑动面上法向应力,kPa;τ 为土的抗剪强度,kPa;c、φ 分别为土的黏聚力(cohesion,kPa)和摩擦角(angle of internal friction,°)。

式(6-1)就是著名的库仑公式,其中 c 和 φ 是决定土的抗剪强度的两个指标,称为"土的抗剪强度指标"。对于同一种土,在相同的试验条件下它们为常数,但是当试验方法不同时则可能会有很大的差异。

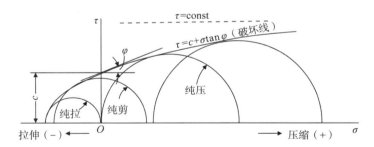

图 6-1　莫尔假定破坏条件

后来,由于有效应力原理的提出,人们认识到只有有效应力的变化才能真正引起土强度的变化。因此,上述库仑公式改写为

$$\tau_{\mathrm{f}} = c' + \sigma' \tan \varphi' = c' + (\sigma - u) \tan \varphi' \tag{6-2}$$

式中,σ' 为剪切破裂面上的有效法向应力;u 为土中的孔隙水压力;c' 为土的有效黏聚力;φ' 为土的有效内摩擦角。c' 和 φ' 称为"土的有效抗剪强度指标",对于同一种土,其值理论与试验方法无关,接近于常数。为了区别式(6-1)和式(6-2),前者称为"总应力抗剪强度公式",后者称为"有效应力抗剪强度公式"。

土体的抗剪强度是土体力学性质中最为重要的性质之一。自然界中的山体滑坡、公路边坡、堤防、水坝等的填土面稳定性均与滑动面的抗剪强度有关。另外,基础地基的支撑力、构造物上作用的土压力大小等都与土体的抗剪强度有密切关系。

6.1.2 破坏线

假定土中任意一点周围某个面上作用的垂直应力为 σ，剪应力为 τ。当剪应力 τ 小于土中最大剪切抗力 s 时，不会引起剪切破坏和形成相应破坏面，也就是说土体不会被剪切破坏，如图 6-2 所示。

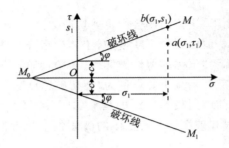

图 6-2 图中应力状态表示

图 6-2 中用两条直线 M_0M、M_0M_1 来表示莫尔-库仑关系式，称为"破坏线"。图中 a 点处 $\tau_1 < s_1$，土体不会产生剪切破坏，图中位于破坏线 M_0M 上的 b 点处 $\tau_1 = s_1$，因此开始产生剪切破坏。而 $\tau_1 > s_1$ 的状态在实际土体中并不存在。根据图 6-1 中的设定条件，图中的应力 (σ, τ) 状态将位于破坏线 M_0M、M_0M_1 上，或者位于破坏线的内侧，若位于破坏线内侧，则土体不会发生破坏，处于破坏状态（塑性流动状态）土体内单元体破坏面上的应力必位于破坏线上。若将土体中通过该点的滑动破坏面上的应力用图 6-3 中的形式表示，必然可以得到土体剪切破坏时所产生的滑裂面的位置。土体中的应力状态，即法向应力 σ 与剪切应力 τ 之间的关系已知的话，则采用莫尔应力圆表示更为直观。

6.1.3 莫尔应力圆

以二维平面问题求解为例进行分析，考虑在土体内一点的周围存在单位厚度的微小矩形单元，单元的左边界和上边界仅仅作用着如图 6-3 所示的法向应力 σ_1 和 σ_3。该面上作用的法向应力称为"主应力"，根据其大小依次为 σ_1、σ_2 和 σ_3。对于二维平面轴对称问题，这里不考虑中间的主应力 σ_2 的影响。现在，大主应力 σ_1 作用的面称为"大主应力面 I-I 面"，小主应力 σ_3 作用的面称为"小主应力面 III-III"，如图 6-3(a) 所示。对于主应力面以外的（长度为 d_s）面上除了法向应力 σ 外必然作用有剪应力，如图 6-3(b)。将 I-I 面逆时针转动 α 角度得到的倾斜面上的法向应力 σ 与剪应力 τ 标记在如图 6-3(c) 所示的坐标轴上便得到 a 点，α 角从 0°到 180°的变化过程中，a 点的轨迹是以 σ 轴上的 A 点为中心，大主应力 σ_1 所在的点 I 和小主应力 σ_3 所在的点 III 连线为直径的圆 C。规定以横坐标 σ 轴向右表示土体受压为正，τ 轴向上为正（以图 6-3 所示的土体单元发生逆时针转动的剪应力为正），坐标负向为负，上述圆 C 被称为"莫尔应力圆"。对比图 6-3(a)～(c)，可得到以下的关系：

①根据图 6-3 中的(a)和(b)，从 I-I 面逆时针转动 α 角的斜面 a-a 上的应力 σ、τ，可用图 6-3(c) 中的 AI 开始逆时针转动 2α 角后的点 a 的坐标来表示。

②圆上 a 点处的法向应力和剪应力 τ，根据图 6-3(c) 中的几何位置关系采用下式求得：

$$\overline{OA} = (\sigma_1 + \sigma_3)/2, \quad \overline{Aa} = (\sigma_1 - \sigma_3)/2 \tag{6-3}$$

$$\sigma = \overline{OA} + \overline{Aa}\cos 2\alpha = \frac{1}{2}(\sigma_1 + \sigma_3) + \frac{1}{2}(\sigma_1 - \sigma_3)\cos 2\alpha \tag{6-4}$$

$$\tau = \overline{Aa}\sin 2\alpha = \frac{1}{2}(\sigma_1 - \sigma_3)\sin 2\alpha \tag{6-5}$$

式中，$\overline{OA}$ 为圆 C 圆心到 O 点的应力大小，$\overline{Aa}$ 为应力，表示的圆 C 的半径。

③根据 $\sin 2\alpha$ 的符号可以判断 τ 的正负。

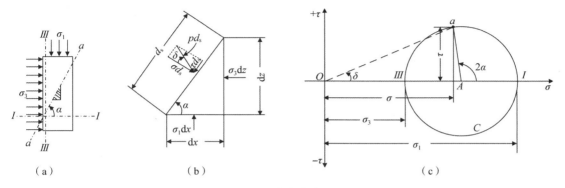

图 6-3　莫尔应力圆

例题 6.1　已知土体中某点所受的最大主应力 $\sigma_1 = 500$ kPa，最小主应力 $\sigma_3 = 200$ kPa。试计算与最大主应力 σ_1 作用平面成 30°的平面上的正应力 σ 和剪应力 τ。

解　由式(6-4)、式(6-5)得：

$$\sigma = \frac{1}{2}(\sigma_1 + \sigma_3) + \frac{1}{2}(\sigma_1 - \sigma_3)\cos 2\alpha$$

$$= \frac{1}{2} \times (500 + 200) + \frac{1}{2} \times (500 - 200) \times \cos(2 \cdot 30°) = 425 \text{ kPa}$$

$$\tau = \frac{1}{2}(\sigma_1 - \sigma_3)\sin 2\alpha = \frac{1}{2} \times (500 - 200) \times \sin(2 \cdot 30°) = 130 \text{ kPa}$$

在采用莫尔圆法进行应力状态的分析时，应力符号采用材料力学的符号规定。在材料力学的符号规定中，正应力以拉为正，剪应力以外法线顺时针转动 90°后的方向为正 [图 6-4(a)]。由于土体为散粒体，很少或完全不能承受拉应力，土体单元一般处于受压状态。因此，为了使用方便，采用和材料力学相反的规定，即正应力以压为正，剪应力以外法线逆时针转动 90°后的方向为正[图 6-4(b)]。

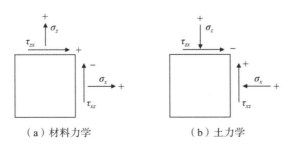

图 6-4　莫尔应力圆分析符号

6.2 土中应力状态求解

土体中一点的应力状态是客观存在,但作用在某个面上的正应力和剪应力分量却是随作用面的转动而发生变化的,其完整的二维应力状态可通过一个莫尔圆来表示。图 6-5 给出了土体中一点应力状态和相对应的莫尔圆的画法。假定土体单元在垂直于 x 轴和 z 轴平面上所作用的应力分量分别是 (σ_x,τ_{xz}) 和 (σ_z,τ_{zx}),则其对应的莫尔圆:

①圆心坐标:$p=(\sigma_x+\sigma_z)/2$。

②半径:$r=\sqrt{\left[(\sigma_x-\sigma_z)/2\right]^2+\tau_{xz}^2}$ 。

③最大、最小主应力:$\sigma_1=p+r,\sigma_3=p-r$。

④莫尔圆顶点坐标:$p=(\sigma_1+\sigma_3)/2,q=(\sigma_1-\sigma_3)/2$。

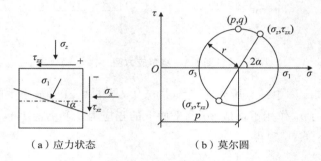

（a）应力状态　　　　　　　（b）莫尔圆

图 6-5　应力状态莫尔圆

莫尔圆周上每一点均对应一个作用面上的应力分量。其中,莫尔圆周上的点和作用面所对应转角的方向相同,但转角大小前者为后者的 2 倍。在图 6-8 中分别标出了最大主应力作用面的位置和相对 (σ_x,τ_{xz}) 作用面的转角。

6.2.1 极限法

若土体中任意单元上主应力 σ_1、σ_3 及其作用方向已知,利用莫尔圆求解该单元任意面上作用的应力状态,采用极限法进行求解是方便的。

假定点 B 处作用的主应力 σ_1、σ_3 大小与方向如图 6-6(a)所示。求大主应力面 I-I 逆时针旋转 α 角度得到的 a-a 面上的正应力 σ、剪应力 τ,过 6-6(b)中一点 I 作一条与 6-6(a) 中 I-I 面平行的直线 IP,与圆 C 交于 P 点。接着过 P 点作一条与图 6-6(a)中 a-a 面平行的直线 Pa,与圆 C 交于 a 点,$\angle aAI=2\alpha$,求解得到 σ-τ 坐标系下 a 点的坐标,便得到了正应力 σ、剪应力 τ 表达式。

与上述顺序相反,若已知 σ-τ 坐标系中应力圆 C 及圆周上点 a,便可得到图 6-6(a)中的 a-a 面的方向,根据图(b)中确定极点 P,则分别作与 I 以及 III 平行的过图 6-6(a)中点 B 的平面 I-I 和 III-III,这两个平面便是主应力面。

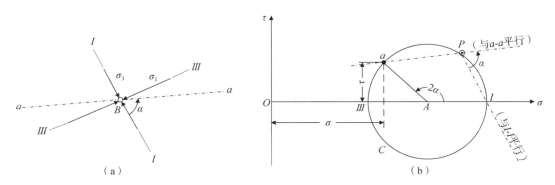

图 6-6　极限法应力图解

6.2.2　破坏应力圆

莫尔应力圆求解得到的土中的应力状态标注在莫尔圆图中便可以根据应力大小判定土体是否发生破坏。即若土中的应力可用图 6-7 中 C_1 所示的应力圆表示,则土体未达到破坏状态。自然状态下土体中作用的土压力(称为"静止土压力")便是 C_1 所示的情况。

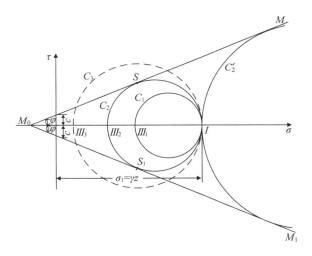

图 6-7　破坏应力圆

设土体单位体积重度为 γ,地表以下埋深为 z,与土体自重产生的大主应力 $\sigma_1 = \gamma z$ 垂直的小主应力 σ_3 小于图中 III_2 点,产生破坏时水平方向的土压力称为"主动土压力"。因此土体达到主动破坏时的应力状态可用 C_2 所示的应力圆表示。如图 6-7 中 C_2 圆所示,与破坏线 $M_0 M$、$M_0 M_1$ 相切的应力圆称为"破坏应力圆"。这种情况下还存在另一个破坏应力圆 C_2',此时水平方向的主应力大于垂直方向的主应力 γz,便得到了土体被动破坏时的破坏应力圆。如前所述,C_3 所示的应力圆是一个假想的状态,位于破坏线外侧的应力圆在土体对应的应力状态是不可能存在的。τ 轴左侧的法向应力为负,这意味着此时土体中产生了部分拉应力,与试验对比,这部分破坏线并非严格的直线形式,为了便于统一,假定 τ 轴左侧的破坏线也为直线。

破坏应力圆 C_2 与破坏线 M_0M、M_0M_1 分别相切于点 S 和 S_1 两点，S 和 S_1 处会同时产生滑动面。因此，根据两条破坏线以及破坏应力圆上一点，便可以绘制得到破坏应力圆 C_2，更进一步地，若该点表示的土中应力作用面的方向已知，便可以得到主应力的方向与滑动面的方向。

已知图 6-8(a) 所示的主应力的方向 I-I 和 III-III，图 6-8(b) 中最大主应力 σ_1 所在的点 I 以及破坏线 M_0M、M_0M_1，便可以绘制得到通过点 I 和破坏线相切的圆 C，切点为 S 和 S_1。过点 I 作与图(a)中 I-I 方向平行的线 IP，与圆 C 的交点 P 为极点，分别绘制与图(a)中 S-S，S_1-S_1 的平行线 PS，PS_1，便得到了通过点 B 的两个滑动面。滑动面与大主应力面 I-I 以 $45°+\varphi/2$ 的角度相交，该角度与土体的黏聚力 c 无关。

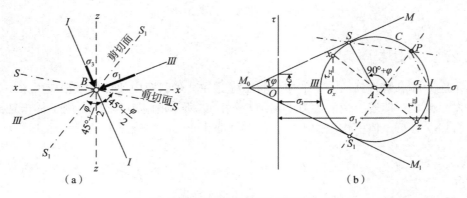

图 6-8　莫尔-库仑破坏假定图示

根据图 6-8(b) 得到大主应力和小主应力间的对应关系式：

$$\sigma_1 = 2c\sqrt{N_\varphi} + \sigma_3 N_\varphi \tag{6-6}$$

这里，N_φ 是关于角度 φ 值的函数，具体为

$$N_\varphi = \frac{1+\sin\varphi}{1-\sin\varphi} = \tan^2\left(45° + \frac{\varphi}{2}\right) \tag{6-7}$$

特别地，当式(6-6)中的 $c=0$ 时，便得到如下所示简单关系：

$$\sigma_1 = \sigma_3 N_\varphi \tag{6-8}$$

将式(6-7)带入式(6-6)进行变换，也可得到

$$\frac{\sigma_1-\sigma_3}{2} - \frac{\sigma_1+\sigma_3}{2}\sin\varphi = c\cos\varphi \tag{6-9}$$

如图 6-8 所示，作与土体中的主应力轴正交的坐标轴 x、z，该轴上的应力(σ_x，σ_z，τ_{xz})可以用图 6-8(b)上的点 x、z 的坐标表示，则式(6-9)可表述为

$$\sqrt{(\sigma_z-\sigma_x)^2 + 4\tau_{xz}^2} - (\sigma_z+\sigma_x)\sin\varphi = 2c\cos\varphi \tag{6-10}$$

因 σ_x、σ_z、τ_{xz} 是关于坐标(x，z)的连续函数，式(6-10)所示的滑动面的形态便可用关于 x、z 的方程式表示。

根据式(6-6)、(6-7)、(6-8)也可以推导得到主应力间的关系表达式，这与式(6-10)得到的一般应力 σ_x、σ_z、τ_{xz} 虽然形式不同，但表达的含义相同。

6.2.3　极限平衡应力状态

当土体单元发生剪切破坏时，即破坏面上剪应力达到其抗剪强度 τ_f 之时，称该土体单元达到极限平衡状态。根据库仑公式，判别土体单元是否发生剪切破坏，取决于某一个面上作用的正应力 σ 和剪应力 τ 是否满足库仑抗剪强度公式(6-1)，即基于库仑公式的抗剪强度 τ_f 可由下式确定：

$$\tau_f = c + \sigma \tan\varphi \tag{6-11}$$

如前所述，对于土体中的一点，尽管其应力状态是客观存在的，但在不同方向的面上却作用着大小不同的正应力和剪应力分量。因此，当土体中的一点发生破坏时，并不是该点所有面上的正应力 σ 和剪应力 τ 都能达到式(6-1)所描述的关系，而是仅在个别的面上满足库仑公式。所以，我们规定土体单元中只要有一个面发生剪切破坏，该土体单元就达到破坏或极限平衡状态。

在 τ-σ 图上，式(6-1)为一条截距为 c、倾角为 φ 的直线。它定义了土体单元达到破坏状态或极限平衡状态的所有点的集合，故称该线为"土的莫尔破坏包线"或"抗剪强度包线"。在应力莫尔圆图上，土体单元达到极限平衡状态就意味着该点的应力莫尔圆同强度包线相切。其中，切点所对应的面即为土体发生剪切破坏的破坏面(图 6-9)。反之，土体单元所有达到极限平衡状态的莫尔圆的公切线也就是土的抗剪强度包线。

根据土体单元的应力莫尔圆和抗剪强度包线的相对位置关系，可以形象地来判别土体单元是否发生了剪切破坏。如图 6-10 所示，应力莫尔圆和抗剪强度包线的相对关系存在如下三种可能的情况：

①应力莫尔圆处于抗剪强度包线之下。此时表明，任何一个面上的一对应力 σ 与 τ 都没有达到破坏包线，该土体单元不发生剪切破坏。

②应力莫尔圆和抗剪强度包线相切。此时表明，有一个面(实际上为一对面，见图6-10)上的一对应力 σ 与 τ 正好达到破坏包线，即该土体单元沿切点所对应的面发生了剪切破坏。

③应力莫尔圆和抗剪强度包线相交。此时表明，有一些面上的剪应力 τ 超过了土的抗剪强度，即该土体单元沿这些面均已发生了剪切破坏。但是，实际上这种应力状态是不会存在的，因为剪应力增加到抗剪强度值时，就不可能再继续增长了。

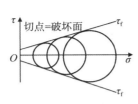

图 6-9　土的强度包线

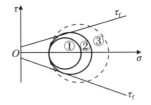

图 6-10　应力莫尔圆和强度包线的关系

6.2.4　极限平衡条件和土体破坏的判断方法

如果可能发生剪切破坏面的位置已经预先确定，只要算出作用于该面上的剪应力和正应力，就可判别剪切破坏是否发生。但是在实际问题中，可能发生剪切破坏的平面一般不易预先确定。土体中的应力分析一般只计算各点垂直于坐标轴平面上的正应力和剪应力或各点的主应力,故无法直接判定土体单元是否破坏。因此,需要进一步研究莫尔-库仑破坏理论如何直接用主应力表示的问题。用主应力表示的莫尔-库仑破坏理论的数学表达式称为"莫尔-库仑破坏准则",也称"土的极限平衡条件"。

下面进一步分析试样达到破坏状态的应力条件,从图 6-11 的几何关系得

$$\sin\varphi = \frac{ab}{O'a} = \frac{ab}{O'O + Oa} \tag{6-12}$$

$$OO' = c\cot\varphi,\ Oa = \frac{\sigma_1 + \sigma_3}{2},\ ab = \frac{\sigma_1 - \sigma_3}{2} \tag{6-13}$$

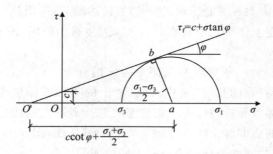

图 6-11　极限平衡条件

将式(6-13)代入式(6-12)可得

$$\sin\varphi = \frac{\dfrac{\sigma_1 - \sigma_3}{2}}{\dfrac{\sigma_1 + \sigma_3}{2} + c\cot\varphi} = \frac{\sigma_1 - \sigma_3}{\sigma_1 + \sigma_3 + 2c\cot\varphi} \tag{6-14}$$

对式(6-14)进行整理得

$$\sigma_1 - \sigma_3 = (\sigma_1 + \sigma_3)\sin\varphi + 2c\cos\varphi \tag{6-15}$$

即

$$\sigma_1 = \sigma_3 \frac{1 + \sin\varphi}{1 - \sin\varphi} + 2c\ \frac{\cos\varphi}{1 - \sin\varphi} \tag{6-16}$$

进一步整理,得

$$\sigma_1 = \sigma_3 \frac{1 + \sin\varphi}{1 - \sin\varphi} + 2c\sqrt{\left(\frac{\cos\varphi}{1 - \sin\varphi}\right)^2} = \sigma_3 \frac{1 + \sin\varphi}{1 - \sin\varphi} + 2c\sqrt{\frac{1 + \sin\varphi}{1 - \sin\varphi}}$$

$$= \sigma_3 \frac{1 - \cos(90° + \varphi)}{1 + \cos(90° + \varphi)} + 2c\sqrt{\frac{1 - \cos(90° + \varphi)}{1 + \cos(90° + \varphi)}}$$

$$= \sigma_3 \frac{2\sin^2\left(45° + \dfrac{\varphi}{2}\right)}{2\cos^2\left(45° + \dfrac{\varphi}{2}\right)} + 2c\sqrt{\frac{2\sin^2\left(45° + \dfrac{\varphi}{2}\right)}{2\cos^2\left(45° + \dfrac{\varphi}{2}\right)}}$$

所以

$$\sigma_1 = \sigma_3\tan^2\left(45° + \frac{\varphi}{2}\right) + 2c\tan\left(45° + \frac{\varphi}{2}\right) \tag{6-17}$$

用同样的方法可以推导出

$$\sigma_3 = \sigma_1 \tan^2\left(45° - \frac{\varphi}{2}\right) - 2c\tan\left(45° - \frac{\varphi}{2}\right) \tag{6-18}$$

式(6-16)～式(6-18)都是表示土体单元达到破坏时主应力的关系,就是莫尔-库仑理论的破坏准则,也是土体达到极限平衡状态的条件,故也称之为"极限平衡条件"。显然,只知道一个主应力,并不能确定土体是否处于极限平衡状态,必须知道一对主应力 σ_1、σ_3 才能进行判断。实际上,是否达到极限平衡状态,取决于 σ_1 与 σ_3 的相对大小。当 σ_1 一定时,σ_3 越小,土越接近于破坏;反之,当 σ_3 一定时,σ_1 越大,土越接近于破坏。

对于粗粒土,由于黏聚力 $c=0$,则极限平衡条件的表达式可简化为:

$$\sin\varphi = \frac{\sigma_1 - \sigma_3}{\sigma_1 + \sigma_3} \tag{6-19}$$

$$\frac{\sigma_1}{\sigma_3} = \frac{1 + \sin\varphi}{1 - \sin\varphi} \tag{6-20}$$

$$\sigma_1 = \sigma_3 \tan^2\left(45° + \frac{\varphi}{2}\right) \tag{6-21}$$

$$\sigma_3 = \sigma_1 \tan^2\left(45° - \frac{\varphi}{2}\right) \tag{6-22}$$

式(6-14)～式(6-18)、式(6-19)～式(6-22)分别是细粒土和粗粒土达到极限平衡状态的应力表达式。利用这些表达式,当知道土体单元实际的受力状态和土的抗剪强度指标 c、φ 时,可以很容易判断该单元体是否发生了剪切破坏,具体步骤包括:

①确定土体单元在任意面上的应力状态 $(\sigma_x, \sigma_z, \tau_{xz})$。

②计算主应力 σ_1 和 σ_3:$\sigma_{1,3} = \frac{\sigma_x + \sigma_z}{2} \pm \sqrt{\left(\frac{\sigma_x - \sigma_z}{2}\right)^2 + \tau_{xz}^2}$。

③选用极限平衡条件判别土体单元是否剪切破坏。

利用极限平衡条件式(6-14)～式(6-22)判别土体单元是否发生剪切破坏,可采用如下的三种方法之一。

1. 最大主应力比较法[图 6-12(a)]

利用土体单元的实际最小主应力 σ_3 和强度参数 c、φ,求取土体处在极限平衡状态时的最大主应力 σ_{1f}:

$$\sigma_{1f} = \sigma_3 \tan^2\left(45° + \frac{\varphi}{2}\right) + 2c\tan\left(45° + \frac{\varphi}{2}\right) \tag{6-23}$$

并与土体单元的实际最大主应力 σ_1 相比较。如果。$\sigma_{1f} > \sigma_1$,表示达到极限平衡状态要求的最大主应力大于实际的最大主应力,土体单元没有发生破坏。如果 $\sigma_{1f} = \sigma_1$,表示土体正好处于极限平衡状态,土体单元发生破坏。如果 $\sigma_{1f} < \sigma_1$,显然表示土体单元已发生了破坏,但实际上这种情况是不可能存在的,因为此时一些面上的剪应力 τ 已经大于了土的抗剪强度。

2. 最小主应力比较法[图 6-12(b)]

利用土体单元的实际最大主应力 σ_1 和强度参数 c、φ,求取土体处在极限平衡状态时的最小主应力 σ_{3f}:

$$\sigma_{3f} = \sigma_1 \tan^2\left(45° - \frac{\varphi}{2}\right) - 2c\tan\left(45° - \frac{\varphi}{2}\right) \tag{6-24}$$

并与土体单元的实际最小主应力 σ_3 相比较。如果 $\sigma_{3f} < \sigma_3$,表示达到极限平衡状态要求的最小主应力小于实际的最小主应力,土体单元没有发生破坏。如果 $\sigma_{3f} = \sigma_3$,表示土体正好处于极限平衡状态,土体单元发生破坏。如果 $\sigma_{3f} > \sigma_3$,显然表示土体单元已发生了破坏,同样这种情况也是不可能存在的。

3. 内摩擦角比较法[图 6-12(c)]

如图 6-12(c)所示,假定土体的莫尔-库仑强度包线与横轴相交于 O' 点。通过该交点 O' 作土体应力状态莫尔圆的切线,将该切线的倾角称为该应力状态莫尔圆的"视内摩擦角 φ_f"。根据几何关系,φ_f 的大小可用下式进行计算:

$$\sin\varphi_f = \frac{\sigma_1 - \sigma_3}{\sigma_1 + \sigma_3 + 2c\cot\varphi} \tag{6-25}$$

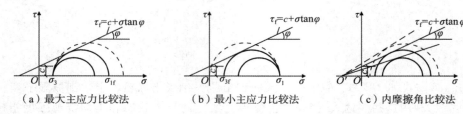

(a) 最大主应力比较法　　　(b) 最小主应力比较法　　　(c) 内摩擦角比较法

图 6-12　土体单元是否破坏的判别

将视内摩擦角 φ_f 与土体的实际内摩擦角 φ 相比较,可直观地判断土体单元是否发生了剪切破坏。如果 $\varphi_f < \varphi$,显然表示土体单元应力状态莫尔圆位于强度包线之下,土体单元没有发生破坏。如果 $\varphi_f = \varphi$,则表示土体单元应力状态莫尔圆正好同强度包线相切,土体单元发生破坏。如果 $\varphi_f > \varphi$,显然表示土体单元也已发生了破坏,但同上所述,这种情况也是不可能存在的,因为实际上在此之前土体单元必已破坏。

例题 6.2　设砂土地基中一点的最大主应力 $\sigma_1 = 300$ kPa,最小主应力 $\sigma_3 = 100$ kPa,砂土的内摩擦角 $\varphi = 30°$,黏聚力 $c = 20$ kPa,试判断该点是否破坏。

解　为加深对本节内容的理解,以下用多种方法解题。

① 按某一平面上的剪应力 τ 和抗剪强度 τ_f 的对比判断:

土体破坏时土体单元中可能出现的破裂面与最大主应力 σ_1 作用面间的夹角为 $45° + \varphi/2$。因此,作用在与 σ_1 作用面成 $45° + \varphi/2$ 平面上的法向应力 σ 和剪应力 τ 可按式(6-4)、(6-5)计算,抗剪强度可按式(6-11)计算,即

$$\sigma = \frac{1}{2}(\sigma_1 + \sigma_3) + \frac{1}{2}(\sigma_1 - \sigma_3)\cos\left[2\left(45° + \frac{\varphi}{2}\right)\right]$$

$$= \frac{1}{2} \times (300 + 100) + \frac{1}{2} \times (300 - 100) \times \cos\left[2 \times \left(45° + \frac{30°}{2}\right)\right] = 150 \text{ kPa}$$

$$\tau = \frac{1}{2}(\sigma_1 - \sigma_3)\sin\left[2\left(45° + \frac{\varphi}{2}\right)\right]$$

$$= \frac{1}{2} \times (300 - 100) \times \sin\left[2 \times \left(45° + \frac{30°}{2}\right)\right] = 86.6 \text{ kPa}$$

根据式(6-11)得
$$\tau_f = \sigma\tan\varphi + c = 150\times\tan 30° + 20 = 106.6\ kPa > \tau = 86.6\ kPa$$
故可判断该点未发生剪切破坏。

②按最大主应力比较判断：
$$\sigma_{1f} = \sigma_3\tan^2\left(45°+\frac{\varphi}{2}\right) + 2c\tan\left(45°+\frac{\varphi}{2}\right)$$
$$= 100\times\tan^2\left(45°+\frac{30°}{2}\right) + 2\times 20\times\tan\left(45°+\frac{30°}{2}\right)$$
$$= 369\ kPa$$

由于 $\sigma_{1f} = 369\ kPa > \sigma_1 = 300\ kPa$，故该点未发生剪切破坏。

③按最小主应力比较判：
$$\sigma_{3f} = \sigma_1\tan^2\left(45°-\frac{\varphi}{2}\right) - 2c\tan\left(45°-\frac{\varphi}{2}\right)$$
$$= 300\times\tan^2\left(45°-\frac{30°}{2}\right) - 2\times 20\times\tan\left(45°-\frac{30°}{2}\right)$$
$$= 77\ kPa$$

由于 $\sigma_{3f} = 77\ kPa < \sigma_3 = 100\ kPa$，故该点未发生剪切破坏。

④内摩擦角比较判断：
$$\sin\varphi_f = \frac{\sigma_1-\sigma_3}{\sigma_1+\sigma_3+2c\cot\varphi} = \frac{300-100}{300+100+2\times 20\times\cot 30°}$$
$$= 0.4403 < 0.5$$

故该点未发生剪切破坏。

例题 6.3　某土样试件在剪切时发生破坏。

①若 $\varphi=0$，当 $\sigma_3 = 300\ kN/m^2$ 时，求发生破坏时相应的 σ_1。

②若 $c=0$，当 $\sigma_3 = 300\ kN/m^2$ 时，求发生破坏时相应的 σ_1。

解　①由破坏时大、小主应力之间的相互关系得
$$\sigma_1 = \sigma_3\tan^2\left(45°+\frac{\varphi}{2}\right) + 2c\tan\left(45°+\frac{\varphi}{2}\right)$$

将 $\varphi=0$ 代入上式，可得
$$\sigma_1 = \sigma_3 + 2c$$

则可求出黏聚力为
$$c = \frac{1}{2}(\sigma_1-\sigma_3) = \frac{1}{2}\times(250-100) = 75\ kN/m^2$$

那么，此时
$$\sigma_1 = 300 + 2\times 75 = 450\ kN/m^2$$

②将 $c=0$ 代入大、小主应力的关系式，可得
$$\sigma_1 = \sigma_3\tan^2\left(45°+\frac{\varphi}{2}\right)$$

将 $\sigma_1 = 250\ kN/m^2$，$\sigma_3 = 100\ kN/m^2$ 代入上式，求出内摩擦角。

那么，此时
$$\sigma_1 = 300\times 2.5 = 750\ kN/m^2$$

6.3 土体剪切试验的类型

要正确判定土体的剪切强度通常是极为困难的。通常,不能仅仅根据土的类型来确定土体的剪切强度,而要综合考虑土体的状态,即根据密度、含水率、应力历史的变化,再考虑试验时的排水条件等的变化确定。工程中,为了求解构造物设计或稳定性判定时所用到的强度指标,要求剪切试验尽可能地与土体实际受力情况相同。事实上,受各方面条件的限制,要使得上述理想化的要求与实际试验时土样所施加的力完全相同几乎是不可能的,同时自然界的土层并非均质的,因此,剪切试验方法在技术上存在相当多的困难,土体真实剪切强度的测定难度极大。

土体剪切强度试验方法,分为室内试验和原位试验。室内剪切强度试验方法通常包括:
①直剪试验(direct shear test)。
②三轴压缩试验(triaxial compression test)。
③无侧限抗压强度试验(unconfined compression strength test)。

原位试验主要指十字板剪切试验,十字板剪切试验是在现场钻孔内将装在钻杆下端的十字板插到指定试验深度,在地面上对钻杆施加扭矩,使板内土体与周围土体产生剪切破坏,测出相应的最大扭矩,然后根据力矩平衡条件,推算出圆柱形剪破面上土的抗剪强度。十字板剪切试验主要用于土质软弱不便于现场取样的黏土。

土体剪切试验时对土样施加应力的方式与其他材料试验情况一样,包括变形控制和应力控制两种方式。剪切过程中,对于饱和土样外部施加的荷载会在土样内部引起同样大小的孔隙水压力,随着土中孔隙水的不断排出,土粒间的有效应力增大。因此,根据外部荷载施加的时间以及土样排水程度的变化,控制土体抗剪强度的土粒间作用的有效应力也在不断发生变化。

6.3.1 直剪试验

在实验室内,对土样施加不同大小的垂直应力的同时对预定剪切面施加剪切应力直至土样沿着预定剪切面发生破坏,垂直应力 σ 和剪切应力 τ 之间满足莫尔-库仑定律,直接测量土样内摩擦角和黏聚力 c 的剪切试验称为"直接剪切试验"。

直剪试验所使用的仪器称为"直剪仪",按加荷方式的不同,直剪仪可分为应变控制式和应力控制式两种。前者是以等速水平推动试样产生位移并测定相应的剪应力,后者则是对试样分级施加水平剪应力,同时测定相应的位移。我国目前普遍采用的是应变控制式直剪仪,该仪器的主要部件由固定的上盒和活动的下盒组成,试样放在盒内上下两块透水石之间,如图 6-13 所示。试验时,由杠杆系统通过加压活塞和透水石对试样施加某一法向应力,然后等速推动下盒,使试样在沿上下盒之间的水平面上受剪直至破坏。剪应力的大小可借助与上盒接触的量力环测定。

直剪试验需测试大量的样本,在不同的垂向力作用下,绘制每个土样破坏时的剪应力与法向正应力的关系曲线。从关系拟合直线上得到莫尔-库仑剪切强度参数 c' 和 φ'。也可以绘制得到剪应力与剪应变之间的关系曲线。土样破坏前曲线初始部分的斜率(峰值剪应力)

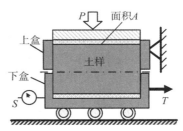

图 6-13 直剪仪

图片来源:https://czrlyqsb.sitongzixun.com/product/43378803430010.html。

给出了剪切模量 G 的粗略近似值。该试验存在的一些缺陷,最主要的是过程中排水条件无法控制。由于无法测量孔隙水压力,因此只能确定总法向应力,如果孔隙水压力为零(即通过足够缓慢的剪切以达到排水条件),则其等于有效法向应力。图 6-13 中所示土样中仅定义了纯剪切状态的近似值,破坏面上的剪应力是不均匀的,整个过程是从试样的边缘到中心逐渐发生破坏。此外,在整个试验过程中,在水平剪力和法向应力作用下试样的横截面积并不保持恒定。直剪试验的优点在于试验过程简单,对于粗粒土,试样较容易制备。

试验中通常对同一种土取 3~4 个试样,分别在不同的法向应力下剪切破坏,可将试验结果绘制成抗剪强度 τ 与法向应力 σ 之间的关系,如图 6-14 所示。试验结果表明,对于砂性土,抗剪强度与法向应力之间的关系是一条通过原点的直线;对于黏性土,抗剪强度与法向应力之间也基本成直线关系,该直线与横轴的夹角为内摩擦角 φ,在纵轴上的截距为黏聚力 c。

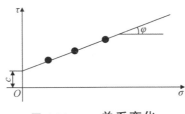

图 6-14 τ-σ 关系变化

为了能近似地模拟现场土体的剪切条件,考虑剪切前土在荷载作用下的固结程度、土体剪切速率或加荷速度快慢情况,把直剪试验分为快剪试验、固结快剪试验和慢剪试验。

1. 快剪试验

试样在垂向压力施加后,立即以 0.8 mm/min 的剪切速率施加水平剪切力,直至土样产生破坏。从加荷到剪切破坏一般情况下只需 3~5 min,由于施加垂直压力后立即开始剪切,土体在该垂直压力作用下未排水固结。又因剪切速率较快,对渗透性较小的黏性土,可认为此过程中不产生排水固结。快剪试验得到的抗剪指标通常用 c_q 和 φ_q 表示。

2. 固结快剪试验

试样在垂直压力施加后,让土样充分排水,待土样排水固结稳定后,再以 0.8 mm/min 的剪切速率进行剪切,直至土样产生破坏。由固结快剪试验得到的抗剪强度指标通常用 c_{cq}

和 φ_{cq} 表示。

3. 慢剪试验

试样在垂直压力施加后,让土样充分排水,待土样排水固结稳定后,再以0.02 mm/min 的剪切速率进行剪切,直至土样产生破坏。由于剪切速率较慢,可认为在剪切过程中土体充分排水并产生体积变形。由慢剪试验得到的抗剪强度指标常用 c_s 和 φ_s 表示。

6.3.2 三轴压缩试验

三轴仪是测量土体剪切特性最广泛使用的实验设备,它适用于所有类型的土类。该试验的优点是可以控制排水条件,便于实现低渗透饱和土体的固结,作为试验过程的一部分,可以进行孔隙水压力的测量。试验通常采用长度/直径比为2的圆柱形试样,将其置于一个充满一定压力的腔室中,试验时将圆柱形试样套在橡胶膜内,使试样与压力室中的水隔离。试验时试样上的围压由压力室中的水压提供,轴压由活塞杆施加。先对试样施加恒定的围压($\tau_1=\sigma_2=\sigma_3$),然后施加轴向压力,即增大 σ_1,直至土体剪切破坏。

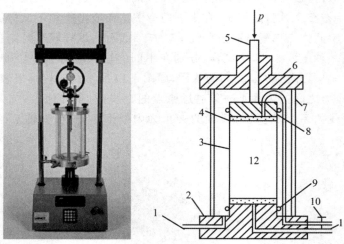

1—接空压机;2—底座;3—橡皮膜;4—透水石;5—活塞;6—上盖;7—有机玻璃筒;
8—试样帽;9—橡皮圈;10—排水阀;11—接孔隙水压力测量系统;12—试样。

图 6-15　三轴仪
图片来源:https://www.sohu.com/a/675950529_121343267

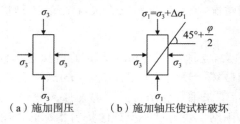

（a）施加围压　　（b）施加轴压使试样破坏

图 6-16　试样受力示意

试验过程中,将试样放置在仪器底座上的透水圆盘上,将加载帽放置在试样顶部,将试样包裹在橡胶膜中,O形圈在压力下用于将膜密封到基座和加载帽上,保证连接防水性。

对于砂土,则必须在安装于底座周围的刚性成型器内的橡胶膜中制备试样。试验开始前,先向试样施加一个小的负压,以保持试样的稳定性,同时在施加围压之前,先将孔隙水排出消散。也可以通过加载帽与试样顶部进行连接,从加载帽到单元底部布置柔性塑料管,接头部位通常用于施加背压。加载帽的顶部和加载杆的下端设置有锥形底座,载荷通过钢球传递。试样在其中承受周向的水压力作用而固结,然后通过加载帽施加轴向载荷并逐渐增大轴向应力,直到试样发生破坏,试样通常沿着对角线部位破坏。通过量力环或安装在传感器内部或外部柱塞上的量力传感器测量荷载大小。围压施加系统必须具备因泄露或试样体积变化而进行补偿的功能。

对同一土样施加相同的剪切力,根据三轴试验时土样排水条件的差异,剪切试验分为以下几类。

1. 不固结不排水剪切试验(unconsolidated-undrained shear test,UU 试验)

该试验简称为"UU 试验",和直剪仪中的快剪相当。UU 试验的本质是自始至终关闭排水阀门,不能排水。因为不允许排水,所以试样也不能固结。不能排水是问题的本质方面,因而,也简称"不排水剪"。也因为不能排水,自始至终存在孔隙水压力,随着施加荷载增大,孔隙水压力越来越大,而有效应力是常量。

试验和理论研究表明:对于饱和黏性土,其 UU 试验用总应力法表示的抗剪强度包络线呈一水平线。研究饱和黏性土是因为饱和黏性土是两相状态,非饱和土是三相状态,受力过程中除有效应力之外,还有孔隙水压力和孔隙气压力,更加复杂。由于总应力抗剪强度包络线是一条水平线,则 $\varphi \rightarrow 0°$,只有黏聚力 c 值存在,如图 6-17 所示。

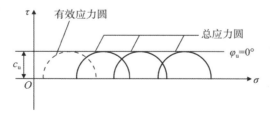

图 6-17 饱和黏土 UU 试验

由于存在多个总应力极限莫尔圆,而有效应力圆只有一个。变换 σ_1、σ_3 使土样达到临界破坏状态或极限平衡状态,就能作出多个总应力莫尔极限圆,作它们的公切线,就是抗剪强度包络线。因为不能排水,土的颗粒骨架变形没有增加,所以有效应力不变,增加的荷载只能使孔隙水压力不断增加,孔隙水压力是各向均等的,故总应力极限莫尔圆的半径相等,它们的公切线即一条水平线。此时的土样在地质年代里,在一定的应力状态下,固结已完成,$u=0$,具有一定的有效应力。土样在进入图 6-17 饱和黏土 UU 试验试验室后,在 UU 试验中固结度不再变化,有效应力不再变化。按总应力法表示抗剪强度有

$$\varphi_u = 0$$
$$\tau_f = c_u = \frac{1}{2}(\sigma_1 - \sigma_3) \tag{6-26}$$

由于在 UU 试验过程中,有效应力没有发生变化,因此,根据有效应力 c' 和 φ' 等指标,在分析黏土土体稳定时,常用总应力法。

例题 6.4   用某饱和黏土做单轴压缩试验,在轴向应力 $\sigma_1 = 120$ kN/m² 时试件发生破坏。如果用该土做不固结不排水三轴压缩试验,当 $\sigma_3 = 150$ kN/m² 时,试件被破坏时的 σ_1 是多少?

解   用饱和黏土做单轴压缩试验,得

$$c_u = \frac{q_u}{2} = \frac{1}{2} \times 120 = 60 \text{ kN/m}^2$$

用该土做不固结不排水三轴压缩试验,被破坏时 $\sigma_3 = 150$ kN/m²,则对应的大主应力为

$$\sigma_1 = \sigma_3 + 2c_u = 150 + 2 \times 60 = 270 \text{ kN/m}^2$$

莫尔应力圆如图 6-18 所示。

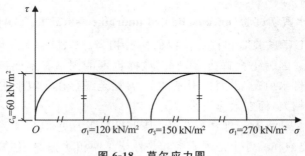

图 6-18   莫尔应力圆

2. 固结不排水剪切试验(consolidated-undrained shear test,CU 试验)

该试验简称为"CU 试验",和直剪仪中的固结快剪相当。CU 试验的前一阶段施加各向相等围压,打开排水阀门,允许排水固结,直到固结完成。试验的后阶段,关闭排水阀门,施加竖向压力,在不排水条件和主应力差 $(\sigma_1 - \sigma_3)$ 作用下使土样剪坏。前阶段没有孔隙水压力,后阶段有孔隙水压力。

饱和黏性土的固结不排水抗剪强度受应力历史的影响,故首先要判定土样是正常固结还是超固结。如果土样在试验室所受到的各向等压固结压力 σ_3 小于土样曾经受到过的最大固结压力 p_c,就是超固结;如果 $\sigma_3 > p_c$,就是正常固结。试验表明,这两种不同的固结状态,抗剪强度性状是不同的,如图 6-19 所示。饱和黏性土在 CU 试验时,在各向等压固结压力 σ_3 作用下能够充分排水,实现固结,所以该阶段孔隙水压力为零。后半段,施加切应力 $(\sigma_1 - \sigma_3)$,在不排水条件下使土样很快剪坏,此时因为不能排水,所以有孔隙水压力。由图 6-19 可知,正常固结(NC)土在剪切过程中产生剪缩并存在正的孔隙水压力,$\sigma - u = \sigma'$,故有效应力圆在总应力圆的左侧,内摩擦角增加而黏聚力降低,如图 6-19(b)。由于在固结过程中,颗粒间相对挤紧,土粒的微观结构有所破坏。超固结(OC)土在剪切过程中,刚开始也有一些剪缩并产生正的孔隙水压力,紧接着开始产生剪胀现象,土的超固结比越大,剪胀现象越显著,和剪胀相应的孔隙水压力为负值(吸力),$\sigma - (-u) = \sigma + u = \sigma'$。此时,有效应力圆在总应力圆的右侧,且抗剪强度包络线表明,有效应力指标内摩擦角有所降低而黏聚力有所增加。

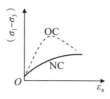

（a）主应力差（$\sigma_1-\sigma_3$）与轴向应变ε_a关系

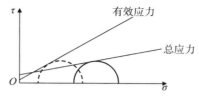

（b）孔隙水压力与轴向应变关系

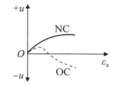

（c）NC饱和黏性土CU试验

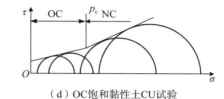

（d）OC饱和黏性土CU试验

图 6-19　饱和黏性土的 CU 试验

例题 6.5　用某饱和黏土做固结不排水三轴试验,两个试件发生破坏时的应力状态如表 6-1 所示。①求这时的 c_{cu}、φ_{cu}、c'、φ';②求试件 1 破坏面上的 σ'。

表 6-1　两个试件发生破坏时的应力状态

试件	$\sigma_3/(kN/m^2)$	$\sigma_1/(kN/m^2)$	$\Delta u_2/(kN/m^2)$
1	100	300	35
2	200	520	70

解　①根据破坏时的莫尔应力圆可得出以下公式:

$$\sigma_1 = \sigma_3 \tan^2\left(45° + \frac{\varphi}{2}\right) + 2c\tan\left(45° + \frac{\varphi}{2}\right)$$

令 $K = \tan\left(45° + \dfrac{\varphi}{2}\right)$,带入上式得

$$\sigma_1 = \sigma_3 K^2 + 2cK$$

将试验结果带入,有

$$\begin{cases} 300 = 100K^2 + 2c_{cu}K & ① \\ 520 = 200K^2 + 2c_{cu}K & ② \end{cases}$$

②-①,得 $K^2 = 2.2$,则 $K = 1.48$,所以,$\varphi_{cu} = 22°$,$c_{cu} = 27\ kN/m^2$。

对于有效应力:

$$\sigma'_{31} = 100 - 35 = 65\ kN/m^2$$

$$\sigma'_{11} = 300 - 35 = 265\ kN/m^2$$

$$\sigma'_{32} = 200 - 70 = 130\ kN/m^2$$

$$\sigma'_{12} = 520 - 70 = 450\ kN/m^2$$

同理可得

$$\begin{cases} 265 = 65K^2 + 2c'K & ① \\ 450 = 130K^2 + 2c'K & ② \end{cases}$$

②－①，得 $K^2 = 2.846$，则 $K = 1.687$，所以 $\varphi' = 28.7°$，$c' = 24$ kN/m²。

②试件 1 破坏面与大主应力面的夹角 $\alpha = 45° + \dfrac{\varphi'}{2} = 45° + \dfrac{28.7°}{2} = 59.35°$，则

$$\begin{aligned} \sigma' &= \frac{1}{2}(\sigma'_1 + \sigma'_3) + \frac{1}{2}(\sigma'_1 - \sigma'_3)\cos(2\alpha) \\ &= \frac{1}{2} \times (265 + 65) + \frac{1}{2} \times (265 - 65)\cos(2 \times 59.35°) \\ &= 117 \text{ kN/m}^2 \end{aligned}$$

莫尔应力圆如图 6-20 所示。

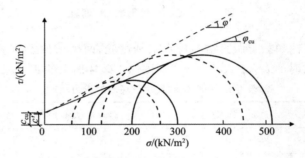

图 6-20　莫尔应力圆

3. 固结排水剪切试验(consolidated drained shear test，CD 试验)

该试验简称为"CD 试验"，和直剪仪中的慢剪相当。该试验自始至终阀门打开，允许试样排水，在施加各向相等围压条件下实现排水固结，再在排水条件下施加竖向压力直至土样剪切破坏。在试验过程中因为充分排水所以孔隙水压力为零。

另外，不固结不排水剪切试验是在土样等向压缩，偏差剪切过程中均不允许土样排水的剪切试验方法。不固结不排水试验得到的结果，在施工中推求黏土地层的短期稳定或承载力设计过程中应用较多。固结不排水剪切试验是在土样等向压缩过程中允许试样充分排水固结，在偏差剪切过程中不允许试样排水。固结不排水剪切试验得到的结果，主要用于地层固结完成后推求地层强度的场合。固结排水试验在对试样施加剪切力以前与固结不排水试验相同，在施加偏差应力剪切过程中为了不产生孔隙水压力而允许试样排水的试验方法。固结排水试验结果对于分析砂质土地层的承载力和稳定性以及黏土地层的长期稳定性设计时使用较多。

由于整个试验过程能充分排水，所以孔隙水压力始终为零。总应力最后全部转化为有效应力，总应力圆也是有效应力圆，二者的抗剪强度包络线相同。在剪切过程中，NC 土发生剪缩，OC 土刚开始也产生剪缩，紧接着就产生剪胀，如图 6-21 所示。

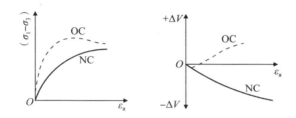

图 6-21　CD 试验中应力-应变关系和体积变化

试验表明,CD 试验 NC 土的抗剪强度包络线通过坐标原点,OC 土的抗剪强度包络线近似为一条直线。土的抗剪强度有总应力和有效应力两种表示法。饱和黏性土在不同排水条件下做试验,如按总应力法表示,将得出各自不同的结果;如按有效应力法表示,则不论哪类排水条件下进行试验,都得到近乎同一条抗剪强度包络线,按照这个经验,在 UU 试验中,有效应力指标也可近似确定。上述结论说明,抗剪强度在本质上只与有效应力有唯一的对应关系。

6.4　无侧限抗压强度试验

无侧限抗压强度试验可视为在三轴仪中进行 $\sigma_3 = 0$ 不排水剪切试验,无侧限抗压试验仪如图 6-22 所示。采用无侧限抗压试验仪进行无侧限抗压强度试验非常方便,在工地现场即可进行。试验时,将圆柱形试样放在如图 6-22 所示的无侧限抗压试验仪中,在不施加任何侧向压力的情况下,施加竖向压力,直至试样剪切破坏,剪切破坏时试样所承受的最大轴向压力称为"无侧限抗压强度"。

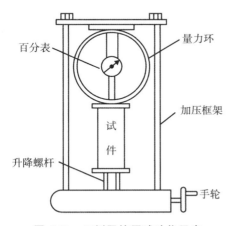

图 6-22　无侧限抗压试验仪示意

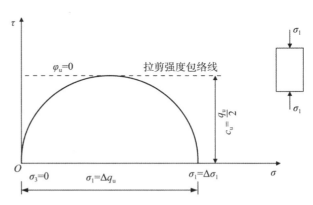

图 6-23　无侧限抗压试验结果

图 6-23 无侧限抗压试验结果中土抗剪强度 c_u 值为

$$\tau_f = c_u = \frac{q_u}{2} \tag{6-27}$$

式中，q_u为无侧限抗压强度，kPa；c_u为土的不排水抗剪强度，kPa。

无侧限抗压试验仪除了可以测定饱和软黏土的不排水抗剪强度c_u外，还可以用来测定土的灵敏度S_t。

三轴压缩试验的突出优点是能较为严格地控制排水条件以及可以量测试样中孔隙水压力的变化。此外，试样中的应力状态也比较明确，破裂面是在最薄弱处，而不像直剪仪那样限定在上下盒的接触面上。

6.5 十字板剪切试验

室内的抗剪强度试验要求取得原状土样，但是由于土样在采取、运输、保存和制备等方面因素的影响而不可避免地受到扰动，从而导致室内试验成果的准确性受到影响，特别是对于高灵敏度的软黏土，更是如此。因此，发展原位测试土样的仪器和方法具有重要的意义。国内被广泛应用的十字板剪切试验就是其中的一种，其测试原理如下。

十字板剪切仪的示意图如图 6-24 所示。在钻孔孔底插入规定形状和尺寸的十字板头到指定位置，然后施加扭矩使十字板头等速扭转，直至土体剪切破坏，在土中形成圆柱形破坏面。为了计算分析的方便，可将十字板的剪切面分为两部分：由十字板切成的侧面圆柱面和十字板切成的上下顶底面。设各面土体同时达到破坏极限，由破坏时力的平衡可得到下式：

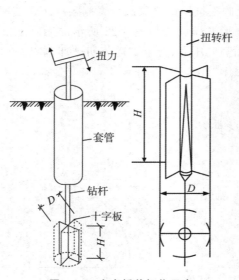

图 6-24 十字板剪切仪示意

$$M = \pi D H \frac{D}{2}\tau_v + 2 \cdot \frac{\pi D^2}{4} \cdot \frac{D}{3} \cdot \tau_H$$

$$= \frac{1}{2}\pi D^2 H \tau_v + \frac{1}{6}\pi D^3 \tau_H \tag{6-28}$$

$$\tau_{\mathrm{f}} = \frac{M_{\max}}{\dfrac{\pi D^2}{2}\left(\dfrac{D}{3} + H\right)} \tag{6-29}$$

式中，τ_{v}、τ_{H} 为剪切破坏时圆柱体侧面和上下面土的抗剪强度，kPa；H 为十字板的高度，m；D 为十字板的直径，m。

由于天然地基中，水平面上的固结压力大于侧面的固结压力，所以土体的抗剪强度一般是各向异性的，爱斯(Aas)曾利用不同的 D/H 的十字板剪切仪测定饱和黏性土的抗剪强度，结果表明：对正常固结饱和黏性土，$\tau_{\mathrm{v}}/\tau_{\mathrm{H}} = 1.5 \sim 2.0$；对稍微超固结饱和黏性土，$\tau_{\mathrm{v}}/\tau_{\mathrm{H}} = 1.1$。而在实用上往往假定土体是各向同性的，即 $\tau_{\mathrm{v}} = \tau_{\mathrm{H}}$，于是由式(6-29)可得

$$\tau_{\mathrm{f}} = \frac{2M}{\pi D^2\left(H + \dfrac{D}{3}\right)} \tag{6-30}$$

通常认为在不排水条件下，饱和软黏土的内摩擦角 $\varphi_{\mathrm{u}} = 0$，因此十字板剪切试验测得的抗剪强度也就相当于土的不排水强度 c_{u} 或无侧限抗压强度 q_{u} 的一半。

试验时，当扭矩达到 $M_{\max}$，土体剪切破坏，这时土所发挥的抗剪强度也就是图 6-25 中的峰值剪应力 τ_{p}。剪切破坏后，扭矩不断减小，即剪切面上的剪应力不断下降，最后趋于稳定。稳定时的剪应力称为"残余剪应力 τ_{r}"。残余剪应力代表原状土的结构被完全破坏后的抗剪强度，所以 $\tau_{\mathrm{p}}/\tau_{\mathrm{r}}$ 有时也可用于表示土的灵敏度。

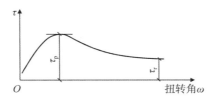

图 6-25　十字板剪切试验 τ-ω 曲线

十字板剪切试验的优点是构造简单、操作方便，原位测试对土的扰动较小，故在实际中得到广泛应用。但在软土层中夹有薄砂层时测试结果可能失真或偏高。

例题 6.6　在某饱和粉质黏土中进行十字板剪切试验，十字板头尺寸 50 mm × 100 mm，测得峰值扭矩 $M_{\max} = 0.0103$ kN/m²，终值扭矩 $M_{\mathrm{r}} = 0.0041$ kN·m。求该土的抗剪强度和灵敏度 S_{t}。

解　通常抗剪强度指峰值强度，用式(6-29)计算。

$$\tau_{\mathrm{f}} = \frac{M_{\max}}{\dfrac{\pi D^2}{2}\left(\dfrac{D}{3} + H\right)} = \frac{0.0103}{\dfrac{\pi \times 0.05^2}{2}\left(\dfrac{0.05}{3} + 0.1\right)} = 22.48 \text{ kPa}$$

灵敏度：

$$S_{\mathrm{t}} = \frac{\tau_{\mathrm{p}}}{\tau_{\mathrm{r}}} = \frac{M_{\max}}{M_{\mathrm{r}}} = \frac{0.0103}{0.0041} = 2.51$$

6.6　剪切过程中的孔隙水压力

根据有效应力原理,给出土中总应力后,求取有效应力的问题在于孔隙压力。为此,斯肯普顿提出以孔隙压力系数表示孔隙水压力的发展和变化。根据三轴试验结果,引用孔隙压力系数 A 和 B,建立了轴对称应力状态下土中孔隙压力与大、小主应力之间的关系。

图 6-26 表示三轴不排水不固结试验一土体单元的孔隙压力的变化过程。设一土体单元在各向相等的有效应力作用下固结,初始孔隙水压力 $u=0$,意图是模拟试样的原位应力状态。如果受到各向相等的压力 $\Delta\sigma_3$ 的作用,孔隙压力的增长为 Δu_3,如果在试样上施加轴向压力增量 $\Delta\sigma_1-\Delta\sigma_3$,在试样中产生孔隙压力增量为 Δu_1,则在 $\Delta\sigma_3$ 和 $\Delta\sigma_1$ 共同作用下的孔隙压力增量 $\Delta u=\Delta u_1+\Delta u_3$。根据土的压缩原理即土体积的变化等于孔隙体积的变化从而可得出以下结论:

$$\Delta u_3 = B\Delta\sigma_3 \tag{6-31}$$
$$\Delta u = \Delta u_3 + \Delta u_1 = B[\Delta\sigma_3 + A(\Delta\sigma_1 - \Delta\sigma_3)] \tag{6-32}$$

式中,B 为在各向应力相等条件下的孔隙压力系数;A 为在偏应力增量作用下的孔隙压力系数。

对于饱和土,$B=1$;对于干土,$B=0$;对于非饱和土,$0<B<1$。土的饱和度愈小,B 值也愈小。

A 值的大小受很多因素的影响,它随偏应力增加呈非线性变化,高压缩性土 A 的值较大。

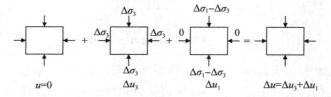

图 6-26　三轴压缩试验孔隙水压力的变化过程图

这种条件下,分别考虑 Δu_1、Δu_3 的影响。Δu_1 对应正八面体上受到的垂直应力 σ_{oct}(与平均主应力 σ_m 相同)而产生,Δu_3 对应正八面体上受到的剪切应力 τ_{oct} 而产生。即

$$\Delta u = \Delta\sigma_m + 3\alpha\Delta\tau_{oct} \tag{6-33}$$

这里,α 为亨开尔(Henkel)孔隙水压力系数。考虑三轴压缩试验中土样所受到的竖向轴对称应力状态,式(6-33)可表示为

$$\Delta u = \frac{\Delta\sigma_1 + 2\Delta\sigma_3}{3} + \sqrt{2}\alpha(\Delta\sigma_1 - \Delta\sigma_3) \tag{6-34}$$

如图 6-27(a)所示,式(6-34)右边的第一项为静水压(三向等压)条件下得到的 3 个主应力轴方向各主应力变化的平均值,右边第二项表达了偏差应力条件下引起的竖直方向平均应力为 $2(\Delta\sigma_1 - \Delta\sigma_3)/3$,水平两方向平均应力为 $(\Delta\sigma_1 - \Delta\sigma_3)/3$。

另外,也可表示为如图 6-27(b)所示应力状态。Δu_1 对应三轴试验水平方向的压缩应

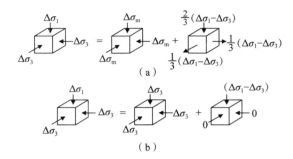

图 6-27　应力成分分解

力,即最小主应力 $\Delta\sigma_3$ 引起的孔隙水压力,Δu_3 是由大主应力 $\Delta\sigma_1$ 与 $\Delta\sigma_3$ 差值($\Delta\sigma_1 - \Delta\sigma_3$)引起的孔隙水压力,即

$$\Delta u = \Delta\sigma_3 + A(\Delta\sigma_1 - \Delta\sigma_3) \qquad (6-35)$$

式中,A、B 称为"斯肯普顿孔隙水压力系数"。其中,系数 A 与式(6-33)以及(6-34)中的系数 α 之间存在如下关系:

$$\sqrt{2}\,\alpha = A - 1/3 \qquad (6-36)$$

系数 A 是与构造土骨架内的二噁英(dioxine)含量有关。土体内二噁英与随土体形状变化而引起的体积变化有密切关系。对于不含二噁英的弹性体,这里的孔隙水压力系数 $A=1/3$(即 $\alpha=0$)为常数。同时,对于同一土体系数 A 引起的应变随着所受应力的正负号而变化。

斯肯普顿和亨开尔对三轴试验的孔隙水压力系数 A 和 B 都进行过详细的研究,认为 A 在很大程度上取决于土的应力历史和所施加的应力与破坏应力的比值,见表 6-2。

表 6-2　不同类型黏土孔隙水压力系数

土类	A	土类	A
高灵敏黏土	0.75~1.50	弱超固结黏土	0~0.50
正常固结黏土	0.50~1.00	压实黏土砾石	−0.25~0.25
压实砂质黏土	0.25~0.75	强超固结黏土	0~0.25

6.7　土的应力路径

应力路径是指在外力作用下土中某一点的应力变化过程在应力坐标图中的轨迹。应力路径是描述土体在外力作用下应力变化情况或过程的一种方法。对于同一种土,当采用不同的试验手段和不同的加载方法使之发生剪切破坏时,其应力变化的过程是不同的,相应土的变形与强度特性也将出现很大的差异。通过不同应力路径可以模拟土体的实际受力过程,对土体的变形和强度分析具有十分重要的工程意义。

由于土中应力可以采用有效应力和总应力两种表示法,因此在同一应力坐标图中也存在着总应力路径和有效应力路径两种表示方法。前者是指受载后土中某点的总应力变化的轨迹。它与加载条件有关,而与土质和土的排水条件无关。后者指在已知的总应力条件下,土中某点有效应力变化的轨迹。它不仅与加荷条件有关,还与土体排水条件、土的初始状态、初始固结条件及土体类型等有关。

1. 直剪试验应力路径

直剪试验是先加法向应力,在法向应力不变的情况下逐渐增加剪应力直至试样被破坏的过程。在试验开始时,正应力从 0 变化到设定的应力值,而剪应力不变;最后剪应力增加到最大,而正应力保持不变。因此,剪切面上的应力路径为 $O \rightarrow A \rightarrow B$,如图 6-28 所示。

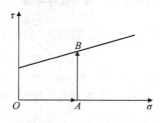

图 6-28　直剪试验应力路径

2. 常规三轴压缩试验应力路径

以固结排水剪试验正常固结黏土剪切面上的应力变化过程来说明三轴压缩试验的应力路径。试验时,先施加围压 σ_3,然后施加偏应力 $(\sigma_1 - \sigma_3)$ 直至试样被破坏。因此,剪切面上的应力路径为 $A \rightarrow B \rightarrow C \rightarrow D$,如图 6-29 所示。

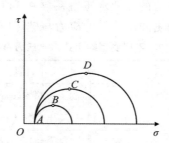

图 6-29　固结排水剪试验应力路径

3. 深基坑开挖过程应力路径

深基坑开挖前,土体内的应力状态为 $\sigma_1 = \gamma z$,$\sigma_3 = K_0 \gamma z$(K_0 为静止侧压力系数),其应力圆为 K_0 圆。基坑开挖后,土体的应力状态变为 $\sigma_1 = \gamma z$,$\sigma_3 = 0$。

基坑开挖过程实际上是一个侧向卸载过程,土体内部的应力状态变化过程用应力路径表示,如图 6-30 所示。

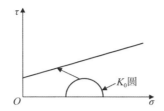

图 6-30 基坑开挖时应力路径

　　加载方法不同,应力路径也不同,如图 6-31 所示。应力路径可以用来表示总应力的变化,也可以用来表示有效应力的变化。图 6-31(a)表示正常固结黏土三轴固结不排水试验的应力路径,图中总应力路径 AB 是直线,而有效应力路径 AB' 是曲线,两者之间的距离即为孔隙水压力 u。图 6-31(b)所示为超固结土的应力路径,利用固结不排水试验的有效应力路径确定的 K_f 线,可以求得有效应力强度图 6-31 中不同加载方法的应力路径参数 c' 和 φ' 相互关系见下式。多数试验表明,在试件发生剪切破坏时,应力路径发生转折或趋向于水平,因此应力路径的转折点可作为判断试件破坏的标准。

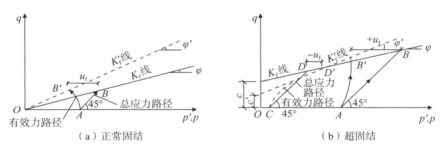

图 6-31 三轴压缩固结不排水试验中的应力路径

$$\sin\varphi' = \tan\varphi'$$

$$c' = \frac{a'}{\cos\varphi'}$$

　　由于土体的变形和强度不仅与受力的大小有关,还与土的应力历史有关,则土的应力路径可以模拟土体实际的应力历史,全面地研究应力变化过程对土的力学性质的影响。

6.8 典型土的剪切特性

6.8.1 砂土剪切强度特征

对于干砂,剪切应力 τ 和垂直应力 σ 之间的关系,根据库仑公式中 $c=0$,则

$$\tau = \sigma\tan\varphi \tag{6-37}$$

这种情况下,剪切破坏发生时孔隙水压力为 0,土体外部施加的总应力 σ 在数值上与有效应力 σ' 相等。根据式(6-37)得到的砂土的内摩擦角 φ 对于某一类砂并非定值,它会随砂土的

密度而变化。砂土在非固结条件自然堆积状态时的休止角与松砂剪切试验得到的内摩擦角
相等。干砂内摩擦角近似值见表 6-3。

表 6-3　干砂内摩擦角

密度	颗粒形状、粒度	
	圆粒、级配均匀	角粒、级配良好
松砂	28.5°	34°
密砂	35.0°	46°

对于松砂而言,由于颗粒之间的孔隙较大,试样在剪切变形发生时颗粒之间的孔隙不断
闭合引起颗粒间挤压并引起相互位置发生变化。密砂剪切试验过程中为了使颗粒发生相互
移动,必须越过其他颗粒,这样使得土样体积发生膨胀。这类剪切变形而引起体积发生变化
的现象称为"胀缩性",这是松砂颗粒的固有属性,如图 6-32 所示。

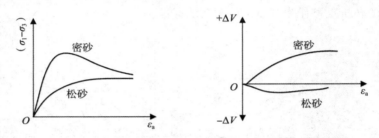

图 6-32　砂类土受剪时的应力-应变-体变

对于处于水体中并达到饱和状态的砂土试样进行不排水剪切试验时,对于松砂试样,由
于在剪切过程中孔隙水无法排出,同时剪切过程中引起体积减小,产生孔隙水压力,则有效
垂直应力为 $\sigma' = \sigma - u$,将式(6-37)表示为有效应力的形式:

$$\tau = (\sigma - u)\tan\varphi' = \sigma'\tan\varphi' \tag{6-38}$$

与排水剪切条件相比,剪应力有一定的减小。与此相反,对于密砂试样,由于在剪切过
程中会引起试样体积膨胀,就会产生负的孔隙水压力,不排水剪切强度与排水剪切强度相比
有一定的增大。

根据前述分析,在剪切破坏发生前松砂体积会逐渐减少,密砂正好相反,其体积有不断
增加的趋势。通常将剪切破坏时体积既不增大也不减小,也就是体积涨缩率为 0 时的密度
称为"临界密度",此时孔隙比也称为"临界孔隙比",用 e_{cr} 表示,如图 6-33 所示。临界孔隙
比的值和围压大小有关,围压越大,e_{cr} 越小;围压越小,e_{cr} 越大。砂土的天然孔隙比 e_0 若大
于 e_{cr} 就是松砂,若 e_0 小于 e_{cr},就是密砂。试验证明,在动荷载作用下和在静荷载作用下测
得的临界孔隙比是不同的。

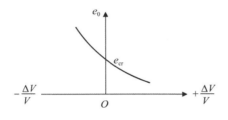

图 6-33　砂土的临界孔隙比

　　上述规律是卡萨格兰德(Casagrande)根据试验得到的,为砂质填土及基础地基的稳定性分析提供了理论依据。砂土剪切引起的体积变化及临界孔隙比等,对于研究砂土结构物及砂质地基在浸水条件下的稳定性具有重要的意义。饱和松砂在孔隙水无法排出的条件下进行剪切便会使土体处于液化的状态。上述过程与黏土压密过程类似,施加的总应力只有部分转化为有效应力,土体剪切抗力降低导致砂土液化的发生。1964 年发生在日本的新潟地震引起的砂土液化便是地基灾害的主要诱因。

6.8.2　黏土剪切强度特征

　　黏性土的抗剪强度,其内摩擦作用由颗粒间的相对滑动和咬合作用等引起,因为黏性土颗粒细,所以内摩擦角小于砂类土。和砂类土相比,黏性土的抗剪强度中又多了一项黏聚力的作用。黏性土颗粒细小,颗粒的矿物成分及结构形式特殊,土比表面积大,颗粒及其周围存在微电场作用,存在着胶粒物质及水-土系统的相互作用,由此形成了复杂的物理现象和物理化学现象,所以,黏性土的强度及变形性状要比砂土复杂得多。

6.9　抗剪强度指标的选用

　　抗剪强度指标的选用应符合工程的实际排水固结情况。对于建筑物施工速度较快,而地基土的透水性和排水条件不良的情况,可采用三轴不固结不排水剪或直剪快剪指标:

　　①如果建筑物加荷速率较慢,地基土的透水性、排水条件又好时,则应采用固结排水剪或慢剪指标。

　　②如果建筑物加荷速率较慢,地基土的透水性、排水条件较好,但使用荷载是一次性施加的,此时应采用固结不排水剪或固结快剪指标。

　　由于建筑物实际加荷情况和地基土的性质都很复杂,且建筑物在施工和使用过程中要经历不同的固结状态,因此,选取强度指标时,还应与实际工程经验结合起来。工程中抗剪强度指标的选用可导致计算结果明显的甚至是成倍的差别,造成极大浪费或引发工程事故。

　　3 种直剪试验和三轴试验的固结排水和剪切条件不同,但两种仪器的三种试验方法可以相互对应,相应的直剪和三轴试验结果可以互换使用,见表 6-4。

表 6-4　两种仪器的试验方法

直剪试验		三轴试验	
试验方法	强度参数符号	试验方法	强度参数符号
快剪	c_q,φ_q	不排水剪	c_u,φ_u
固结快剪	c_{cq},φ_{cq}	固结不排水剪	c_{cu},φ_{cu}
慢剪	c_s,φ_s	固结排水剪	c_d,φ_d

当孔隙水压力较难确定时,工程中较普遍使用总应力法及总应力指标,因此,表 6-4 的使用原则是,按最接近实际工况的试验方法选用相应的指标。

例如,均质土坝刚竣工时,或饱和软土地基上施工速度较快时,应选用快剪或不排水剪的试验结果。当土石坝及土质地基已正常使用较长时期,可以认为固结已基本完成,应选用固结快剪或固结不排水剪的指标。运行较长时期以后,遇到荷载增减或变化,也应选用固结快剪或固结不排水剪的指标。

慢剪和固结排水剪获得的是有效应力指标。因此使用时一般先计算总应力和孔隙水压力,待有效应力计算出来以后方可使用相应指标。

无黏性土或砂性土的固结和加载后的排水速率都较快,因此表 6-4 中 6 种试验方法的结果相差较小,工程实践中也是如此。无黏性土因母岩水理性质影响,一般水上的 c、φ 稍大于水下的 c、φ。而较纯净的砂主要由石英组成,因此水位上下的 c、φ 差别甚微。表 6-5 列出不同土性、施工条件时试验方法的选用建议,供应用时参考。

表 6-5　强度指标应用参考表

抗剪强度指标		应用条件
总应力指标	快剪或不排水剪	①透水性差、施工速度快的地基稳定性分析。②施工期短的软黏土地基及堤坝稳定性分析。
	固结快剪或固结不排水剪	①一般黏土地基的正常工况稳定性分析。②土石坝稳定渗流期、上游库水位骤降等坝坡稳定性分析。
有效应力指标	慢剪或固结排水剪	①渗水性好或施工速度慢的黏性土地基稳定性分析。②渗水性较好的堤坝的长期稳定性分析。③能计算或监测孔隙水压力的地基、堤坝等。

思考题

6-1　什么是土的抗剪强度? 试举出一种常用的破坏理论及其抗剪强度参数。

6-2　根据不同的固结排水条件,剪切试验可分成哪几种类型? 对同一饱和土样,采用不同的试验方法时,其强度指标 c、φ 相同吗? 为什么?

6-3　如何根据有效应力原理获得孔隙压力系数?

6-4　正常固结土和超固结土的强度包络线有何特征? 其强度参数有何差异?

6-5 直剪试验和三轴剪切试验的优缺点分别是什么?

6-6 影响土的强度的因素有哪些?

6-7 何谓应力路径?K_f 线的物理实质是什么?

6-8 孔隙压力系数 A 与 B 的物理意义是什么?

习题

6-1 试分析慢剪、固结快剪和快剪试验的适用条件分别是什么?

6-2 简述莫尔-库仑抗剪强度理论。

6-3 简述十字板剪切试验的基本原理。

6-4 有一工程在软黏土地基中开挖基坑,进行基坑稳定分析时,请问要考虑哪些因素对抗剪强度的影响?

6-5 何为土的极限平衡状态和极限平衡条件?

6-6 请根据库仑定律和莫尔应力圆原理说明:当 σ_1 不变,而 σ_3 变小时土可能破坏,反之,当 σ_3 不变,而 σ_1 变大时土也可能破坏。

6-7 设黏性土地基中某点的主应力 $\sigma_1 = 300$ kPa,$\sigma_3 = 100$ kPa,土的抗剪强度指标 $c = 20$ kPa,$\varphi = 26°$,试问该点处于什么状态?

6-8 设地基中某点的大主应力 $\sigma_1 = 450$ kPa,小主应力 $\sigma_3 = 120$ kPa,土体的内摩擦角 $\varphi = 28°$,黏聚力 $c = 10$ kPa,试用多种方法确定该点处于什么状态?

6-9 用某饱和黏土做单轴压缩试验,在轴向应力 $\sigma_1 = 120$ kN/m² 时试件发生破坏。如果用该土做不固结不排水三轴压缩试验,当 $\sigma_3 = 150$ kN/m² 时,试件被破坏时的 σ_1 是多少?

6-10 某试件在 $\sigma_3 = 100$ kN/m²,$\sigma_1 = 250$ kN/m² 时发生破坏。

①若 $\varphi = 0$,当 $\sigma_3 = 300$ kN/m² 时,求发生破坏时相应的 σ_1。

②若 $c = 0$,当 $\sigma_3 = 300$ kN/m² 时,求发生破坏时相应的 σ_1。

6-11 在图 6-34 所示的砂土地基中,地面下 6 m 深度的点 A 处,由于地表面荷载的作用增加的应力为 $\Delta\sigma_1 = 150$ kN/m²,$\Delta\sigma_3 = 70$ kN/m²,并且根据试验测得该土的 $c' = 0$,$\varphi' = 30°$。如果静止土压力系数 $K_0 = 0.5$,那么在该荷载的作用下点 A 是否被破坏?

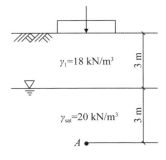

图 6-34 习题 6-11 用图

6-12 用某黏性土做直剪试验,垂直压应力分别是 100 kN/m²、200 kN/m²、300 kN/m²、400 kN/m²,破坏时的剪应力分别是 91 kN/m²、144 kN/m²、184 kN/m²、245 kN/m²。

①试根据直剪试验结果绘图求土的抗剪强度指标 c 和 φ。

②假如该黏性土在垂直压应力为180 kN/m²,剪应力为120 kN/m²的作用下,其是否会被破坏?

参考文献

[1]华南工学院.地基及基础[M].北京:中国建筑工业出版社,1981.

[2]天津大学.土力学与地基[M].北京:人民交通出版社,1986.

[3]河海大学《土力学》教材编写组.土力学[M].3版.北京:高等教育出版社,2019.

[4]陈仲颐.土力学[M].北京:清华大学出版社,1994.

[5]黄文熙.土的工程性质[M].北京:水利电力出版社,1983.

[6]魏汝龙.软粘土的强度和变形[M].北京:人民交通出版社,1987.

[7]日本土木工程手册.土力学[M].杨灿文,等译.北京:中国铁道出版社,1984.

[8]刘祖典.黄土力学与工程[M].西安:陕西科学技术出版社,1997.

[9]维亚洛夫.土力学的流变原理[M].杜余培,译.北京:科学出版社,1987.

[10]刘特洪.工程建设中的膨胀土问题[M].北京:中国建筑工业出版社,1997.

[11]MITCHELL J K.岩土工程土性分析原理[M].高国瑞,等译.南京:南京工学院出版社,1988.

[12]斯科特.土力学及地基工程[M].钱家欢,等译.北京:水利电力出版社,1983.

[13]苏栋.土力学[M].2版.北京:清华大学出版社,2019.

[14]俞茂宏.工程强度理论[M].北京:高等教育出版社,1999.

[15]德赛.岩土工程数值方法[M].卢世深,等译.北京:中国建筑工业出版社,1981.

[16]李广信,张丙印,于玉贞.土力学[M].北京:清华大学出版社,2013.

土力学学科名人堂——卡萨格兰德

卡萨格兰德（Casagrande,1902—1981）

图片来源:https://baijiahao.baidu.com/s? id=1733068328951245996&wfr=spider&for=pc。

　　Casagrande 于 1902 年 8 月 28 日生于奥地利,1926 年到美国定居,先在公共道路局工作,之后作为 Terzaghi 最重要的助手在麻省理工学院从事土力学的基础研究工作。1932年,Casagrande 到哈佛大学从事土力学的研究工作,此后的 40 多年中,他发表了大量研究成果,并培养了包括扬布(Janbu)、苏伊德米尔(Soydemir)等著名人物在内的土力学人才。他是第五届(1961—1965)国际土力学与基础工程学会的主席,是美国土木工程师协会Terzaghi 奖的首位获奖者。

　　Casagrande 对土力学有很大的贡献和影响,如在土的分类、土坡的渗流、抗剪强度、砂土液化等方面的研究成果,黏性土分类的塑性图中的"A 线"即是以他名字中的 Arthur 命名的。

第七章　土压力

课前导读

　　本章主要内容包括土压力的类型与影响因素、静止土压力的计算、朗肯土压力理论和库仑土压力理论,同时也是本章的教学重点。学习难点为有堆载、有地下水及成层土情况下的土压力计算。

能力要求

　　通过本章的学习,学生应掌握静止土压力、主动土压力和被动土压力的概念及其形成条件,掌握朗肯土压力理论和库仑土压力理论。初步具备应用土压力理论解决一般工程问题的能力。

　　在土木、水利、交通等工程中,经常会遇到修建挡土结构物的问题,它是用来支撑天然或人工斜坡不致坍塌,以保持土体稳定性的一种建筑物,俗称"挡土墙"。图 7-1 为几种典型的挡土墙类型。从图中不难看出,不论哪种形式的挡土墙,都要承受来自墙后填土的侧向压力——土压力。因此,土压力是挡土结构物断面设计及验算其稳定性的主要荷载。

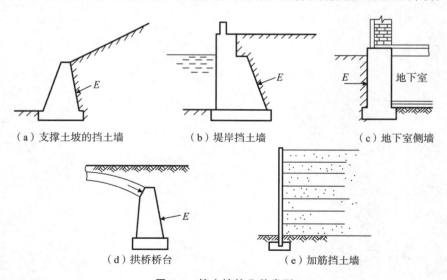

（a）支撑土坡的挡土墙　　　（b）堤岸挡土墙　　　（c）地下室侧墙

（d）拱桥桥台　　　　　（e）加筋挡土墙

图 7-1　挡土墙的几种类型

7.1　产生土压力的条件

7.1.1　挡土结构类型对土压力分布的影响

挡土墙按其刚度及位移方式可分为刚性挡土墙、柔性挡土墙和加筋挡土墙 3 类。

1. 刚性挡土墙

一般指用砖、石或混凝土砌筑或浇筑的断面较大的重力式挡土墙。由于刚度大，墙体在侧向土压力作用下，仅能发生整体平移或转动，墙身的挠曲变形则可忽略[见图 7-2(a)、(b)]。对于这种类型的挡土墙，墙背受到的土压力一般呈三角形分布，最大压力强度发生在底部，类似于静水压力分布，见图 7-2(c)。

（a）墙体向前平移　　（b）墙体绕墙踵转动　　（c）作用在墙背上的土压力分布

图 7-2　刚性挡土墙墙背上的土压力

2. 柔性挡土墙

当挡土结构物自身在土压力作用下发生挠曲变形时，结构变形将影响土压力的大小和分布，这种类型的挡土结构物称为"柔性挡土墙"。例如在深基坑开挖中，为支护坑壁而设置于土中的板桩墙、混凝土地下连续墙及排桩等都属于柔性挡土墙。这时作用在墙身上的土压力为曲线分布，计算时可简化为直线分布，如图 7-3 所示。

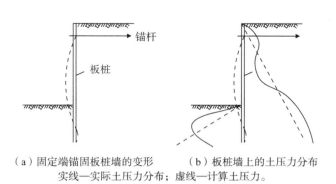

（a）固定端锚固板桩墙的变形　　（b）板桩墙上的土压力分布
实线—实际土压力分布；虚线—计算土压力。

图 7-3　柔性挡土墙上的土压力分布

3. 加筋挡土墙

加筋挡土墙靠筋材的拉力承担土压力，通过滑动面后面的土体与筋材间的摩擦力将筋材锚定，保持加筋土体整体稳定。筋材可分为刚性与柔性两种。刚性筋材有各种金属拉带、高强度的土工格栅等;柔性筋材最典型的是各种土工布。加筋土挡土墙可以是有墙面也可以是无墙面的,图 7-4(a)为无墙面的包裹式挡土墙,其筋材一般为柔性的;图 7-4(b)表示的是整体混凝土墙面,筋材通过挂件固定在墙面后;图 7-4(c)表示的是砌块式墙面,筋材固定在砌块之后,施工中分层填筑碾压,分层加筋,分层砌筑墙面。

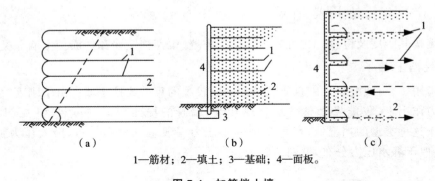

1—筋材;2—填土;3—基础;4—面板。

图 7-4　加筋挡土墙

7.1.2　墙体位移与土压力类型

在影响土压力的诸多因素中,墙体位移条件是主要因素之一。墙体位移的方向和位移量决定着所产生的土压力性质和土压力大小。根据挡土墙的位移情况和墙后土体所处的状态,可将土压力分为以下 3 种:静止土压力 E_0、主动土压力 E_a 和被动土压力 E_p。

1. 静止土压力

当挡土墙具有足够的截面和重量,并且建立在坚实的地基上(例如岩基)时,墙在墙后填土的推力作用下,不产生任何移动或转动时[图 7-5(a)],墙后土体没有水平位移,处于弹性平衡状态,这时作用于墙背上的土压力称为"静止土压力 E_0"。

2. 主动土压力

如果墙体可以水平位移,墙在土压力作用下产生向离开填土方向的移动或绕墙趾的转动时[图 7-5(b)],墙后土体因侧面所受约束的放松而有下滑趋势。为阻止其下滑,土内潜在滑动面上剪应力增加,从而使作用在墙背上的土压力减少。当墙的平移或转动达到某一数量时,滑动面上的剪应力等于土的抗剪强度,墙后土体达到主动极限平衡状态,产生一般为曲线形的滑动面,这时作用在墙上的土压力达到最小值,称为"主动土压力 E_a"。

3. 被动土压力

当挡土墙在外力作用下向着填土方向移动或转动时(如拱桥桥台)时,墙后土体受到挤压,有上滑趋势[图 7-5(c)]。为阻止其上滑,土体的抗剪阻力逐渐发挥作用,使得作用在墙背上的土压力加大。直到墙的移动量足够大时,滑动面上的剪应力等于土的抗剪强度,墙后土体达到被动极限平衡状态,土体发生向上滑动,滑动面为曲面 AC,这时作用在墙上的土压力达到最大值,称为"被动土压力 E_p"。

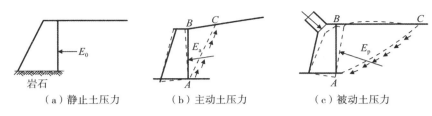

（a）静止土压力　　　　（b）主动土压力　　　　（c）被动土压力

图 7-5　作用在挡土墙上的三种土压力

7.2　影响土压力的因素

影响土压力大小及其分布的因素主要有以下几个方面。

①填土的性质：包括填土的重度 γ、含水率 w、内摩擦角 φ、黏聚力 c 及填土表面的形状（水平、向上倾斜或向下倾斜）等。

②挡土墙的形状、墙背的光滑程度、墙体的材料、高度及其结构形式。

③挡土墙的位移方向和位移量。

挡土墙的位移方向和位移量决定着所产生土压力的性质和大小。在影响土压力大小及其分布的诸因素中，挡土墙的位移是其中的关键因素之一。图 7-6 给出了土压力与挡土墙水平位移之间的关系。可以看出，挡土墙要达到被动土压力状态所需的位移远大于达到主动土压力状态所需的位移。

在工程中需定量地确定这些土压力值。太沙基曾用砂土作为填土进行了挡土墙的模型试验，后来一些学者用不同种类的土作为墙后填土进行了类似的试验。试验表明：当墙体离开填土移动时，位移量很小，即达到主动土压力状态。对无黏性土该位移量约为图 7-6 土压力与挡土墙位移关系，即 $0.001h$（h 为墙高），对黏性土该位移量约为 $0.004h$。

当墙体从静止位置被外力推向土体时，只有当位移量大到一定值后，才达到稳定的被动土压力值 E_{p}，对无黏性填土该位移量约需 $0.005h$，对黏性填土该位移量约需 $0.1h$，对实际工程而言，这么大的位移量是不容许的。本节主要介绍如图 7-6 中所示曲线上三个特定点的土压力计算，即 E_0、E_{a} 和 E_{p}。

由图 7-6 可知，相同情况下，三种土压力大小关系为

$$E_{\mathrm{a}} < E_0 < E_{\mathrm{p}} \tag{7-1}$$

7.3　静止土压力计算

计算静止土压力时，可假设挡土墙后土体处于弹性平衡状态，由于挡土墙静止不动，土体无侧向位移，所以土体表面下任意深度 z 处的静止土压力可按半无限空间地基中水平方向自重应力的计算公式计算。由于墙后土体的应力状态和土的自重应力状态相同，因此，竖直面和水平面都是主应力面。墙后 z 深度处的单元土体上作用着 $\sigma_z = \sigma_1 = \gamma z$ 和 $\sigma_x = \sigma_3 =$

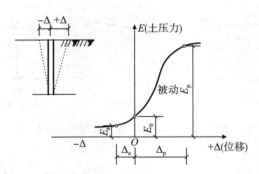

图 7-6　土压力与挡土墙位移关系

$\gamma z K_0$，如图 7-7(a)所示，以此应力状态作应力圆，如图 7-7(b)所示。

按照静止土压力的定义，σ_3 即为静止土压力 p_0，

$$p_0 = \sigma_3 = \gamma z K_0 \tag{7-2}$$

则 p_0 沿墙高为三角形分布，如图 7-7(a)所示，总静止土压力 E_0 为三角形分布图面积，即：

$$E_0 = \frac{1}{2}\gamma H^2 K_0 \tag{7-3}$$

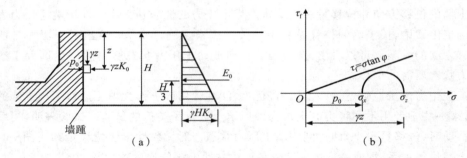

图 7-7　静止土压力计算原理及结果

式中，E_0 为总静止土压力，kN/m³；γ 为墙后填土的重度，kN/m³；H 为竖直墙背的高度，m；K_0 为静止土压力系数，无量纲，由试验测定。

总静止土压力的作用方向垂直指向墙背，其作用点位于距墙踵 $H/3$ 处，如图 7-7(a)所示。

关于静止土压力系数 K_0，理论上有 $K_0 = \dfrac{\mu}{1-\mu}$，μ 为土的泊松比。实际应用中，可由三轴压缩试验等室内试验测得，也可由原位试验测得。在缺乏试验资料时，也可以使用经验公式估算，即

对于无黏性土：

$$K_0 = 1 - \sin\varphi' \tag{7-4}$$

对于黏性土：

$$K_0 = 0.95 - \sin\varphi' \tag{7-5}$$

对于超固结黏性土：

$$K_0 = (OCR)^m (1 - \sin\varphi')\qquad(7\text{-}6)$$

式中，φ' 为土的有效内摩擦角；OCR 为土的超固结比；m 为经验系数，一般可取 0.4～0.5，塑性指数小的取大值。

土的静止土压力系数不仅与土的种类有关，而且与土的密度、含水率等因素有关，可以在较大范围内波动，在实际计算时可参考表 7-1。

表 7-1　不同类型土体静止土压力系数

土类及物性		K_0	土类及物性		K_0
砾石土		0.17	黏土	硬黏土	0.11～0.25
砂土	$e=0.5$	0.23		塑性黏土	0.61～0.82
	$e=0.6$	0.34		紧密黏土	0.33～0.45
	$e=0.7$	0.52	泥炭土	有机质含量高	0.24～0.37
	$e=0.8$	0.60		有机质含量低	0.40～0.65
粉土与粉质黏土	$w=15\%～20\%$	0.43～0.54	砂质粉土		0.33
	$w=25\%～30\%$	0.60～0.75			

当挡土墙后填土有地下水存在时，对于透水性较好的无黏性土应采用有效度 γ' 计算，同时考虑作用于挡土墙上的静水压力 p_w。

土压力领域的研究重点主要是极限平衡状态下的土压力。对于土压力的计算方法，代表性的有库仑土压力和朗肯土压力。1773 年库仑发表了库仑土压力相关成果，该理论假定土体为刚体，土体沿着平面滑动形成楔形体破坏时作用在挡土墙上的土压力。1856 年朗肯提出了朗肯土压力，它从建立在半无限土体中各点达到塑性平衡状态时所受应力考虑，来计算作用在挡土墙上的土压力。因此，根据上述研究途径的不同，可以把土压力理论分为两类。

①朗肯土压力理论：依据土中一点的极限平衡条件确定土压力强度和破裂面方向。

②库仑土压力理论：假定破裂面形状，依据极限状态下破裂楔体的静力平衡条件来确定土压力。

朗肯土压力理论基于极限平衡理论，在理论上较为严密。但是，它只考虑较为简单的边界条件，因此在应用中受到诸多限制。库仑土压力理论虽然是一种简化理论，但是计算简便，可适用于各种边界条件。同时，在一定范围内，通过库仑土压力理论可得到较为满意的计算结果。

7.4　朗肯土压力理论

朗肯(图 7-8)，英国科学家，1856—1857 年发表了论文《松散土壤的稳定》，是他研究挡土墙土压力理论的基础。他研究半空间应力状态，提出墙后土体达到极限平衡状态。由于当时还未提出莫尔理论(莫尔于 1900 年提出)，所以朗肯研究土压力及挡土墙存在局限性。

后来在朗肯土压力理论应用中考虑了莫尔极限平衡条件,使朗肯土压力理论得到更为成熟的应用。

图 7-8　朗肯(Rankine,1820—1872)

7.4.1　朗肯理论的基本假定和基本原理

朗肯土压力理论,属古典土力学理论之一,因其概念明确,方法简便,故沿用至今。这一理论研究了半无限弹性土体中处于极限平衡条件的区域内的应力状态,继而导出极限应力的理论解。

为了满足土体的极限平衡条件,朗肯在其基本理论推导中,作出了如下的一些假定:

①挡土墙是刚性的,墙背铅直。

②墙后填土表面是水平的。

③墙背光滑,与填土之间没有摩擦力。

因此,墙背土体中的应力状态可以视为与一个半无限体中的情况相同,而墙背可以假想为半无限土体内部的一个铅直平面。当墙后土体处于弹性平衡状态时,土体中任一点处的应力状态可以用莫尔应力圆表示。

图 7-9(a)是具有水平表面的弹性半无限空间土体,在自重作用下,土体中的所有竖直面和水平面都是主应力面。在离地表 z 深度处取一单元土体,其竖直面上的应力 $\sigma_z = \sigma_1 = \gamma z$,水平面上的应力 $\sigma_x = \sigma_3 = \gamma z K_0$,此时土体处于弹性平衡状态,其应力圆为图 7-9(d)中的 I 圆,此时应力圆未与抗剪强度包线相切。

设想由于某种原因使土体在水平方向上均匀伸展,则 M 单元体上的 σ_z 不变,而 σ_x 逐渐减小,直至 σ_x 达到最低限值 $\sigma_x = \sigma_{3f}$,应力圆即图 7-9(d)中的 II 圆,正好与抗剪强度包线相切,土体达到主动极限平衡状态。此时土体中将产生无数组对称的滑裂面,滑裂面与大主应力面(水平面)夹角为 $45° + \varphi/2$,如图 7-9(b)所示。

反之,当土体侧向被外力挤压时,M 单元体上的 σ_x 逐渐增大,直至达到最高限值 $\sigma_z = \sigma_{1f}$,应力圆即图 7-9(d)中 III 圆,亦正好与强度包线相切,土体达到被动极限平衡状态。此时土体中出现的对称滑裂面与小主应力面(水平面)夹角为 $45° - \varphi/2$,如图 7-9(c)所示。

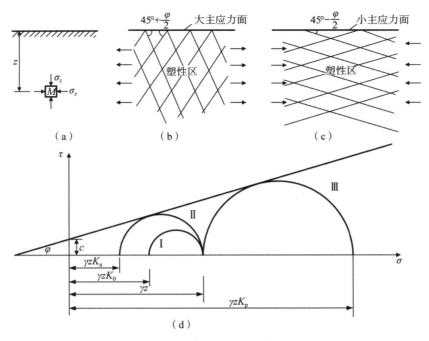

图 7-9 朗肯土压力理论的原理

朗肯将上述原理应用于挡土墙土压力计算中,用墙背直立的挡土墙代替半无限空间左侧的土体。若墙背光滑(即竖直面上的剪应力为零),且墙体位移使墙后土体达到主动或被动极限平衡状态,则墙后土体的应力状态与前面的讨论相同,即可推导出朗肯主、被动土压力计算公式。

7.4.2 朗肯主动土压力计算

根据土的抗剪强度理论,当土体中某点处于极限平衡状态时,大主应力 σ_1 和小主应力 σ_3 之间应满足以下关系式。

无黏性土:

$$\sigma_1 = \sigma_3 \tan^2\left(45° + \frac{\varphi}{2}\right) \tag{7-7}$$

或

$$\sigma_3 = \sigma_1 \tan^2\left(45° - \frac{\varphi}{2}\right) \tag{7-8}$$

黏性土:

$$\sigma_1 = \sigma_3 \tan^2\left(45° + \frac{\varphi}{2}\right) + 2c \tan\left(45° + \frac{\varphi}{2}\right) \tag{7-9}$$

或

$$\sigma_3 = \sigma_1 \tan^2\left(45° - \frac{\varphi}{2}\right) - 2c \tan\left(45° - \frac{\varphi}{2}\right) \tag{7-10}$$

对于如图 7-10 所示的挡土墙,当挡土墙偏离土体(即向左移动)时,墙后土体离地表为任意深度处的竖向应力不变,即大主应力保持不变;而墙后土体在水平方向有伸张的趋势,随着土体的受拉伸张，水平应力 σ_{cx} 逐渐减少直至墙后土体产生连续滑动面，达到朗肯主动状态，见图 7-11 所示。此时，σ_{cx} 是小主应力，也就是主动土压力强度 σ_a，而竖向应力 σ_{cz} 为大主应力 σ_1。

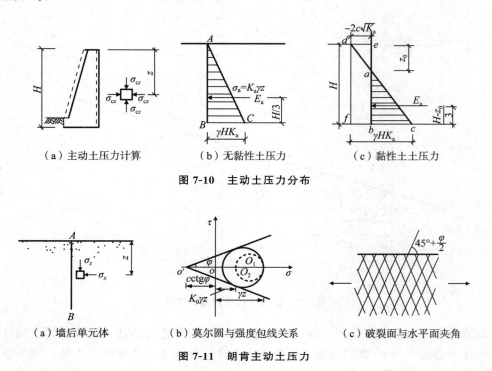

（a）主动土压力计算　（b）无黏性土压力　（c）黏性土土压力

图 7-10　主动土压力分布

（a）墙后单元体　（b）莫尔圆与强度包线关系　（c）破裂面与水平面夹角

图 7-11　朗肯主动土压力

由上述分析可知，当填土推墙向前移动，填土达主动极限平衡状态时，所产生的侧压力为主动土压力。根据一点的极限平衡条件，当 $\sigma_z = \sigma_1 = \gamma z$ 时，$\sigma_x = \sigma_{3f} = p_a$，则距墙顶 z 深度处的主动土压力强度可表示为

无黏性土：

$$p_a = \sigma_{3f} = \sigma_1 \tan^2\left(45° - \frac{\varphi}{2}\right) = \gamma_z K_a \qquad (7\text{-}11a)$$

黏性土：

$$p_a = \sigma_{3f} = \sigma_1 \tan^2\left(45° - \frac{\varphi}{2}\right) - 2c \tan\left(45° - \frac{\varphi}{2}\right) = \gamma z K_a - 2c\sqrt{K_a} \qquad (7\text{-}11b)$$

式中，p_a 为墙背某点主动土压力强度，kPa；γ 为填土的重度，kN/m³；K_a 为朗肯主动土压力系数，$K_a = \tan^2\left(45° - \frac{\varphi}{2}\right)$；$\varphi$ 为填土内摩擦角，°；c 为填土黏聚力，kPa。

由式（7-11）可算得土压力分布如图 7-12（a）所示，对于黏性土，从式（7-11b）可以看出，其土压力强度由两部分组成：$\gamma z K_a$ 部分是由土的自重产生的，沿深度呈三角形分布；$-2c\sqrt{K_a}$ 部分是由黏聚力 c 引起的，该部分为负值，为一常量，不随深度改变。两部分叠加的结果如图7-12（b）所示。从图中可以看出，距离填土表面一定深度范围 z_0 内 p_a 为负值，在 z_0 以下 p_a 为正值。在 $z = z_0$ 处，$p_a = 0$，该深度称为"临界深度"。根据式（7-11b）及 $p_a = 0$ 的条件，得 z_0 为

$$z_0 = \frac{2c}{\gamma\sqrt{K_a}} \tag{7-12}$$

从地表到 z_0 范围内 p_a 为负值,即墙背和墙后土体之间会产生拉应力,但由于土体实际上不能承受拉应力,在拉力区范围内将产生张拉裂缝,故计算时这部分应力可忽略不计,实际作用在单位长度挡土墙背上的主动土压力按照图 7-12 中标注箭头阴影部分的面积计算,即

$$E_a = \frac{1}{2}(H - z_0)(\gamma H K_a - 2c\sqrt{K_a}) \tag{7-13}$$

合力 E_a 作用在距挡土墙地面 $(H - z_0)/3$ 处。

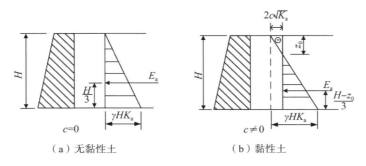

图 7-12　朗肯主动土压力计算结果

例题 7.1　有一挡土墙,高 4 m,墙背直立、光滑,填土面水平,填土的物理力学性质指标为 $\gamma = 17$ kN/m³, $\varphi = 22°$, $c = 6$ kPa。试求主动土压力大小及其作用点位置,并绘出主动土压力强度分布图。

解　主动土压力系数为

$$K_a = \tan^2\left(45° - \frac{\varphi}{2}\right) = \tan^2\left(45° - \frac{22°}{2}\right) = 0.45$$

在墙底处的主动土压力强度按朗肯土压力理论为

$$\sigma_a = \gamma z K_a - 2c\sqrt{K_a} = 17 \times 4 \times 0.45 - 2 \times 6 \times \sqrt{0.45} = 22.8 \text{ kPa}$$

临界深度为

$$z_0 = \frac{2c}{\gamma\sqrt{K_a}} = \frac{2}{17 \times \sqrt{0.45}} = 1.05 \text{ m}$$

主动土压力

$$E_a = \frac{1}{2} \times (4 - 1.05) \times 22.8 = 33.7 \text{ kN/m}$$

主动土压力距墙底的距离(作用点位置)为

$$\frac{H - z_0}{3} = \frac{4 - 1.05}{3} = 0.98 \text{ m}$$

主动土压力分布如图 7-13 所示。

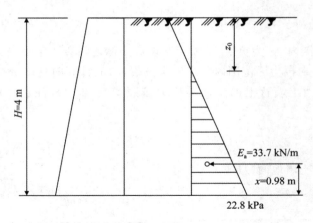

图 7-13　例题 7.1

7.4.3　朗肯被动土压力计算

当墙受到外力作用而推向土体时,如图 7-14(a)所示,填土中任意一点的竖向应力 $\sigma_{cz} = \gamma z$ 仍不变,而墙后土体在水平方向有压缩的趋势,水平向应力 σ_{cx} 逐渐增大,直至达到朗肯被动状态,如图 7-15 所示。此时,σ_{cx} 达到最大限值,为大主应力 σ_1,也就是被动土压力强度,而竖向应力 σ_{cz} 为小主应力。由式(7-7)和式(7-9)可得

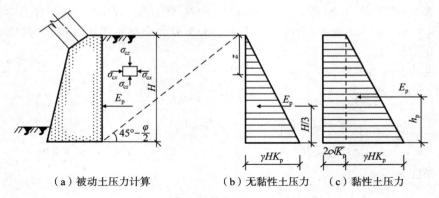

（a）被动土压力计算　　（b）无黏性土压力　　（c）黏性土压力

图 7-14　被动土压力分布

无黏性土被动土压力强度:

$$\sigma_p = \gamma z K_p \tag{7-14}$$

黏性土被动土压力强度:

$$\sigma_p = \gamma z K_p + 2c\sqrt{K_p} \tag{7-15}$$

式中,K_p 为被动土压力系数,其表示式为 $K_p = \tan^2\left(45° + \dfrac{\varphi}{2}\right)$,其余符号同前。由式(7-14)和式(7-15)可知,无黏性土的被动土压力强度呈三角形分布[如图 7-14(b)所示],黏性土的被动土压力强度则呈梯形分布[如图 7-14(c)所示]。如取单位长度的挡土墙进行计算,则被动土压力可由下式计算。

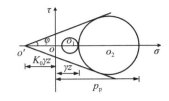 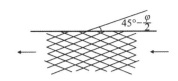

（a）墙后单元体　　（b）莫尔圆与强度包线关系　　（c）破裂面与水平面夹角

图 7-15　朗肯被动土压力状态

无黏性土：

$$E_p = \frac{1}{2}\gamma H^2 K_p \tag{7-16}$$

黏性土：

$$E_p = \frac{1}{2}\gamma H^2 K_p + 2cH\sqrt{K_p} \tag{7-17}$$

被动土压力 E_p 通过三角形或梯形压力分布图的形心，距挡土墙底 h_p。

例题 7.2　已知某混凝土挡土墙，墙高 $H=6.0$ m，墙背竖直，墙后填土表面水平，填土的重度 $\gamma=18.5$ kN/m^3，$\varphi=20°$，$c=19$ kPa。试计算作用在此挡土墙上的被动土压力，并绘出土压力分布图。

解　被动土压力：

$$\begin{aligned}
E_p &= \frac{1}{2}\gamma H^2 K_p + 2cH\sqrt{K_p} \\
&= \frac{1}{2}\times 18.5\times 6^2 \times \tan^2\left(45°+\frac{20°}{2}\right) + 2\times 19\times 6\times \tan\left(45°+\frac{20°}{2}\right) \\
&= 1005 \text{ kN/m}
\end{aligned}$$

墙顶处土压力强度为

$$p_{a1} = 2c\sqrt{K_p} = 54.34 \text{ kPa}$$

墙底处土压力强度为

$$p_b = \gamma H K_p + 2c\sqrt{K_p} = 280.78 \text{ kPa}$$

总被动土压力作用点位于梯形形心，距墙底 2.32 m 处，见图 7-16。

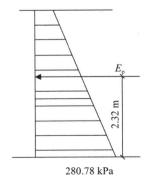

280.78 kPa

图 7-16　例题 7.2

7.5　库仑土压力理论

库仑(图 7-17),法国工程师、物理学家。1736 年 6 月 14 日生于法国昂古莱姆,1806 年 8 月 23 日在巴黎逝世。主要贡献是提出库仑定律、库仑土压力理论等。他被称为"土力学之始祖",电荷的单位库仑就是以他的姓氏命名的。

1773 年,法国工程师库仑根据城堡的挡土墙提出的土压力理论,也称"滑动楔体理论"。库仑土压力理论是根据墙后土体处于极限平衡状态时的力系平衡条件,并形成一滑动体楔体时,从楔体的静态平衡条件得出的土压力计算理论。

图 7-17　库仑(Coulomb,1736—1806)
图片来源:https://bbs.zhulong.com/102030_group_722/detail33411748/。

7.5.1　库仑理论的基本假定和基本原理

库仑理论的基本假定是:

①墙后土体中滑裂面为直线,其与墙背、填土面形成滑动楔体,挡土墙和滑动楔体为刚体。

②滑动楔体处于极限平衡状态。

③墙背后填土为无黏性土。

库仑土压力理论的基本思路就是通过分析楔体的静力平衡条件来求得墙背上的土压力。挡土墙土压力的计算,一般作为平面问题考虑,故在下述讨论中仍均沿墙的长度方向取单位长度(1 m)进行分析。

7.5.2　库仑主动土压力计算

库仑主动土压力的计算简图见图 7-18,墙高为 H,墙背俯斜与垂线的夹角为 α,墙后填土为砂土,填土与水平面的夹角为 β,墙背与填土间的摩擦角(外摩擦角)为 δ。当墙向前移动或转动而使墙后土体处于主动极限平衡状态时,墙后土体形成一滑动土楔 ABC,其破裂面为通过墙踵 B 点的平面 BC,破裂面与水平面的夹角为 θ。此时,作用于土楔 ABC 上的力有：

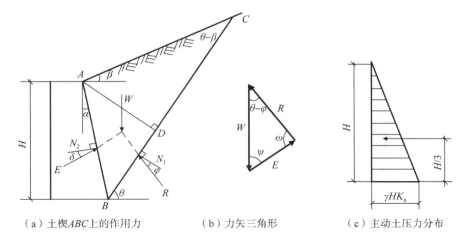

（a）土楔ABC上的作用力　　　（b）力矢三角形　　　（c）主动土压力分布

图 7-18　库仑主动土压力计算

①土楔体的自重 $W = S_{\triangle ABC}\gamma$ ，γ 为填土的重度，只要破坏面 BC 的位置一确定，W 的大小即可计算，其方向为竖直向下，见图 7-18（a）。

$$W = \frac{1}{2}\gamma H^2 \frac{\cos(\alpha-\beta)\cos(\theta-\alpha)}{\sin(\theta-\beta)\cos^2\alpha} \tag{7-18}$$

②破坏面 BC 上的反力 R，其大小是未知的，但其方向则是已知的。反力 R 与破坏面 BC 的法线 N_1 之间的夹角等于土的内摩擦角 φ，并位于 N_1 的下侧，见图 7-18（a）所示。

③墙背对土楔体的反力 E，与它大小相等、方向相反的作用力就是墙背上的土压力。反力 E 的方向必与墙背的法线 N_2 成 δ 角，δ 角为墙背与填土之间的摩擦角，称为"外摩擦角"。当土楔下滑时，墙对土楔的阻力是向上的，故反力 E 必在 N_2 的下侧，如图 7-18（a）所示。

根据静力平衡条件可知作用于楔体上的力必构成封闭的力三角形，由正弦定理得

$$\frac{W}{\sin(90°+\alpha+\delta+\varphi-\theta)} = \frac{E}{\sin(\theta-\varphi)} \tag{7-19}$$

代入式（7-18），得

$$E = \frac{1}{2}\gamma H^2 \frac{\cos(\alpha-\beta)\cos(\theta-\alpha)\sin(\theta-\varphi)}{\sin(\theta-\beta)\cos(\theta-\varphi-\alpha-\delta)\cos^2\alpha} \tag{7-20}$$

由于滑动面 BC 的倾角 θ 是任意假定的，因此 E 是 θ 的函数。对应于不同的 θ，有一系列的滑动面和 E 值。与主动土压力 E_a 相应的是其中的最大反力 E_{max}，对应的滑裂面为最危险滑动面。令 $dE/d\theta = 0$，可得墙背反力为 E_{max} 时最危险滑动面的倾角 θ_{cr}，将其值代入式（7-20），可得 E_{max}，即主动土压力 E_a 的值，

$$E_a = \frac{1}{2}\gamma H^2 K_a \tag{7-21}$$

其中

$$K_a = \frac{\cos^2(\varphi-\alpha)}{\cos(\alpha+\delta)\cos^2\alpha\left[1+\sqrt{\dfrac{\sin(\varphi+\delta)\sin(\varphi-\beta)}{\cos(\alpha+\delta)\cos(\alpha-\beta)}}\right]^2} \tag{7-22}$$

式中，K_a 为库仑主动土压力系数；α 为挡土墙墙背的倾角；β 为墙后填土面的倾角；δ 为墙背与填土间的外摩擦角；γ 为墙后填土的重度，kN/m^3；φ 为墙后填土的内摩擦角。

由前面的基本假设可知，库仑土压力理论的适用条件是墙后填土为碎石土、砂土等无黏性土($c=0$)。当填土为无黏性土，且墙背直立($\alpha=0$)、光滑($\delta=0$)，填土面水平($\beta=0$)时，按式(7-22)计算的主动土压力系数为 $K_a=\tan^2(45°-\varphi/2)$，与朗肯主动土压力系数一致。由此可见，在符合朗肯理论的条件下，库仑理论与朗肯理论具有相同的结果，二者是吻合的。

墙顶以下深度 z 范围内墙背上的主动土压力合力为

$$E_a = \frac{1}{2}\gamma z^2 K_a \tag{7-23}$$

对 z 求导数，得到库仑主动土压力沿墙高的分布及主动土压力强度，即

$$p_a = \frac{\mathrm{d}E_a}{\mathrm{d}z} = \gamma z K_a \tag{7-24}$$

库仑主动土压力强度沿墙高呈三角形分布，合力 E_a 作用在距墙底高度 $H/3$ 处，其作用方向指向墙背，与墙背法线成 δ 且在法线上方，见图 7-19。

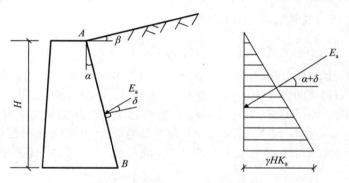

图 7-19　库仑主动土压力的分布

7.5.3　库仑被动土压力计算

挡土墙在外力作用下向填土方向移动或转动，直至土体沿某一破裂面破坏时，土楔 ABC 向上滑动，并处于被动极限平衡状态时，竖向应力保持不变，σ_{cz} 是小主应力。而水平应力 σ_{cx} 逐渐增大，直至达到最大值，故水平应力是大主应力，也就是被动土压力。此时，土楔 ABC 在其自重 W、反力 R 和土压力 E 的作用下平衡，R 和 E 的方向都分别在 BC 和 AB 面法线的上方。按求主动土压力同样的原理可求得被动土压力的库仑公式为

$$E_p = \frac{1}{2}\gamma H^2 K_p \tag{7-25}$$

式中，被动土压力系数为

$$K_p = \frac{\cos^2(\varphi+\alpha)}{\cos^2\alpha\cos(\alpha-\delta)\left[1-\sqrt{\dfrac{\sin(\varphi+\delta)\sin(\varphi+\beta)}{\cos(\alpha-\delta)\cos(\alpha-\beta)}}\right]^2} \tag{7-26}$$

其余符号同前。

若墙背直立（$\alpha = 0$）、光滑（$\delta = 0$），填土面水平（$\beta = 0$），则式（7-25）变为

$$E_{\mathrm{p}} = \frac{1}{2}\gamma H^2 \tan^2\left(45° + \frac{\varphi}{2}\right) \tag{7-27}$$

可见，在上述条件下，库仑被动土压力公式也与朗肯被动土压力公式相同。

被动土压力强度可按下式计算：

$$p_{\mathrm{p}} = \frac{\mathrm{d}E_{\mathrm{p}}}{\mathrm{d}z} = \frac{\mathrm{d}}{\mathrm{d}z}\left(\frac{1}{2}\gamma z^2 K_{\mathrm{p}}\right) = \gamma z K_{\mathrm{p}} \tag{7-28}$$

被动土压力强度沿墙高也呈三角形分布，见图 7-20（c），土压力的作用点在距墙底 $H/3$ 处。

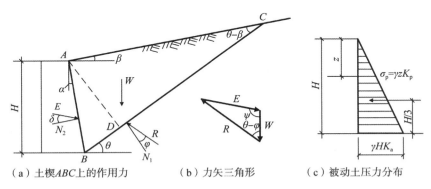

（a）土楔 ABC 上的作用力　　（b）力矢三角形　　（c）被动土压力分布

图 7-20　库仑被动土压力计算

7.6　朗肯理论与库仑理论的比较

朗肯和库仑两种土压力理论都是研究土压力问题的简化方法，两者存在显著异同点。

7.6.1　分析方法

1. 相同点

朗肯与库仑土压力理论均属于极限状态，计算出的土压力都是墙后土体处于极限平衡状态下的主动土压力 E_{a} 与被动土压力 E_{p}。

2. 不同点

（1）研究出发点不同

朗肯理论是从研究土中一点的极限平衡应力状态出发，首先求出的是常规状态下的 p_{a}（主动土压力）或 p_{p}（被动土压力）及其分布形式，然后计算 E_{a} 或 E_{p}，此方法称为"极限应力法"。

库仑理论则是根据墙背和滑裂面之间的土楔整体处于极限平衡状态，用静力平衡条件首先求出 E_{a} 或 E_{p}，需要时再计算出 p_{a} 或 p_{p} 及其分布形式，此方法称为"滑动楔体法"。

(2)研究途径不同

朗肯理论在理论上比较严密,但应用不广,只能得到简单边界条件的解答。

库仑理论是一种简化理论,但能适用于各种较为复杂的实际边界条件的情况。

7.6.2　适用范围

1. 朗肯理论的应用范围

(1)墙背与填土条件

①墙背垂直、光滑,墙后填土面水平,即 $\alpha=0,\delta=0,\beta=0$。

②墙背垂直,填土面为倾斜平面,即 $\alpha=0,\beta\neq0$,但 $\beta<\varphi$ 且 $\delta>\beta$。

③垣墙,地面倾斜,墙背倾角 $\alpha>45°-\dfrac{\varphi}{2}$。

④还适用于"∠"形钢筋混凝土。

(2)地质条件

黏性土和无黏性土均可用。除情况②填土为黏性土外,均有公式直接求解。

2. 库仑理论的应用范围

(1)墙背与填土面条件

①可用于 $\alpha\neq0,\beta\neq0,\delta\neq0$ 或 $\alpha=\beta=\delta=0$ 的任何情况。

②垣墙,填土形式不限。

(2)地质条件

数解法一般只用于无黏性土,图解法则对于无黏性土和黏性土均可方便应用。

7.6.3　计算误差

1. 朗肯理论

朗肯理论假定墙背与土无摩擦,即 $\delta=0$,因此计算所得的主动土压力系数 K_a 偏大,而被动土压力系数 K_p 偏小。

2. 库仑理论

库仑理论考虑了墙背与填土的摩擦作用,边界条件是正确的,但却把土体中的滑动面假定为平面,与实际情况不符。一般来说,计算的主动土压力稍偏小,被动土压力偏高。

总之,对于计算主动土压力,各种理论的差别都不大,当 δ 和 φ 较小时,在工程中均可应用,而当 δ 和 φ 较大时,其误差增大。

7.7　几种常见情况下的土压力计算

7.7.1　水平填土表面作用均布荷载 q

图 7-21 为墙后填土表面水平并作用均布荷载 q 的情况,此时深度 z 处微元体的水平面上受到的垂直应力为

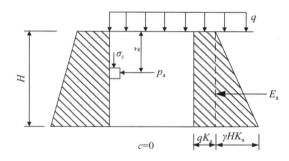

图 7-21 水平填土表面作用均布荷载

$$\sigma_z = \gamma z + q \qquad (7\text{-}29)$$

当填土为无黏性土时,作用在墙背上的主动土压力为

$$p_a = \sigma_z \tan^2\left(45° - \frac{\varphi}{2}\right) = (\gamma z + q)K_a = \gamma z K_a + q K_a \qquad (7\text{-}30)$$

总主动土压力为梯形分布图图形面积,即

$$E_a = \frac{1}{2}\gamma H K_a H + q K_a H = \frac{1}{2}\gamma H^2 K_a + q H K_a \qquad (7\text{-}31)$$

式中,q 为填土表面均布荷载,kPa。

总主动土压力方向如图 7-21 所示,作用点通过梯形的形心。

当填土为黏性土时,主动土压力强度为

$$p_a = \sigma_z \tan^2\left(45° - \frac{\varphi}{2}\right) - 2c \tan\left(45° - \frac{\varphi}{2}\right)$$

$$= (\gamma z + q)K_a - 2c\sqrt{K_a} = \gamma z K_a + q K_a - 2c\sqrt{K_a} \qquad (7\text{-}32)$$

受拉区深度为

$$z_0 = \frac{2c}{\gamma\sqrt{K_a}} - \frac{q}{\gamma} \qquad (7\text{-}33)$$

p_a 分布图形视 $q K_a$ 与 $2c\sqrt{K_a}$ 的大小而定,呈三角形或梯形分布。总主动土压力大小则为相应有效分布图的面积,作用位置通过有效分布图形形心。

例题 7.3 某挡土墙 $h = 4$ m,如图 7-22 所示。填土分层为:第一层土,$\varphi_1 = 30°$,$c_1 = 0$,$\gamma_1 = 19$ kN/m^3;第二层土,$\varphi_2 = 20°$,$c_2 = 10$ kN/m^2,$\gamma_{sat} = 20$ kN/m^3。地下水位距地面 2 m,若填土面水平并作用有均布荷载 $q = 20$ kN/m^2,墙背垂直且光滑。求作用于墙背上的主动土压力和分布形式。

解 计算主动土压力系数 K_a:

第一层土:

$$K_{a1} = \tan^2\left(45° - \frac{\varphi_1}{2}\right) = \tan^2\left(45° - \frac{30°}{2}\right) = 0.33$$

第二层土:

$$K_{a2} = \tan^2\left(45° - \frac{\varphi_2}{2}\right) = \tan^2\left(45° - \frac{20°}{2}\right) = 0.49$$

$$\sqrt{K_{a2}}=0.7$$

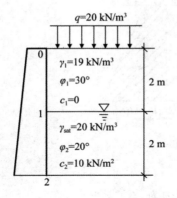 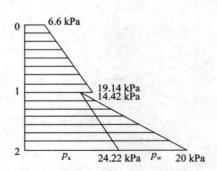

图 7-22 例题 7.3 用图

第一层土顶面：
$$\sigma_{a0}=qK_{a1}=20\times0.33=6.6 \text{ kN/m}^2$$

第一层土底面：
$$\sigma_{a1\text{上}}=(q+\gamma_1h_1)K_{a1}=(20+19\times2)\times0.33=19.14 \text{ kN/m}^2$$

第二层土顶面：
$$\sigma_{a1\text{上}}=(q+\gamma_1h_1)K_{a2}-2c_2\sqrt{K_{a2}}$$
$$=(20+19\times2)\times0.49-2\times10\times0.7=14.42 \text{ kN/m}^2$$

第二层土底面：
$$\sigma_{a2}=[q+\gamma_1h_1+(\gamma_{sat}-10)h_2]K_{a2}-2c_2\sqrt{K_{a2}}$$
$$=[20+19\times2+(20-10)\times2]\times0.49-2\times10\times0.7=24.22 \text{ kN/m}^2$$

总土压力：
$$E_a=\frac{1}{2}\times2\times(6.6+19.14)+\frac{1}{2}\times2\times(14.42+24.22)=64.38 \text{ kN/m}$$

总水压力：
$$p_w=\frac{1}{2}\gamma_wH_2^2=\frac{1}{2}\times10\times2^2=20 \text{ kN/m}$$

主动土压力合力作用点位置（距墙底高度）：
$$z_a=\frac{6.6\times2\times3+\frac{1}{2}\times2\times(19.14-6.6)\times2.67+14.42\times2\times1.0+\frac{1}{2}\times2\times(24.22-14.42)\times0.67}{64.38}$$
$$=1.69 \text{ m}$$

水压力作用点位置（距墙底高度）：
$$z_w=0.69 \text{ m}$$

7.7.2 填土中有地下水时的土压力计算

挡土墙后的填土常会部分或全部处于地下水位以下,由于地下水的存在将使土的含水量增加,抗剪强度降低,而使土压力增大。因此,挡土墙应该有良好的排水措施。

当墙后填土有地下水时,作用在墙背上的侧压力有土压力和水压力两部分,计算压力时,假设地下水位上下土的内摩擦角 φ、墙与土之间的摩擦角 δ 相同,水位以下要用浮重度 γ'。以无黏性填土为例,如图 7-23 所示,$abdec$ 部分为土压力分布图,cef 部分为水压力分布图,总侧压力为土压力和水压力之和。

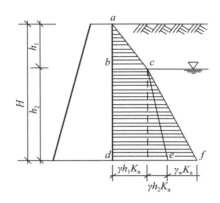

图 7-23 填土中有地下水的土压力计算

土压力强度分布:

$$\sigma_a = K_a \gamma h_1 + K_a \gamma' h_2 \tag{7-34}$$

水压力强度分布:

$$p_w = \gamma_w h_2 \tag{7-35}$$

例题 7.4 已知挡土墙墙高 7 m,墙背竖直、光滑,墙后土体表面水平。墙后土体为中砂,天然重度 $\gamma = 18$ kN/m³,饱和重度 $\gamma_{sat} = 28$ kN/m³,内摩擦角 $\varphi = 30°$。墙后地下水位距离墙顶 3 m,如图 7-24(a)所示。

①计算作用在挡土墙上的主动土压力合力及其作用点大小,并绘出主动土压力强度分布图。

②计算作用在挡土墙上的水压力合力及其作用点大小,并绘出水压力分布图。

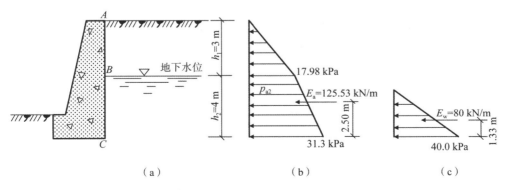

（a）　　　　　　　　（b）　　　　　　　　（c）

图 7-24 例题 7.4 用图

解 ①由已知条件,可应用朗肯土压力理论计算:

$$K_a = \tan^2\left(45° - \frac{30°}{2}\right) = 0.333$$

挡土墙背各点的主动土压力值分别为

A 点:
$$p_{a,A} = 0 \text{ kPa}$$

B 点:
$$p_{a,B} = \gamma h_1 K_a = 18 \times 3 \times 0.333 = 17.98 \text{ kPa}$$

由于水下土的抗剪强度指标与水上土相同,因此在 B 点主动土压力无突变现象。

C 点:$p_{a,C} = (\gamma_1 h_1 + \gamma' h_2)K_a = [18 \times 3 + (20 - 10) \times 4] \times 0.333 = 31.3 \text{ kPa}$

采用上述计算结果绘出主动土压力强度分布如图 7-24(b)所示。由主动土压力强度分布图可得主动土压力合力 E_a:

$$E_a = \left[\frac{1}{2} \times 17.98 \times 3 + 17.98 \times 4 + \frac{1}{2} \times (31.30 - 17.98) \times 4\right]$$
$$= 26.97 + 71.92 + 26.64$$
$$= 125.53 \text{ kN/m}$$

E_a 作用点距离墙踵为

$$d_a = \frac{26.97 \times \left(4 + \frac{3}{3}\right) + 71.92 \times \frac{4}{2} + 26.64 \times \frac{4}{3}}{125.53} = 2.50 \text{ m}$$

②水压力分布:

B 点:
$$p_{w,B} = 0 \text{ kPa}$$

C 点:
$$p_{w,C} = \gamma_w h_2 = 10 \times 4 = 40 \text{ kPa}$$

采用上述计算结果绘出水压力分布,如图 7-24(c)所示。

7.7.3 成层土条件下的土压力计算

如图 7-25 所示的挡土墙,墙后有 3 层不同种类的水平土层,以无黏性填土($\varphi_1 < \varphi_2$)为例。在计算土压力时,第一层的土压力按均质土计算,土压力的分布为图 7-25 中的 abc 部分。计算第二层土压力时,将第一层土按重度换算与第二层土相同的当量土层厚度,其当量土层厚度 $h_1' = h_1 \dfrac{\gamma_1}{\gamma_2}$,然后以 $(h_1' + h_2)$ 为墙高,按均质土计算土压力,但只在第二层厚度范围内有效,如图 7-25 中的 $bdfe$ 部分。此外,由于各层土的性质不同,主动土压力系数 K_a 也不同。

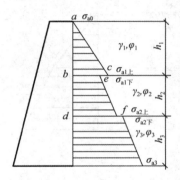

图 7-25 成层土条件下的土压力计算

图 7-25 中,墙后填土分层处土压力强度按下列各式计算。

b 点上:

$$\sigma_{a1 \text{上}} = K_{a1} \gamma_1 h_1 \tag{7-36}$$

b 点下:

$$\sigma_{a1 \text{下}} = K_{a2} \gamma_1 h_1 (\text{已在 2 层土内}) \tag{7-37}$$

d 点上:

$$\sigma_{a2 \text{上}} = K_{a2} (\gamma_1 h_1 + \gamma_2 h_2) \tag{7-38}$$

d 点下:

$$\sigma_{a2 \text{下}} = K_{a3} (\gamma_1 h_1 + \gamma_2 h_2)(\text{已在 3 层土内}) \tag{7-39}$$

例题 7.5　挡土墙高 $H = 6$ m,墙背垂直光滑,填土为成层土,各层土的指标如图 7-26 所示,求主动土压力 E_a。

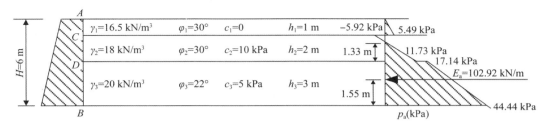

图 7-26　例题 7.5 用图

解　①以 $\sigma_z = \Sigma \gamma_i h_i$ 计算各分层面处的垂直压力:

$A: \sigma_{zA} = 0$ kPa

$C: \sigma_{zC} = \gamma_1 h_1 = 16.5 \times 1 = 16.5$ kPa

$D: \sigma_{zD} = \gamma_1 h_1 + \gamma_2 h_2 = 16.5 \times 1 + 18 \times 2 = 52.5$ kPa

$B: \sigma_{zB} = \gamma_1 h_1 + \gamma_2 h_2 + \gamma_3 h_3 = 52.5 + 20 \times 3 = 112.5$ kPa

②计算各分层面处上下层土压力强度:

$$p_a = \sigma_z K_z - 2c \sqrt{K_a}$$

$$K_{a1} = \tan^2\left(45° - \frac{30°}{2}\right) = 0.333, \sqrt{K_{a1}} = 0.577$$

$$K_{a2} = \tan^2\left(45° - \frac{20°}{2}\right) = 0.490, \sqrt{K_{a2}} = 0.700$$

$$K_{a3} = \tan^2\left(45° - \frac{22°}{2}\right) = 0.455, \sqrt{K_{a3}} = 0.675$$

$A: \sigma_{zA} = 0, c = 0, p_{aA} = 0$

C 上: $p_{aC\text{上}} = \sigma_{zC} K_{a1} - 0 = 16.5 \times 0.333 = 5.49$ kPa

　下: $p_{aC\text{下}} = \sigma_{zC} K_{a2} - 2c_2 \sqrt{K_{a2}} = 16.5 \times 0.49 - 2 \times 10 \times 0.7 = -5.92$ kPa

D 上: $p_{aD\text{上}} = \sigma_{zD} K_{a2} - 2c_2 \sqrt{K_{a2}} = 52.5 \times 0.49 - 2 \times 10 \times 0.7 = 11.73$ kPa

　下: $p_{aD\text{下}} = \sigma_{zD} K_{a3} - 2c_3 \sqrt{K_{a3}} = 52.5 \times 0.457 - 2 \times 5 \times 0.675 = 17.14$ kPa

$B: p_{aB} = \sigma_{zB} K_{a3} - 2c_3 \sqrt{K_{a3}} = 112.5 \times 0.457 - 2 \times 5 \times 0.675 = 44.44$ kPa

③绘制土压力强度分布图,标出土压力数值。

如图 7-26 所示。总主动土压力为土压力强度分布图面积,由三角形比例关系可求得第二层土中正应力强度分布范围为

$$\frac{5.92}{11.73}=\frac{2-x}{x}, \quad x=1.33 \text{ m}$$

总主动土压力大小:

$$E_a = \frac{1}{2}\times1\times5.49+\frac{1}{2}\times1.33\times11.73+3\times17.14+\frac{1}{2}\times3\times(44.44-17.14)$$

$$=2.75+7.80+51.42+40.95=102.92 \text{ kN/m}$$

合力作用点:

$$E_a x=2.75\times\left(5+\frac{1}{3}\right)+7.80\times\left(3+\frac{1.33}{3}\right)+51.42\times\frac{3}{2}+40.95\times\frac{3}{3}$$

$$102.92x=14.67+26.86+77.13+40.95$$

$$x=159.62/102.92=1.55 \text{ m}$$

合力作用方向如图 7-26 所示。

思考题

7-1 什么是静止土压力、主动土压力和被动土压力?

7-2 何为土的极限平衡状态?挡土墙应如何移动才会产生被动土压力?

7-3 试比较朗肯土压力和库仑土压力理论的优缺点及各自的适用范围。

7-4 库仑土压力理论分析的假定与朗肯土压力理论的假定有何不同?

7-5 如何选择墙后填土?为什么?

7-6 试讨论影响土压力的因素有哪些?最主要的因素是什么?

习题

7-1 已知某建于基岩上的挡土墙,墙高 $H=5.0$ m,墙后填土为中砂,重度 $\gamma=18.3$ kN/m³,内摩擦角 $\varphi=30°$。计算作用在此挡土墙上的静止土压力,并画出静止土压力沿墙背的分布及其合力的作用点位置。

7-2 已知某挡土墙高 6 m,墙背垂直光滑,填土面水平,填土物理力学性质指标为 $\gamma=18.5$ kN/m³,$c=12$ kPa,$\varphi=18°$,试求主动土压力大小及合力方向、作用位置,并绘出土压力强度分布图。

7-3 挡土墙高 5 m,墙背倾角 $\alpha=20°$,墙后填土面的倾角 $\beta=20°$,填土重度 $\gamma=18$ kN/m³,填土的内摩擦角 $\varphi=30°$,黏聚力 $c=0$,填土与墙背的外摩擦角 $\delta=\frac{2}{3}\varphi$,按库仑土压力理论计算挡土墙上主动土压力及其作用点。

7-4 如图 7-27 所示,挡土墙墙后填土为两层砂土,其物理力学指标分别为:$\gamma=$

$18 \text{ kN/m}^3, c_1 = 0, \varphi = 30°; \varphi_1 = 30°; \gamma_2 = 20 \text{ kN/m}^3, c_2 = 0, \varphi_2 = 35°$。填土面上作用均布荷载，试用朗肯土压力公式计算挡土墙上主动土压力的大小、分布及其合力。

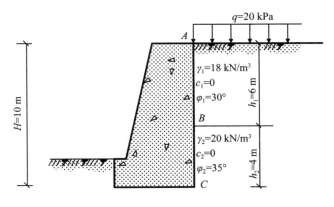

图 7-27　习题 7-4 用图

7-5　某挡土墙高 $H = 5$ m，如图 7-28 所示。墙后填土分两层，第一层为砂土，$\varphi_1 = 32°$，$c_1 = 0, \gamma_1 = 17 \text{ kN/m}^3$，厚度 2 m，其下为黏性土，$\varphi_2 = 18°, c_2 = 10 \text{ kN/m}^2, \gamma_1 = 19 \text{ kN/m}^3$，厚度 3 m。若填土面水平，墙背垂直且光滑，求作用在墙背上的主动土压力和分布形式。

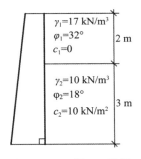

图 7-28　习题 7-5 用图

7-6　已知挡土墙墙高 $H = 5.0$ m，墙背光滑、竖直，填土表面水平，墙后填土表面以下 2 m 为地下水水位，地下水位以上填土的重度 $\gamma = 18.5 \text{ kN/m}^3$，内摩擦角 $\varphi_1 = 30°$，地下水位以下填土的重度为有效重度 $\gamma' = 10.5 \text{ kN/m}^3$，内摩擦角 $\varphi_2 = 30°$。计算地下水位处和墙底处的主动土压力强度，作用在挡土墙上的总主动土压力及其作用点到墙底的距离。

参考文献

[1]顾慰慈. 建筑地基计算原理与实例[M]. 北京:机械工业出版社,2011.

[2]夏建中. 土力学[M]. 北京:中国电力出版社,2009.

[3]陈希哲. 土力学地基基础[M]. 4 版. 北京:清华大学出版社,2004.

[4]中华人民共和国住房和城乡建设部,中华人民共和国国家质量监督检验检疫总局. 建筑

地基基础设计规范:GB 50007—2011[S]. 北京:中国建筑工业出版社,2012.

[5]徐至钧. 深基坑与边坡支护工程设计施工经验录[M]. 上海:同济大学出版社,2011.

土力学学科名人堂——陈宗基

陈宗基（1922—1991）

图片来源:https://zhuanlan.zhihu.com/p/687163864。

陈宗基,福建安溪人,印度尼西亚归侨、荷兰归侨,著名的土力学家、岩石力学家和地球动力学家,中国科学院院士。他在国际上首创土流变学,是中国土流变学、岩石流变学研究奠基人,提出的"陈氏固结流变理论""陈氏黏土卡片结构""陈氏屈服值""陈氏流变仪"等被国际上公认。除了"陈氏固结流变理论""陈氏黏土卡片结构""陈氏流变仪""土的三向固结流变理论""岩石流变、松弛、扩容"等创新性成果受到国内外业界广泛认可之外,陈宗基的相关著作在国际上也颇有影响。他把理论研究成功地应用于中国几十项重要工程,作出了重要贡献。

作为中国科技界的杰出代表,陈宗基先后两次被聘为国际土力学与基础工程学会学术委员,参加过国际理论与应用力学联合会、国际大地测量与地球物理联合会、国际岩石力学学会等学术组织的重要会议。他还被聘为比利时皇家科学、文学与艺术院院士,后又被比利时国王授予"利奥波德二世一级骑士"称号,并获勋章和荣誉证书。1980年,陈宗基当选为中国科学院院士。

1991年,陈宗基积劳成疾,在上海病逝,终年69岁。作为一名赤诚的爱国者,"志在振兴中华"是他毕生的信念。

第八章　地基承载力

课前导读

　　本章主要内容包括地基破坏模式、地基破坏阶段、浅基础的临塑荷载和临界荷载、地基极限承载力以及影响地基极限承载力的因素等。本章的教学重点为3种地基破坏模式、界限荷载的概念及计算方法、地基极限承载力的几种理论计算方法。学习难点为临界荷载和临塑荷载的确定及适用条件。

能力要求

　　通过本章的学习，学生应掌握地基破坏模式、地基极限承载力的计算方法。

　　建筑物或构筑物因地基问题引起破坏，一般有两种情形：一是建筑物荷载过大，超过了地基所能承受的荷载能力而使地基破坏失稳，即强度和稳定性问题；二是在建筑物荷载作用下，地基和基础产生了过大的沉降和沉降差，使建筑物产生结构性损坏或丧失使用功能，即变形问题。因此，在进行地基基础设计时，必须满足上部结构荷载通过基础传到地基土的压力不得大于地基承载力的要求，以确保地基土不丧失稳定性。

　　地基承载力是指地基土单位面积上所能承受荷载的能力，其单位一般为 kPa。通常把地基不失稳时地基土单位面积上所能承受的最大荷载称为"地基极限承载力 p_u"。因为工程设计中必须确保地基有足够的稳定性，必须限制建筑物基础基底的压力，使其不得超过地基的承载力容许值，所以地基承载力容许值是指考虑一定安全储备后的地基承载力。同时，根据地基承载力进行基础设计时，应考虑不同建筑物对地基变形的控制要求，进行地基变形验算。

　　当地基土受到荷载作用后，地基中有可能出现一定的塑性变形区。当地基土中将要出现但尚未出现塑性区时，地基所承受的相应荷载称为"临塑荷载"；当地基土中的塑性区发展到某一深度时，其相应荷载称为"临界荷载"；当地基土中的塑性区充分发展并形成连续滑动面时，其相应荷载则为"极限荷载"。本章主要从强度和稳定性角度介绍由承载力问题引起的地基破坏及地基承载力确定。

8.1 地基破坏的性状

为了了解地基承载力的概念以及地基土受荷后剪切破坏的过程及性状,可以通过现场荷载试验或室内模型试验来研究。这些试验实际上是基础受荷过程的模拟试验。现场荷载试验是在要测定的地基土上放置一块模拟基础的载荷板,如图 8-1 所示。载荷板的尺寸较实际基础小,一般为 $0.25 \sim 1.0 \ \mathrm{m}^2$。然后在载荷板上逐级施加荷载,同时测定在各级荷载下载荷板的沉降量及周围土的位移情况,直到地基土失稳破坏为止。

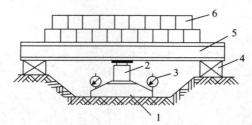

1—载荷板;2—千斤顶;3—百分表;4—枕木垛;5—反力梁;6—荷载。

图 8-1　荷载试验

通过试验可得到载荷板下各级压力 p 与相应的稳定沉降量 s 之间的关系,绘得 $p\text{-}s$ 曲线,如图 8-2 所示。对 $p\text{-}s$ 曲线的特性进行分析,可以了解地基破坏的机理。图 8-2 中曲线 a 在开始阶段呈直线关系,但当荷载增大到某个极限值以后沉降急剧增大,呈现脆性破坏的特征;曲线 b 在开始阶段也呈直线关系,在达到某个极限以后,虽然随着荷载增大,沉降增大较快,但不出现急剧增大的特征;曲线 c 在整个沉降发展的过程中不出现明显的转折点,沉降对压力的变化率也没有明显的变化。这 3 种曲线代表了 3 种不同的地基破坏特征,太沙基等对此作了分析,提出两种典型的地基破坏形式,即"整体剪切破坏"和"局部剪切破坏"。

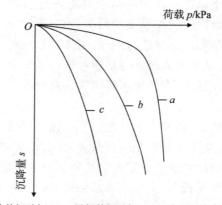

a—整体剪切破坏;b—局部剪切破坏;c—冲切剪切破坏。

图 8-2　$p\text{-}s$ 曲线

8.1.1　三种破坏模式

建筑物因地基承载力不足而引起的破坏，通常是由地基土的剪切破坏所致。已有的研究表明，浅基础的地基破坏模式有 3 种：整体剪切破坏、局部剪切破坏和冲切剪切破坏。

1. 整体剪切破坏

整体剪切破坏的特征是：当基础上荷载较小时，基础下形成一个三角形压密区，随同基础压入土中，这时 $p\text{-}s$ 曲线呈直线关系[图 8-2 中曲线 a]。随着荷载增加，压密区向两侧挤压，土中产生塑性区，塑性区先在基础边缘产生，然后逐步扩大形成塑性区。这时基础的沉降增长率较前一阶段大，故 $p\text{-}s$ 曲线呈曲线状。当荷载达到最大值后，土中形成连续滑动面并延伸到地面，土从基础两侧挤出并隆起，基础沉降急剧增加，整个地基失稳破坏，如图 8-3（a）所示。这时 $p\text{-}s$ 曲线上出现明显的转折点，其相应的荷载称为"极限荷载"，见图 8-2 中曲线 a。整体剪切破坏常发生在浅埋基础下的密砂或硬黏土等坚实地基中。

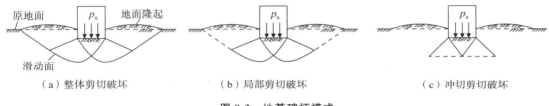

（a）整体剪切破坏　　　　（b）局部剪切破坏　　　　（c）冲切剪切破坏

图 8-3　地基破坏模式

2. 局部剪切破坏

局部剪切破坏的特征是：随着荷载的增加，基础下也产生压密区Ⅰ及塑性区Ⅱ，但塑性区仅仅发展到地基某一范围内，土中滑动面并不延伸到地面，见图 8-3（b），基础两侧地面微微隆起，没有出现明显的裂缝。其 $p\text{-}s$ 曲线如图 8-2 中的曲线 b 所示，曲线也有一个转折点，但不像整体剪切破坏那么明显。其 $p\text{-}s$ 曲线在转折点后，沉降量增长率虽较前一阶段大，但不像整体剪切破坏那样急剧增加。局部剪切破坏常发生于中等密实砂土中。

3. 冲切剪切破坏

冲切剪切破坏也称"刺入剪切破坏"，它是一种在浅基础荷载作用下地基土发生垂直剪切破坏，使地基产生较大沉降的地基破坏模式。它的破坏特征是：当荷载较小时，基础下土体发生压缩变形，随着荷载的增大，基础周围土体开始产生剪切破坏，基础沿着周边切入地基土层中，不出现明显的破坏区和滑动面，基础没有明显的倾斜，基础两侧地面也无隆起现象。在相应的 $p\text{-}s$ 曲线中没有明显转折点，是一种典型的以变形为特征的破坏模式，如图 8-2中曲线 c 所示。在压缩性大的松砂、软土地基中相对容易发生冲切剪切破坏。

地基的剪切破坏形式除了与地基土的性质有关外，还与基础埋置深度、加荷速率等因素有关。如在密砂地基中，一般会出现整体剪切破坏，但当基础埋置深度很大时，密砂在很大荷载作用下也会产生压缩变形而出现冲切剪切破坏；又如在软黏土中，当加荷较慢时会产生压缩变形而出现冲切剪切破坏，但当加荷很快时，由于土体不能产生压缩变形，就可能发生整体剪切破坏。

表 8-1 列出了条形基础在轴心荷载作用下不同剪切破坏形式的特征，以供参考。

表 8-1　条形基础在轴心荷载作用下地基破坏形式的特征

破坏形式	地基中滑动面	p-s 曲线	基础四周地面	基础沉降	基础表现	控制指标	事故出现情况	适用条件		
								地基土	埋深	加荷速率
整体剪切	连续至地面	有明显拐点	隆起	较小	倾斜	强度	突然倾斜	密实	小	缓慢
局部剪切	连续	拐点不易确定	有时稍有隆起	中等	可能倾斜	变形为主	较慢下沉时有倾斜	松散	中	快速或冲击荷载
刺入剪切	不连续	拐点无法确定	沿基础下陷	较大	仅下沉	变形	缓慢下沉	软弱	大	快速或冲击荷载

格尔谢万诺夫根据荷载试验结果,提出地基破坏过程经历的 3 个阶段,见图 8-4。

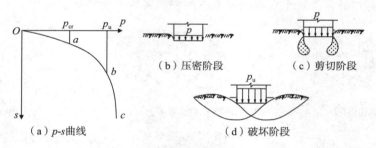

图 8-4　地基破坏过程的三个阶段

（1）压密阶段（或称为"直线变形阶段"）

压密阶段相当于 p-s 曲线上的 Oa 段。在这一阶段,p-s 曲线接近于直线,土中各点的剪应力均小于土的抗剪强度,土体处于弹性平衡状态。此时,载荷板的沉降主要是由于土的压密变形引起的,见图 8-4(a)和图 8-4(b)。p-s 曲线上 a 点的荷载即为临塑荷载 p_{cr}。

（2）剪切阶段

剪切阶段相当于 p-s 曲线上的 ab 段。在这一阶段,p-s 曲线已不再保持线性关系,沉降的增长率随荷载的增大而增加。此时,地基土中局部范围内(首先在基础边缘处)的剪应力达到土的抗剪强度,土体发生剪切破坏而出现塑性区。随着荷载的继续增加,土中塑性区的范围逐步扩大[图 8-4(c)],直到土中形成连续的滑动面,由载荷板两侧挤出而破坏。因此,剪切阶段是地基中塑性区的产生与发展阶段。p-s 曲线上 b 点的荷载即为极限荷载 p_u。

（3）破坏阶段

破坏阶段相当于 p-s 曲线上的 bc 段。当荷载超过极限荷载后,载荷板急剧下沉,即使不增加荷载,沉降也不能稳定,因此 p-s 曲线陡直下降。在这一阶段,由于土中塑性区范围的不断扩展,最后在土中形成连续的滑动面,土从载荷板四周挤出、隆起,地基土失稳而破坏,如图 8-4(d)所示。

8.1.2　地基破坏模式的影响因素

地基土发生破坏的模式主要与下列因素有关。

1. 土的相对压缩性

在一定的条件下,地基土的破坏模式主要取决于土的相对压缩性。一般来说,密实砂土和坚硬的黏土将可能发生整体剪切破坏,而松散的砂土和软黏土可能出现局部剪切破坏或冲剪破坏。

2. 基础的埋深和外荷载

当基础浅埋且加载速率慢时,往往出现整体剪切破坏;当基础埋深较大,且加载速率又较快时,则可能发生局部剪切破坏或冲剪破坏。

8.1.3　地基破坏模式的判别

地基破坏模式与基础上所加荷载条件、基础的埋置深度、土的种类和密度等多种因素有关。魏锡克(Vesic)建议用土的相对压缩性来判别土的破坏模式,即当土的刚度指标 I_r 大于土的临界刚度指标 $I_{r(cr)}$ 时,土是相对不可压缩的,此时地基将发生整体剪切破坏;反之,当 $I_r < I_{r(cr)}$ 时,则认为土是相对可压缩的,地基可能发生局部剪切破坏或冲剪破坏。刚度指标 I_r 和 $I_{r(cr)}$ 按式(8-1)、式(8-2)计算:

$$I_r = \frac{G}{c + q_0 \tan\varphi} = \frac{E}{2(1+\mu)(c + q_0 \tan\varphi)} \tag{8-1}$$

$$I_{r(cr)} = \frac{1}{2} e^{\left(3.3 + 0.45\frac{b}{l}\right) \cot\left(45° - \frac{\varphi}{2}\right)} \tag{8-2}$$

式中,G 为土的剪切模量,kPa;E 为土的变形模量,kPa;μ 为土的泊松比;c 为土的黏聚力,kPa;φ 为土的内摩擦角,°;q_0 为地基中膨胀区的平均超载压力,一般可取地基以下 $b/2$ 深度处的上覆土重,kPa;b 为基础宽度,m;l 为基础长度,m。

8.2　地基承载力的确定方法

确定地基承载力一般常采用以下几种方法:①理论公式计算,这种方法又分为两大类,按极限荷载确定承载力和按塑性变形区的发展范围确定承载力;②现场原位试验法,包括载荷试验、标准贯入、静力触探等;③地基规范查表法;④工程类比法。除此之外,有限元分析已广泛应用于地基承载力的理论计算当中。

建筑物等级不同,确定地基承载力设计值的要求不同。对于一级建筑物,要求通过载荷试验和其他原位测试、理论公式及规范综合确定;对于二级建筑物,要求按原位测试、规范并结合理论公式确定;对于三级建筑物,一般可根据邻近建筑物经验或规范确定。

需要注意的是,不同行业关于地基承载力的术语不完全一致,具体确定方法和计算公式也会存在差异,但确定地基承载力的理论基础是一致的。本节所介绍的地基承载力的理论计算公式是针对浅基础的整体剪切破坏形式,有关深基础和其他破坏形式的承载力计算可参阅有关资料。

8.3 浅基础的临塑荷载和临界荷载

前面已经介绍,地基土首先从基础边缘开始发生破坏。当荷载较小时,地基处于弹性状态,基础的沉降主要是土的压密变形,所对应的荷载-沉降 p-s 曲线为直线;当荷载增大到某一值时,基础两侧边缘的土首先达到极限平衡状态,此时 p-s 曲线上的直线段达到了终点,如图 8-4(a)中的 a 点,其对应的荷载称为"临塑荷载",用 p_{cr} 表示。因此,临塑荷载就是地基土即将进入塑性状态时所对应的荷载。

8.3.1 地基的临塑荷载

1. 基础上任意一点 M 的主应力大小

地基临塑荷载的推导:可以考虑从条形基础受均布荷载作用的情况,如图 8-5 所示。地基中的任意一点 M 的应力大小由以下 3 部分叠加形成:

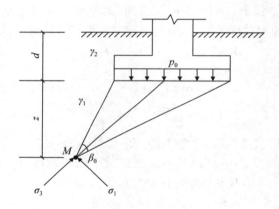

图 8-5　基础上任意一点 M 的主应力

① 基础底面的附加应力 p_0。
② 基础底面以下深度 z 处土的自重应力 $\gamma_1 z$。
③ 基础由埋深 d 引起的旁载 $\gamma_2 d$。

由弹性分析可知,条形基础在均布力作用下,地基中任意一点 M 由附加应力引起的主应力 σ_1 和 σ_3 可以表示为

$$\sigma_1 = \frac{p_0}{\pi}(\beta_0 + \sin\beta_0) \tag{8-3}$$

$$\sigma_3 = \frac{p_0}{\pi}(\beta_0 - \sin\beta_0) \tag{8-4}$$

由于自重应力 $\gamma_1 z$ 和由埋深引起的旁载 $\gamma_2 d$ 在各个方向的大小是不相等的,因此点 M 的主应力不能直接用 $\gamma_1 z$ 和 $\gamma_2 d$ 引起的应力与附加应力引起的 σ_1 和 σ_3 应力进行叠加。

为了简化计算,假设土的自重应力 $\gamma_1 z$ 和旁载 $\gamma_2 d$ 在各个方向的大小是相等的。因此,地基中任意一点 M 的主应力 σ_1 和 σ_3 可表示为

$$\sigma_1 = \frac{p_0}{\pi}(\beta_0 + \sin\beta_0) + \gamma_1 z + \gamma_2 d \tag{8-5}$$

$$\sigma_3 = \frac{p_0}{\pi}(\beta_0 - \sin\beta_0) + \gamma_1 z + \gamma_2 d \tag{8-6}$$

式中,σ_1、σ_3分别为基础上任意一点M的大、小主应力,kPa;p_0为基底附加应力,kPa;β_0为M点至基础边缘两连线的夹角,°;γ_2为基底下土的加权重度,kN/m³;γ_1为基础埋深范围内土的加权重度,kN/m³;z为点M至基底的距离,m;d为基础埋深,m。

2. 塑性区边界方程的推导

根据莫尔-库仑抗剪强度理论建立的极限平衡条件,当单元土体处于极限平衡状态时,作用在单元上的大、小主应力应满足极限平衡条件,如下:

$$\sigma_1 - \sigma_3 = (\sigma_1 + \sigma_3)\sin\varphi + 2c\cos\varphi \tag{8-7}$$

将式(8-5)和式(8-6)代入上式得

$$\frac{p_0}{\pi}\sin\beta_0 = \left(\frac{p_0\beta_0}{\pi} + \gamma_1 z + \gamma_2 d\right)\sin\varphi + c\cos\varphi \tag{8-8}$$

整理后得

$$z = \frac{p_0}{\pi\gamma_1}\sin\left(\frac{\sin\beta_0}{\sin\varphi} - \beta_0\right) - \frac{c\cos\varphi}{\gamma_1\sin\varphi} - \frac{\gamma_2 d}{\gamma_1} \tag{8-9}$$

式中,φ为地基土的内摩擦角,°;c为地基土的黏聚力,kPa;其余符号意义同前。

式(8-9)即为塑性区的边界线方程。它是β_0、p_0、d、γ_1、γ_2、φ、c的函数。若p_0、d、γ_1、γ_2、φ、c已知,则塑性区具有确定的边界线形状,如图8-6所示。

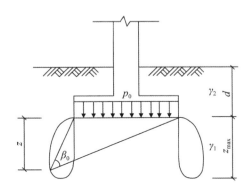

图 8-6　塑性区边界线形状

3. 临塑荷载 p_{cr} 的推导

基底附加应力为

$$p_0 = p - \gamma_2 d \tag{8-10}$$

式中,p为基础底面接触压力,kPa。把式(8-10)代入式(8-9),得到用基础底面接触压力表示的塑性区边界方程:

$$z = \frac{p - \gamma_2 d}{\pi\gamma_1}\left(\frac{\sin\beta_0}{\sin\varphi} - \beta_0\right) - \frac{c\cos\varphi}{\gamma_1\sin\varphi} - \frac{\gamma_2 d}{\gamma_1} \tag{8-11}$$

根据临塑荷载的定义,在外荷载作用下地基中刚开始产生塑性区时基础底面所承受的荷载,可以用塑性区的最大深度 $z_{max}=0$ 时所得到的临塑荷载来表达。为此,令 $\dfrac{\mathrm{d}z}{\mathrm{d}\beta_0}=0$,求出 β_0,再代回式(8-11),就可以得到临塑荷载的计算公式。

$$\frac{\mathrm{d}z}{\mathrm{d}\beta_0}=\frac{p-\gamma_2 d}{\pi\gamma_1}\left(\frac{\cos\beta_0}{\sin\varphi}-1\right)=0$$

得

$$\cos\beta_0=\sin\varphi$$

根据三角函数关系:

$$\beta_0=\frac{\pi}{2}-\varphi \tag{8-12}$$

将式(8-12)代入式(8-11),求出 z_{max}:

$$z_{max}=\frac{p-\gamma_2 d}{\pi\gamma_1}\left(\frac{\cos\varphi}{\sin\varphi}-\frac{\pi}{2}+\varphi\right)-\frac{c\cos\varphi}{\gamma_1\sin\varphi}-\frac{\gamma_2 d}{\gamma_1} \tag{8-13}$$

即可得到临塑荷载 p_{cr} 的计算公式:

$$p_{cr}=\frac{\pi(\gamma_2 d+c\cot\varphi)}{\cot\varphi+\varphi-\dfrac{\pi}{2}}+\gamma_2 d \tag{8-14a}$$

为简化计算,临塑荷载 p_{cr} 的计算式可以写成

$$p_{cr}=N_c c+N_q\gamma_2 d \tag{8-14b}$$

式中,N_c、N_q 为地基承载力系数,可表示为

$$N_c=\frac{\pi\cot\varphi}{\cot\varphi+\varphi-\dfrac{\pi}{2}} \tag{8-15}$$

$$N_q=\frac{\cot\varphi+\varphi+\dfrac{\pi}{2}}{\cot\varphi+\varphi-\dfrac{\pi}{2}} \tag{8-16}$$

N_c、N_q 是地基土内摩擦角 φ 的函数,可以根据地基的内摩擦角计算,也可以查表 8-2 来确定。

表 8-2　地基承载力系数 N_c、N_q、$N_{\gamma(\frac{1}{4})}$、$N_{\gamma(\frac{1}{3})}$ 值

内摩擦角	地基承载力系数				内摩擦角	地基承载力系数			
$\varphi/(°)$	N_c	N_q	$N_{\gamma(\frac{1}{4})}$	$N_{\gamma(\frac{1}{3})}$	$\varphi/(°)$	N_c	N_q	$N_{\gamma(\frac{1}{4})}$	$N_{\gamma(\frac{1}{3})}$
0	3.0	1.0	0	0	24	6.5	3.9	0.7	0.7
2	3.3	1.1	0	0	26	6.9	4.4	1.0	0.8
4	3.5	1.2	0	0.1	28	6.4	4.9	1.3	1.0
6	3.7	1.4	0.1	0.1	30	8.0	5.6	1.5	1.2
8	3.9	1.6	0.1	0.2	32	8.5	6.3	1.8	1.4
10	4.2	1.7	0.2	0.2	34	9.2	6.2	2.1	1.6

续表

内摩擦角	地基承载力系数				内摩擦角	地基承载力系数			
$\varphi/(°)$	N_c	N_q	$N_{\gamma(\frac{1}{4})}$	$N_{\gamma(\frac{1}{3})}$	$\varphi/(°)$	N_c	N_q	$N_{\gamma(\frac{1}{4})}$	$N_{\gamma(\frac{1}{3})}$
12	4.4	1.9	0.2	0.3	36	10.0	8.2	2.4	1.8
14	4.7	2.2	0.3	0.4	38	10.8	9.4	2.8	2.1
16	5.0	2.4	0.4	0.5	40	11.8	10.8	3.3	2.5
18	5.3	2.7	0.4	0.6	42	12.8	12.7	3.8	2.9
20	5.6	3.1	0.5	0.7	44	14.0	14.5	4.5	3.4
22	6.0	3.4	0.6	0.8	45	14.6	15.6	4.9	3.7

注：$N_{\gamma(\frac{1}{4})}$ 为基础受中心荷载作用时地基承载力系数；$N_{\gamma(\frac{1}{3})}$ 为基础受偏心荷载作用时地基承载力系数。

8.3.2　地基的临界荷载

1. 定义

当地基中的塑性区发展到最大深度（在中心荷载作用下，$z_{\max} = \dfrac{b}{4}$；在偏心荷载作用下，$z_{\max} = \dfrac{b}{3}$）时，与此相对应的基础底面压力称为"临界荷载"，分别用 $p_{\frac{1}{4}}$ 和 $p_{\frac{1}{3}}$ 表示。

2. 临界荷载计算公式

（1）中心荷载

在式（8-13）中，令 $z_{\max} = \dfrac{b}{4}$，整理可得地基在中心荷载作用下临界荷载的计算公式：

$$p_{\frac{1}{4}} = \frac{\pi\left(\gamma_2 d + c\cot\varphi + \dfrac{1}{4}b\gamma_1\right)}{\cot\varphi + \varphi - \dfrac{\pi}{2}} + \gamma_2 d \qquad (8\text{-}17)$$

式中，b 为基础宽度，m。

若基础形式为矩形，则 b 为短边边长；若基础形式为方形，则 b 为方形的边长；若基础形式为圆形，则取 $b = \sqrt{A}$，A 为圆形基础的底面积。

（2）偏心荷载

在式（8-13）中，令 $z_{\max} = \dfrac{b}{3}$，整理可得地基在偏心荷载作用下临界荷载的计算公式：

$$p_{\frac{1}{3}} = \frac{\pi\left(\gamma_2 d + c\cot\varphi + \dfrac{1}{3}b\gamma_1\right)}{\cot\varphi + \varphi - \dfrac{\pi}{2}} + \gamma_2 d \qquad (8\text{-}18)$$

3. 查表计算地基的临界荷载

通过对式（8-14b）、式（8-15）和式（8-16）的分析，可以将地基的临界荷载写成统一的数学表达式：

$$p_{u} = N_c c + N_q \gamma_2 d + N_\gamma \gamma_1 b \tag{8-19}$$

式中，N_c、N_q、N_γ 为地基承载力系数，其中：

$$N_{\gamma\left(\frac{1}{4}\right)} = \frac{\pi}{4}\left(\cot\varphi + \varphi - \frac{\pi}{2}\right) \quad \text{（当基础受中心荷载作用时）}$$

$$N_{\gamma\left(\frac{1}{3}\right)} = \frac{\pi}{3}\left(\cot\varphi + \varphi - \frac{\pi}{2}\right) \quad \text{（当基础受偏心荷载作用时）}$$

N_c、N_q 意义和式(8-14b)相同，$N_{\gamma\left(\frac{1}{4}\right)}$ 和 $N_{\gamma\left(\frac{1}{3}\right)}$ 也是地基土内摩擦角 φ 的函数，因此可以通过查表 8-2 来确定地基承载力系数。

此外，临塑荷载和临界荷载计算公式只适用于条形基础，若将其用于矩形基础，则结果偏安全；在推导过程中假定土的侧压力系数为 1，这与大多数的实际情况不符；在推导临界荷载 $p_\frac{1}{4}$ 和 $p_\frac{1}{3}$ 时，仍用弹性理论计算土中附加应力，使结果存在一定的误差。虽然存在这些不足，但临界荷载的计算公式表明了影响地基承载力的主要参数包括地基土的内摩擦角 φ 和黏聚力 c，重度 γ 和 γ'，以及基础的宽度 b 和埋深 d。

例题 8.1 某学校教学楼设计拟采用墙下条形基础，基础宽度 $b = 3$ m，埋置深度 $d = 2.5$ m，地基土的物理性质：天然重度 $\gamma = 19$ kN/m³，饱和重度 $\gamma_{sat} = 20$ kN/m³，黏聚力 $c = 12$ kPa，内摩擦角 $\varphi = 12°$。试求：①该教学楼地基的临塑荷载 p_{cr} 和临界荷载 $p_\frac{1}{4}$ 和 $p_\frac{1}{3}$；②若地下水位上升到基础底面，求临塑荷载和临界荷载的变化。

解 ①由 $\varphi = 12°$，查表 8-2 得地基承载力系数分别为

$$N_c = 4.4, \ N_q = 1.9, N_{\gamma\left(\frac{1}{4}\right)} = 0.2, N_{\gamma\left(\frac{1}{3}\right)} = 0.3$$

把地基承载力系数代入临塑荷载计算公式[式(8-14b)]，得

$$p_{cr} = N_c c + N_q \gamma_2 d = 4.4 \times 12 + 1.9 \times 19 \times 2.5 = 143.1 \text{ kPa}$$

把地基承载力系数代入临界荷载计算公式[式(8-19)]，得

$$p_\frac{1}{4} = N_c c + N_q \gamma_2 d + N_{\gamma\left(\frac{1}{4}\right)} \gamma_1 b = 4.4 \times 12 + 1.9 \times 19 \times 2.5 + 0.2 \times 19 \times 3$$
$$= 154.5 \text{ kPa}$$

$$p_\frac{1}{3} = N_c c + N_q \gamma_2 d + N_{\gamma\left(\frac{1}{3}\right)} \gamma_1 b = 4.4 \times 12 + 1.9 \times 19 \times 2.5 + 0.3 \times 19 \times 3$$
$$= 160.2 \text{ kPa}$$

②当地下水位上升到基础底面时，若假定土的抗剪强度指标 c、φ 值不变，则地基承载力系数与问题①中相同，但地下水位以下土体应采用有效重度计算。

$$\gamma' = \gamma_{sat} - \gamma_w = 20 - 10 = 10 \text{ kN/m}^3$$

地基临塑荷载：

$$p_{cr} = N_c c + N_q \gamma_2 d = 4.4 \times 12 + 1.9 \times 10 \times 2.5 = 100.3 \text{ kPa}$$

地基临界荷载：

$$p_\frac{1}{4} = N_c c + N_q \gamma_2 d + N_{\gamma\left(\frac{1}{4}\right)} \gamma_1 b = 4.4 \times 12 + 1.9 \times 19 \times 2.5 + 0.2 \times 10 \times 3$$
$$= 106.3 \text{ kPa}$$

$$p_\frac{1}{3} = N_c c + N_q \gamma_2 d + N_{\gamma\left(\frac{1}{3}\right)} \gamma_1 b = 4.4 \times 12 + 1.9 \times 19 \times 2.5 + 0.3 \times 10 \times 3$$
$$= 109.3 \text{ kPa}$$

由此可见，当地下水位上升时，土的有效重度减小了，地基的承载力降低了。

8.4　极限承载力的计算

地基极限承载力除了可以从荷载试验求得外,还可以用半理论半经验公式计算。这些公式都是在刚塑体极限平衡理论基础上解得的。下面介绍几个常用的极限承载力公式。

8.4.1　普朗特尔-瑞斯纳地基极限承载力公式

1. 普朗特尔基本解

假定条形基础置于地基表面($d=0$),地基上无重量($\gamma=0$)且基础底面光滑,无摩擦力,如果基础下形成连续的塑性区而处于极限平衡状态时,普朗特尔根据塑性力学得到的地基滑动面形状如图 8-7 所示。地基的极限平衡区可分为 3 个区:在基底下的 I 区,因为假定基底无摩擦力,所以基底平面是最大主应力面,两组滑动面与基础底面间成($\pi/4+\varphi/2$)角,也就是说 I 区是朗肯主动状态区;随着基础下沉,I 区土体向两侧挤压,因此 III 区为朗肯被动状态区,滑动面也由两组平面组成,由于地基表面为最小主应力平面,故滑动面与地基表面成($\pi/4-\varphi/2$)角;I 区与 III 区的中间是过渡区 II,第 II 区的滑动面一组是辐射线,另一组是对数螺旋曲线(图 8-8),如图 8-7 中的 CD 及 CE 所示,其方程式为

$$r = r_0 e^{\theta\tan\varphi} \tag{8-20}$$

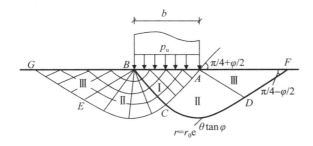

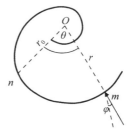

图 8-7　普朗特尔公式的滑动面形状　　　　图 8-8　对数螺旋线

对以上情况,普朗特尔得出条形基础的极限荷载公式如下:

$$p_u = c\left[e^{\pi\tan\varphi}\tan^2\left(\frac{\pi}{4}+\frac{\varphi}{2}\right) - 1 \right]\cot\varphi = cN_c \tag{8-21}$$

式中,承载力系数为

$$N_c = \left[e^{\pi\tan\varphi}\tan^2\left(\frac{\pi}{4}+\frac{\varphi}{2}\right) - 1 \right]\cot\varphi$$

它是土的内摩擦角 φ 的函数,可从表 8-3 中查得。

表 8-3　普朗特尔公式的承载力系数表[适用于式(8-21)～式(8-26)]

φ	0°	5°	10°	15°	20°	25°	30°	35°	40°	45°
N_γ	0	0.62	1.75	3.82	7.71	15.2	30.1	62.0	135.5	322.7
N_q	1.00	1.57	2.47	3.94	6.40	10.7	18.4	33.3	64.2	134.9
N_c	5.14	6.49	8.35	11.00	14.80	20.7	30.1	46.1	75.3	133.9

2. 普朗特尔修正公式

普朗特尔公式假定了基础设置于地基的表面,但一般基础均有一定的埋置深度,若埋置深度较浅,为简化起见,可忽略基础底面以上土的抗剪强度,而将这部分土作为分布在基础两侧的均布荷载 $q = \gamma_0 d$ 作用在 GF 面上,见图 8-9。雷斯诺在普朗特尔公式假定的基础上,求得了由荷载 q 产生的极限荷载公式为

$$p_u = q e^{\pi\tan\varphi} \tan^2\left(\frac{\pi}{4} + \frac{\varphi}{2}\right) = qN_q \tag{8-22}$$

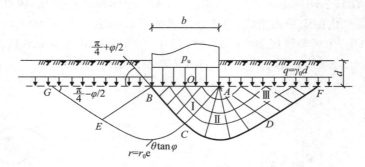

图 8-9　基础有埋置深度时的雷斯诺解

式中,承载力系数为

$$N_q = e^{\pi\tan\varphi} \tan^2\left(\frac{\pi}{4} + \frac{\varphi}{2}\right) \tag{8-23}$$

它是土的内摩擦角 φ 的函数,可从表 8-3 得。

将式(8-21)与式(8-22)合并,得到不考虑土重力时,埋置深度为 d 的条形基础的极限荷载公式:

$$p_u = qN_q + cN_c \tag{8-24}$$

承载力系数 N_q、N_c 可按土的内摩擦角 φ 值由表 8-3 查得。

上述普朗特尔及雷斯诺求得的公式,均是假定土的重度 $\gamma = 0$,但是由于土的强度很小,同时内摩擦角 φ 又不等于零,因此不考虑土的重力作用是不妥当的。若考虑土的重力,普朗特尔求得的滑动面 II 区中的 CD、CE 就不再是对数螺旋曲线了,其滑动面形状很复杂,目前尚无法按极限平衡理论求得其解析值,只能采用数值计算方法求得。

3. 泰勒对普朗特尔公式的补充

普朗特尔和雷斯诺公式是假定土的重度 $\gamma = 0$ 时,按极限平衡理论解得的极限荷载公式。若考虑土体的重力,目前尚无法得到其解析值,但许多学者在普朗特尔公式的基础上作

了一些近似计算。泰勒提出,若考虑土体重力,假定其滑动面与普朗特尔公式相同,那么图 8-9 中的滑动土体 $ABGECDFA$ 的重力将使滑动面 $GECDF$ 上土的抗剪强度增加。泰勒假定其增加值可用一个换算黏聚力 $c' = \gamma t \tan\varphi$ 来表示,其中 γ、φ 为土的重度及内摩擦角,t 为滑动土体的换算高度,假定 $t = OC = \dfrac{b}{2}\cot\alpha = \dfrac{b}{2}\tan\left(\dfrac{\pi}{4} - \dfrac{\varphi}{2}\right)$。用 $(c+c')$ 代替式(8-24)中的 c,得考虑滑动土体重力时的普朗特尔极限荷载计算公式。

$$
\begin{aligned}
p_u &= qN_q + (c+c')N_c = qN_q + cN_c + c'N_c \\
&= qN_q + cN_c + \gamma \frac{b}{2}\tan\left(\frac{\pi}{4}+\frac{\varphi}{2}\right) \\
&= \frac{1}{2}\gamma b N_\gamma + qN_q + cN_c
\end{aligned}
\tag{8-25}
$$

式中,承载力系数为

$$
N_\gamma = \tan\left(\frac{\pi}{4}+\frac{\varphi}{2}\right)\left[e^{\pi\tan\varphi}\tan^2\left(\frac{\pi}{4}+\frac{\varphi}{2}\right) - 1 \right] = (N_q - 1)\tan\left(\frac{\pi}{4}+\frac{\varphi}{2}\right)
\tag{8-26}
$$

其可按 φ 值由表 8-3 查得。

8.4.2　太沙基地基极限承载力公式

1. 地基整体剪切破坏

普朗特尔-瑞斯纳公式的推导忽略了基底以下土体的自重,这和实际情况差距较大。太沙基对此进行了修正,推导出了均质地基上条形基础受中心荷载作用下的考虑土体自重影响的极限承载力公式。在推导过程中,太沙基假定:

①基础的埋深不大于基础的宽度。

②基础底面以下土体是有自重的,即 $\gamma \neq 0$。

③基础底面完全粗糙,基础与地基之间存在摩擦力。

④忽略基础底面以上土的抗剪强度,将基础底面以上的土当成作用在基础两侧的均布荷载 q($q = \gamma_0 d$,γ_0 为基础底面以上土体的加权平均重度,d 为基础的埋置深度)。

⑤在极限荷载作用下,地基发生整体剪切破坏。

由于基础底面与土之间的摩擦力限制了土的剪切变形的发展,图 8-10(a)中基底下部的 Ⅰ 区不再进入朗肯主动状态,而是处于弹性状态,称为"弹性区"。太沙基假定弹性区中 AB 和 AB' 与水平面的夹角等于土的内摩擦角 φ。图 8-10(a)中 Ⅲ 区为被动朗肯区,而 Ⅱ 区为过渡区,Ⅱ 区中连接 Ⅰ、Ⅲ 区的滑动面为对数螺旋线。取单位长度弹性区为隔离体,如图 8-10(b)所示,考虑竖直方向力的平衡,有

$$
p_u b = 2p_p + 2c_a \sin\varphi - W
\tag{8-27}
$$

式中,b 为条形基础的宽度;W 为弹性区的土体重量($W = 1/4\gamma b^2 \tan\varphi$,$\gamma$ 为土体重度);c_a 为作用在弹性区 AB 和 AB' 平面上的黏聚力($c_a = \dfrac{b}{2}\cdot\dfrac{c}{\cos\varphi}$,$c$ 为土的黏聚力),p_p 为作用在弹性区 AB 和 AB' 平面上的被动土压力,由于弹性区中 AB 和 AB' 与水平面的夹角等于土的内摩擦角 φ,所以 p_p 的作用方向为竖直向上。被动土压力 p_p 包含 3 部分,分别为由土的黏聚力 c、基础两侧的均布荷载 q 和土体的自重所引起的被动土压力,太沙基推导

得到

$$p_p = \frac{b}{2\cos^2\varphi}(cK_{pc} + qK_{pq}) + \frac{1}{8}\gamma b^2 \frac{\tan\varphi}{\cos^2\varphi}K_{p\gamma} \tag{8-28}$$

式中，K_{pc}、K_{pq} 和 $K_{p\gamma}$ 分别是与 c、q 和 γ 相关的被动土压力系数，这些系数由 φ 确定。

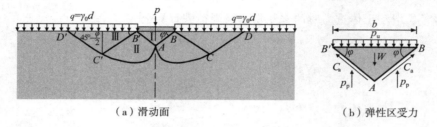

（a）滑动面　　　　　　　　　　　（b）弹性区受力

图 8-10　太沙基地基滑动

结合式(8-27)和式(8-28)可得

$$p_u = c\left(\frac{K_{pc}}{\cos^2\varphi} + \tan\varphi\right) + q\frac{K_{pq}}{\cos^2\varphi} + \frac{1}{4}\gamma b\tan\varphi\left(\frac{K_{p\gamma}}{\cos^2\varphi} - 1\right) \tag{8-29}$$

令

$$N_c = \frac{K_{pc}}{\cos^2\varphi} + \tan\varphi \tag{8-30}$$

$$N_q = \frac{K_{pq}}{\cos^2\varphi} \tag{8-31}$$

$$N_\gamma = \frac{1}{2}\left(\frac{K_{p\gamma}}{\cos^2\varphi} - 1\right)\tan\varphi \tag{8-32}$$

则式(8-29)可写成

$$p_u = cN_c + qN_q + \frac{1}{2}\gamma bN_\gamma \tag{8-33}$$

式中 N_c、N_q 和 N_γ 称为"太沙基地基承载力系数"。实际上，普朗特尔和瑞斯纳已经推导出了 N_c 和 N_q 的表达式：

$$N_c = \left[\frac{e^{(3\pi/2-\varphi)\tan\varphi}}{2\cos^2\left(45° + \frac{\varphi}{2}\right)} - 1\right]\cot\varphi = (N_q - 1)\cot\varphi \tag{8-34}$$

$$N_q = \frac{e^{(3\pi/2-\varphi)\tan\varphi}}{2\cos^2\left(45° + \frac{\varphi}{2}\right)} \tag{8-35}$$

因为 $K_{p\gamma}$ 没有显式的表达式，需要由试算确定，计算出 $K_{p\gamma}$ 后才能得到 N_γ。太沙基直接给出了承载力系数图，如图 8-11 所示。计算中也可查表 8-4 得到各个系数。

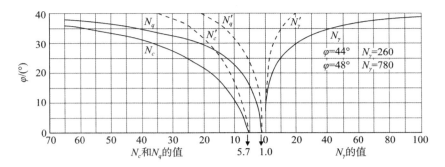

图 8-11　太沙基承载力系数

表 8-4　太沙基承载力系数

$\varphi/(°)$	N_c	N_q	N_γ	$\varphi/(°)$	N_c	N_q	N_γ
0	5.7	1.0	0.0	34	52.6	36.5	36.0
5	7.3	1.6	0.5	35	57.8	41.4	42.4
10	9.6	2.7	1.2	40	95.7	81.3	100.4
15	12.9	4.4	2.5	44	151.9	147.7	260.0
20	17.7	7.4	5.0	45	172.3	173.3	297.5
25	25.1	12.7	9.7	48	258.3	287.9	780.1
30	37.2	22.5	19.7	50	347.5	415.1	1153.2

式(8-33)是在假定地基发生整体剪切破坏情况下条形基础的地基极限承载力,对于其他形式的基础,太沙基给出了相应的经验公式。对于圆形基础,计算公式为

$$p_u = 1.3cN_c + qN_q + 0.6\gamma r N_\gamma \qquad (8-36)$$

式中,r 为圆形基础的半径,m。

对于方形基础

$$p_u = 1.3cN_c + qN_q + 0.4\gamma b N_\gamma \qquad (8-37)$$

式中,b 为方形基础的边长,m。

对于长度为 l、宽度为 b 的矩形基础,可根据 l/b 值在条形基础(假定 $l/b=10$)和方形基础($l/b=1$)的极限承载力之间用线性插值得到。

例题 8.2　条形基础宽 1.5 m,埋置深度 1.2 m,地基为均匀粉质黏土,土的重度 $\gamma = 17.6$ kN/m³,$c=15$ kPa,$\varphi=24°$。用太沙基极限承载力公式求地基的极限承载力。

解　按题意已知:

$q = \gamma d = 17.6 \times 1.2 = 21.12$ kN/m³,$c=15$ kN/m²,$b=1.5$ m,$\varphi=24°$。用太沙基极限承载力公式求地基产生整体剪切破坏的极限承载力。按太沙基极限承载力公式:

$$p_u = \frac{\gamma b}{2} N_\gamma + cN_c + qN_q$$

查图 8-11,$N_\gamma = 8.0$,$N_q = 12$,$N_c = 23.5$。代入上式,

$$p_u = \frac{17.6}{2} \times 1.5 \times 8.0 + 15 \times 23.5 + 21.12 \times 12 = 711.54 \text{ kN/m}^2$$

2. 地基局部剪切破坏

对于地基发生局部剪切破坏时的地基极限承载力,太沙基建议对土的抗剪强度进行折减,取原抗剪强度指标的 2/3,即

$$c^* = \frac{2}{3}c \tag{8-38}$$

$$\varphi^* = \arctan\left(\frac{2}{3}\tan\varphi\right) \tag{8-39}$$

然后根据折减后的指标 φ^* 由图表查得地基承载力系数 N_c、N_q 和 N_γ 后,用 c^* 代替 c,根据基础形式按式(8-33)、式(8-36)或式(8-37)计算局部剪切破坏时的极限承载力。也可以根据 φ 由图 8-11 查虚线得 N_c'、N_q' 和 N_γ' 后,按下列公式计算局部剪切破坏时的极限承载力:

条形基础:

$$p_u = \frac{2}{3}cN_c' + qN_q' + \frac{1}{2}\gamma bN_\gamma' \tag{8-40}$$

方形基础:

$$p_u = 0.87cN_c' + qN_q' + 0.4\gamma bN_\gamma' \tag{8-41}$$

圆形基础:

$$p_u = 0.87cN_c' + qN_q' + 0.6\gamma rN_\gamma' \tag{8-42}$$

例题 8.3 例题 8.2 中若基础埋深改为 3 m,地基土的物理力学特性指标为 $\gamma = 17.6$ kN/m³, $c = 8$ kN/m², $\varphi = 24°$,按太沙基公式求地基产生局部剪切破坏时的极限承载力。

解 用太沙基公式计算地基极限承载力:

$$p_u = \frac{\gamma b}{2}N_\gamma' + c^* N_c' + qN_q'$$

$$c^* = \frac{2}{3}c = \frac{2}{3}\times 8 = 5.3 \text{ kN/cm}^2$$

按 $\varphi = 24°$ 查图 8-11 虚线,得

$$N_\gamma' = 1.5, N_q' = 5.2, N_c' = 14$$

代入上式:

$$p_u = \frac{17.6}{2}\times 1.5\times 1.5 + 5.3\times 14 + 17.6\times 3\times 5.2$$

$$= 19.8 + 74.2 + 274.6 = 369 \text{ kN/m}^2$$

也可以先求出 φ^*,$\tan\varphi^* = \frac{2}{3}\tan\varphi$,$\varphi^* = 16.53°$,用 φ^* 值查图 8-11 实线也得到相同的承载力系数。

8.4.3 地下水位的影响

用公式计算地基承载力时,地下水位以下土体的重度应采用有效重度,根据地下水位位置的不同,可分为如下 3 种情况。

1. 地下水位在基础底面以上

如图 8-12(a)所示，地下水位在基础底面以上，如其距地表的距离为 $d_w(d_w < d)$，在地基承载力计算公式中，基础底面两侧土体产生的均布荷载 q 为

$$q = \gamma d_w + \gamma'(d - d_w)$$

式中，γ 为地下水位以上土体的重度，kN/m^3；γ' 为地下水位以下土体的有效重度，kN/m^3。

承载力计算公式中与基础宽度有关的重度取地下水位以下土体的有效重度 γ'。

2. 地下水位在基础底面以下，且距基础底面 1 倍基础宽度内

如图 8-12(b)所示，地下水位的深度 $d \leqslant d_w \leqslant d + b$，假定影响深度在基础底面下 1 倍宽度，此时承载力计算公式中与基础宽度有关的重度 γ 为基础底面下且在影响深度范围内的土体的加权平均重度，用符号 $\bar{\gamma}$ 表示，其计算公式为

$$\bar{\gamma} = \gamma' + \frac{d_w - d}{b}(\gamma - \gamma') \tag{8-43}$$

3. 地下水位在基础底面以下，且距基础底面超过 1 倍基础宽度

如图 8-12(c)所示，地下水位在基础底面以下，且距基础底面超过 1 倍基础宽度，即 $d_w > d + b$，假定影响深度在基础底面下 1 倍宽度，此时可不考虑地下水位的影响。

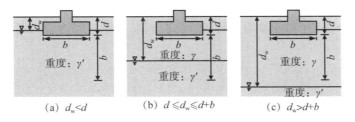

(a) $d_w < d$　　　(b) $d \leqslant d_w \leqslant d + b$　　　(c) $d_w > d + b$

图 8-12　地下水位的影响

例题 8.4　某条形基础宽 $b = 2.8$ m，埋深 $d = 1.5$ m，建于均质的黏土地基上，土层的参数为 $\gamma = 18 \ kN/m^3$，$c = 15 \ kPa$，$\varphi = 20°$，地下水位在地表下 6 m，地下水位以下黏土的饱和重度 $\gamma_{sat} = 18.9 \ kN/m^3$。假定基础底部完全粗糙且破坏时地基为整体剪切破坏，则：

①试用太沙基公式计算地基极限承载力。

②若地下水位上升至地表下 1.0 m，则太沙基地地基极限承载力又为多少？

解　①由 $\varphi = 20°$ 查表 8-4，得承载力系数 $N_c = 17.7$，$N_q = 7.4$ 和 $N_\gamma = 5.0$。由于 $d_w = 6.0 \ m > d + b = 4.3 \ m$，可不考虑地下水位的影响。

根据太沙基极限承载力公式，得

$$p_u = cN_c + qN_q + \frac{1}{2}\gamma b N_\gamma$$

$$= 15 \times 17.7 + 18 \times 1.5 \times 7.4 + \frac{1}{2} \times 18 \times 2.8 \times 5.0$$

$$= 591.3 \ kPa$$

②由于 $d_w = 1.0$ m $< d = 1.5$ m,所以

$$q = \gamma d_w + \gamma'(d - d_w)$$
$$= 18 \times 1.0 + (18.9 - 10) \times (1.5 - 1.0)$$
$$= 22.45 \text{ kPa}$$

根据太沙基极限承载力公式,得

$$p_u = cN_c + qN_q + \frac{1}{2}\gamma b N_\gamma$$

$$= 15 \times 17.7 + 22.45 \times 7.4 + \frac{1}{2} \times (18.9 - 10) \times 2.8 \times 5.0$$

$$= 493.93 \text{ kPa}$$

可见,由于地下水位的上升,地基的极限承载力降低了。

例题 8.5 某圆形基础半径 $r = 4.0$ m,埋深 $d = 2.0$ m,建于均质的黏土地基上,土层的参数为 $\gamma = 19$ kN/m³,$c = 21$ kPa,$\varphi = 21.9°$,地下水位较深。假定基础底部完全粗糙且破坏时地基为局部剪切破坏,试用太沙基公式计算地基极限承载力。

解 由于是局部剪切破坏,先计算折减后的指标:

$$\varphi^* = \arctan\left(\frac{2}{3}\tan\varphi\right) = 15°$$

$$c^* = \frac{2}{3}c = 14 \text{ kPa}$$

由 $\varphi^* = 15°$ 查表 8-4 得承载力系数 $N_c = 12.9$,$N_q = 4.4$ 和 $N_\gamma = 2.5$。代入式(8-36)得极限承载力:

$$p_u = 1.3c^* N_c + qN_q + 0.6\gamma r N_\gamma$$
$$= 1.3 \times 14 \times 12.9 + 19 \times 2 \times 4.4 + 0.6 \times 19 \times 4 \times 2.5$$
$$= 516.0 \text{ kPa}$$

8.5 汉森地基极限承载力公式

太沙基公式适用于竖向中心荷载作用、地面和基底都是水平的情况。但实际工程中常遇到不符合上述条件的情况,汉森(Hansen)、魏锡克(Vesic)和梅耶霍夫(Meyerhof)都结合经验分别提出了修正公式。下面介绍广泛用于水利和港口工程的汉森公式。

汉森公式主要是对承载力进行数项修正,包括非条形基础的形状修正,埋深范围内考虑土抗剪强度的深度修正,基底有水平荷载时的荷载倾斜修正,地面倾斜修正以及基底倾斜修正。每项修正均是在承载力系数 N_c、N_q 和 N_γ 上乘以相应的修正系数。汉森提出的半经验修正公式如下:

$$p_u = cN_c s_c d_c i_c g_c b_c + qN_q s_q d_q i_q g_q b_q + \frac{1}{2}\gamma b N_\gamma s_\gamma d_\gamma i_\gamma g_\gamma b_\gamma \tag{8-44}$$

式中,s_c、s_q 和 s_γ 为基础形状修正系数;d_c、d_q 和 d_γ 为基础深度修正系数;i_c、i_q 和 i_γ 为荷载倾斜修正系数;g_c、g_q 和 g_γ 为地面倾斜修正系数;b_c、b_q 和 b_γ 为基底倾斜修正系数。其余符号意义同前。汉森公式的承载力系数由下列公式计算:

$$N_c = (N_q - 1)\cot\varphi$$

$$N_q = e^{\pi\tan\varphi}\tan^2\left(45° + \frac{\varphi}{2}\right) \qquad (8\text{-}45)$$

$$N_\gamma = 1.5(N_q - 1)\tan\varphi$$

各修正系数的计算为：

①荷载倾斜修正。汉森认为极限承载力的大小与作用于基底上荷载的倾斜程度有关，为避免过大的水平向荷载引起地基的水平滑动，水平荷载 p_h 与竖向荷载 p_v 应满足式：

$$p_h \leqslant c_a A + p_v \tan\varphi_a \qquad (8\text{-}46)$$

$$i_q = \left(1 - \frac{0.5 p_h}{p_v + cA\cot\varphi}\right)^5 \qquad (8\text{-}47\text{a})$$

$$\begin{cases} i_c = 0.5 + 0.5\sqrt{1 - \dfrac{p_h}{cA}} \ (\varphi = 0) & (8\text{-}47\text{b}) \\[4mm] i_c = i_q - \dfrac{1 - i_q}{N_q - 1}(\varphi > 0) & (8\text{-}47\text{c}) \end{cases}$$

$$\begin{cases} i_\gamma = \left(1 - \dfrac{0.7 p_h p}{p_v + cA\cot\varphi}\right)^5 & \text{（基底水平）} & (8\text{-}47\text{d}) \\[4mm] i_\gamma = \left[1 - \dfrac{(0.7 - \eta/45°)p_h}{p_v + cA\cot\varphi}\right]^5 & \text{（基底倾斜）} & (8\text{-}47\text{e}) \end{cases}$$

式中，c_a 和 φ_a 分别为基底与地基土之间的黏聚力和摩擦角；A 为基础的底面积；η 为基底的倾角，即基底与水平面的夹角。

基底水平时的荷载倾斜系数可由表 8-5 查得，表中 $\tan\delta$ 为荷载倾斜率，δ 为倾斜荷载与铅垂线的夹角。当荷载为竖直荷载时，$\tan\delta = 0$，$i_c = i_q = i_\gamma = 1.0$。

表 8-5　荷载倾斜修正系数 i_c、i_q 和 i_γ 的值

$\varphi/(°)$	$\tan\delta=0.1$			$\tan\delta=0.2$			$\tan\delta=0.3$			$\tan\delta=0.4$		
	i_c	i_q	i_γ	i_c	i_q	i_r	i_c	i_q	i_γ	i_c	i_q	i_γ
6	0.53	0.80	0.64									
10	0.75	0.85	0.72									
12	0.78	0.85	0.73	0.44	0.63	0.40						
16	0.81	0.85	0.73	0.58	0.68	0.46						
18	0.82	0.85	0.73	0.61	0.69	0.47	0.36	0.48	0.23			
20	0.82	0.85	0.72	0.63	0.69	0.47	0.42	0.51	0.26			
22	0.82	0.85	0.72	0.64	0.69	0.47	0.45	0.52	0.27	0.22	0.32	0.10
26	0.82	0.84	0.70	0.65	0.68	0.46	0.48	0.53	0.28	0.32	0.38	0.15
28	0.82	0.83	0.69	0.65	0.67	0.45	0.49	0.52	0.27	0.34	0.39	0.15
30	0.82	0.83	0.69	0.65	0.67	0.44	0.49	0.52	0.27	0.35	0.39	0.15

续表

$\varphi/(°)$	$\tan\delta=0.1$			$\tan\delta=0.2$			$\tan\delta=0.3$			$\tan\delta=0.4$		
	i_c	i_q	i_γ	i_c	i_q	i_r	i_c	i_q	i_γ	i_c	i_q	i_γ
32	0.81	0.82	0.68	0.64	0.66	0.43	0.49	0.51	0.26	0.36	0.39	0.15
34	0.81	0.82	0.67	0.64	0.65	0.42	0.49	0.50	0.25	0.36	0.38	0.14
36	0.81	0.81	0.66	0.63	0.64	0.41	0.48	0.50	0.25	0.36	0.37	0.14
38	0.80	0.80	0.65	0.62	0.63	0.40	0.47	0.49	0.24	0.35	0.37	0.13
40	0.79	0.80	0.64	0.62	0.62	0.36	0.47	0.48	0.23	0.35	0.36	0.13
44	0.78	0.78	0.61	0.59	0.60	0.36	0.44	0.45	0.20	0.33	0.33	0.11

②基础形状修正。当基础底面的长度 l 和宽度 b 之比不大（一般 $l/b<10$），不能当作条形基础时应进行基础形状修正。基础形状修正系数可按下式计算：

$$s_c=1+0.2\frac{b}{l}i_c \tag{8-48a}$$

$$s_q=1+\frac{b}{l}i_q\sin\varphi \tag{8-48b}$$

$$s_\gamma=1-0.4\frac{b}{l}i_\gamma^* \geqslant 0.6 \tag{8-48c}$$

对条形基础 $(l/b\geqslant10),s_c=s_q=s_\gamma=1.0$。

③基础深度修正。当基础具有一定的埋深 d，需要考虑基底以上土的抗剪强度的影响时，可用式(8-49)进行基础深度修正：

$$\begin{cases} d_c=1+0.4\dfrac{d}{b},d\leqslant b & (8\text{-}49\text{a}) \\ d_c=1+0.4\arctan\dfrac{d}{b},d>b & (8\text{-}49\text{b}) \end{cases}$$

$$\begin{cases} d_q=1+2\tan\varphi(1-\sin\varphi)^2\dfrac{d}{b},d\leqslant b & (8\text{-}49\text{c}) \\ d_q=1+2\tan\varphi(1-\sin\varphi)^2\arctan\dfrac{d}{b},d>b & (8\text{-}49\text{d}) \end{cases}$$

$$d_\gamma=1(所有情况) \tag{8-49e}$$

④地面倾斜修正。地面的倾斜和基础底面本身的倾斜也会对承载力产生影响。若地面与水平面的夹角为 β，基底与水平面的夹角为 η，且 $\beta+\eta\leqslant90°$，地面倾斜修正系数可按下式计算：

$$g_c=1-\frac{\beta}{147°} \tag{8-50a}$$

$$g_q=g_\gamma=(1-0.5\tan\beta)^5 \tag{8-50b}$$

⑤基底倾斜修正。基础底面倾斜修正系数可由下式计算：

$$b_c=1-\frac{\eta}{147°} \tag{8-51a}$$

$$b_q = \mathrm{e}^{-2\eta\tan\varphi} \tag{8-51b}$$
$$b_\gamma = \mathrm{e}^{-2.7\eta\tan\varphi} \tag{8-51c}$$

8.6　影响地基极限承载力的因素

地基的极限承载力与建筑物的安全密切相关,尤其对重大工程或承受倾斜荷载的建筑物更为重要。各类建筑物采用不同的基础形式、尺寸和埋深,置于不同地基土质情况下,极限荷载的大小可能相差很大,需要进行研究。影响地基极限承载力的因素很多,可归纳为以下几个方面。

8.6.1　地下水

地下水对浅基础地基承载力的影响一般有两种情况:①沉没在水下的土,将失去毛细管吸力或弱结合水所形成的表观凝聚力,使承载力降低;②由于水的浮力作用,土的重量减小而降低了地基的承载力。前一种影响因素在实际研究上尚有困难。因此,目前一般都假定地下水位上下土的强度指标相同,而仅仅考虑由于水的浮力作用对承载力所产生的影响。

8.6.2　地基的破坏模式

在极限荷载作用下,地基发生破坏的模式有多种,通常地基发生整体剪切破坏时,极限承载力大;地基发生冲剪破坏时,极限承载力小。现分述如下:

①地基整体剪切破坏。当地基土良好或中等,上部荷载超过地基极限荷载 p_u 时,地基中的塑性变形区扩展连成整体,导致地基发生整体剪切破坏。其滑动面的形状:若地基中有较弱的夹层,则必然沿着弱夹层滑动;若为均匀地基,则滑动面为曲面。理论计算中,滑动曲线近似采用折线、圆弧或两端为直线中间为曲线表示。例如,在负责一项工程任务时,用特制大型玻璃钢槽进行了大量模拟试验,地基土为实际工程中的粗砂。试验结果表明,当荷载逐级增加达到极限荷载时,地基发生整体剪切破坏,可由钢槽侧面透明钢化玻璃精确量测地基滑动面的形状:两端为直线,中段为圆弧。

②地基局部剪切破坏。当基础埋深大、加荷速率快时,因基础旁侧荷载大,阻止了地基整体剪切破坏,使地基发生基础底部局部剪切破坏。

③地基冲剪破坏。若地基为松砂或软土,在外荷载作用下,地基产生较大沉降,基础竖向切入土中,发生冲剪破坏。

8.6.3　地基土的强度指标

地基土的物理力学性能指标很多,与地基极限荷载有关的主要是土的强度指标 φ、c 和密度指标 γ。凡地基土的 φ、c、γ 越大,则极限荷载 p_u 相应也越大。

①土的内摩擦角。土的内摩擦角 φ 值的大小,对地基极限荷载的影响最大。若 φ 越大,即 $\tan\left(45°+\dfrac{\varphi}{2}\right)$ 越大,则承载力系数 N_γ、N_c、N_q 越大,对极限荷载 p_u 计算公式中三项数值都起作用,故极限荷载数值就越大。

②土的黏聚力。若地基土的黏聚力 c 增加,则极限荷载一般公式中的第二项增大,即 p_u 增大。

③土的重度。若地基土的重度 γ 增大,则极限荷载公式中第一项、第三项增大,即 p_u 增大。若松砂地基采用强夯法压密,使 γ 增大(同时 φ 也增大),则极限荷载增大,即地基承载力增大。

8.6.4 基础设计的尺寸

地基的极限荷载大小不仅与地基土的性质密切相关,还与基础尺寸大小有关,这是初学者容易忽视的。在建筑工程中,遇到地基承载力不够用,又相差不多时,可通过在基础设计中加大基底宽度和基础埋深来解决,不必加固地基。

①基础宽度。若基础设计宽度 b 加大,地基的极限荷载公式第一项增大,即 p_u 增大,但在饱和软土地基中,b 增大后对 p_u 几乎没有影响。这是因为饱和软土地基的内摩擦角 $\varphi=0$,则承载力系数 $N_\gamma=0$,无论 b 增大多少,p_u 的第一项均为 0。

②基础埋深。当基础埋深 d 加大时,基础旁侧荷载 $q=\gamma d$ 增加,即极限荷载公式中第三项增加,因而 p_u 也增大。

8.6.5 荷载作用

荷载的作用方向和作用时间对地基承载力的影响。

①荷载的作用方向。若荷载的作用方向为倾斜方向,则极限荷载 p_u 小;若荷载的作用方向为竖直方向,则极限荷载 p_u 大。

②荷载的作用时间。若荷载的作用时间很短,如地震荷载,则极限荷载可以提高。若地基为高塑性黏土,呈可塑或软塑状态,在长时间荷载作用下,土产生蠕变,土的强度降低,即极限荷载降低。英国伦敦黏土有此特性,例如,伦敦附近威伯列铁路通过一座17 m高的山坡,修筑9.5 m高挡土墙支挡山坡土体,正常通车 13 年后,土坡因伦敦黏土强度降低而滑动,长达162 m的挡土墙移滑达6.1 m。

思考题

8-1 什么是地基承载力? 确定地基承载力的方法有哪些?

8-2 地基破坏模式有哪几种? 各种模式的发展过程和特征分别是什么?

8-3 什么是临塑荷载? 塑性区边界方程推导的基础是什么? 推导过程中的哪个假定与大多数的实际情况不符?

8-4 确定地基极限承载力时,为什么要假定滑动面?

8-5 普朗特尔公式的假定有哪些?

8-6 太沙基公式的假定有哪些? 对于地基发生局部剪切破坏时的地基极限承载力,如何利用太沙基公式进行计算?

8-7 地下水位对地基极限承载力有何影响?

习题

8-1　某条形基础宽 $b=2.8$ m,埋深 $d=1.5$ m,建于均质的黏土地基上,土层的参数为 $\gamma=18$ kN/m³, $c=15$ kPa, $\varphi=20°$。试计算地基的临塑荷载 p_{cr} 及临界荷载 $p_{\frac{1}{4}}$ 和 $p_{\frac{1}{3}}$。

8-2　置于一均质地基上的某条形基础,宽 $b=3$ m,埋深 $d=2$ m,地基土的重度 $\gamma=18$ kN/m³,饱和土的重度 $\gamma_{sat}=21$ kN/m³,内摩擦角 $\varphi=12°$,黏聚力 $c=20$ kPa,地下水位位于地表以下 3 m 处。试求:

①该地基的 p_{cr}、$p_{\frac{1}{4}}$ 和 $p_{\frac{1}{3}}$ 有何变化?

②若地下水位上升至基础底面,假定地基土的抗剪强度指标不变,则 p_{cr}、$p_{\frac{1}{4}}$ 和 $p_{\frac{1}{3}}$ 有何变化?

8-3　有一条形基础,宽度 $b=2.5$ m,埋置深度 $d=1.6$ m,地基土的重度 $\gamma=19$ kN/m³,黏聚力 $c=17$ kPa,内摩擦角 $\varphi=20°$,按太沙基地基承载力公式计算该基础下地基极限承载力,如果安全系数 $K=2.5$,则容许承载力是多少?

8-4　某高校学生食堂的条形基础基底宽度 $b=3$ m,基础埋深 $d=2$ m,地下水位接近地面。地基为砂土,饱和重度 $\gamma_{sat}=21.1$ kN/m³,内摩擦角为 $30°$,荷载为中心荷载。

①求地基的临界荷载。

②若基础埋深 d 不变,基底宽度 b 加大一倍,求地基临界荷载。

③若基底宽度 b 不变,基础埋深 d 加大一倍,求地基临界荷载。

④从上述计算结果可以发现什么规律?

8-5　某学校办公楼的条形筏板基础宽度 $b=12$ m,埋深 $d=2$ m,建于均匀黏土地基上,通过试验获得参数: $\gamma=18$ kN/m³, $\varphi=15°$, $c=15$ kPa。

①求地基的临界荷载 $p_{\frac{1}{4}}$ 和临塑荷载 p_{cr}。

②利用太沙基地基极限承载力公式计算地基极限承载力。

③若地下水位位于基础底面处($\gamma_{sat}=19.7$ kN/m³),计算临界荷载和临塑荷载。

8-6　某教职工宿舍楼一矩形基础宽度 $b=3$ m,埋深 $d=2$ m,长度 $l=4$ m,建于饱和软黏土地基上,地基土强度参数: $\gamma=18$ kN/m³, $c_u=12$ kPa, $\varphi=0$。试用普朗特尔地基极限承载力公式计算该地基极限承载力值。

8-7　条形基础宽为 1.5 m,埋置深度为 1.2 m,地基土为均匀粉质黏土,土的重度为 17.6 kN/m³,黏聚力 $c=15$ kPa,内摩擦角 $\varphi=24°$。

①试用太沙基地基极限承载力公式求地基的承载力。

②当基础宽度为 3 m,其他条件不变时,试求地基的承载力。

③当基础宽度为 3 m,深度为 2.4 m,其他条件不变时,试求地基的承载力。

8-8　某条形基础底宽为 5 m,承受铅直均布荷载,基础埋置深度为 1 m,地下水位深 2 m。地基土为软弱黏土,其天然容重为 19.0 kN/m³,饱和容重为 20.0 kN/m³,黏聚力 $c=40$ kPa, $\varphi=15°$。试用太沙基公式计算地基发生局部剪切破坏时的极限承载力($g=10$ m/s²)。

参考文献

[1]汪仁和. 土力学[M]. 北京:中国电力出版社,2010.

[2]姚仰平. 土力学[M]. 北京:高等教育出版社,2004.

[3]李镜培,梁发云,赵春风. 土力学[M]. 2版. 北京:高等教育出版社,2008.

[4]龚晓南. 土力学[M]. 北京:中国建筑工业出版社,2002.

[5]中华人民共和国住房和城乡建设部. 湿陷性黄土地区建筑标准:GB 50025—2018[S]. 北京:中国建筑工业出版社,2018.

[6]中华人民共和国住房和城乡建设部. 建筑地基基础设计规范:GB 50007—2011[S]. 北京:中国建筑工业出版社,2012.

[7]顾宝和. 岩土工程典型案例述评[M]. 北京:中国建筑工业出版社,2015.

[8]张向东,苏丽娟. 土力学与地基基础[M]. 徐州:中国矿业大学出版社,2022.

土力学学科名人堂——黄文熙

黄文熙（1909—2001）
图片来源:https://zhuanlan.zhihu.com/p/690340853。

　　黄文熙,1909年1月3日出生于上海,祖籍江苏省吴江县。1929年毕业于中央大学土木工程系,获工科学士学位。留校任教一年半后到上海慎昌洋行建筑部任结构设计员,在设计一座17层钢架结构时,创造了"框架力矩直接分配法",圆满地完成了设计任务,深得当时建筑部主任的赞赏,称誉他"具有解决困难任务的特殊能力"。

　　1933年,黄文熙先生考取清华大学第一届留美公费生,主修河工专业。学校指定中国河工专业的创始人李仪祉和沈百先为其导师,先安排在国内参观实习一年,1934年秋进入美国艾奥瓦大学,1935年春转至密歇根大学,师从铁木辛柯(Timoshenko)及金(King)两位教授,学习力学和水工建筑,在取得硕士学位时因成绩优秀被授予斐加斐荣誉奖章,并破格免试攻读博士学位。他只用了一年半时间就完成了博士论文——《格栅法在拱坝、壳体和平板分析中的应用》,受到导师和答辩委员们的称赞,并被授予西格玛赛荣誉奖章。当时,《底特律日报》和《密歇根日报》都有专文称赞他是"密歇根大学多年来才华最出众的学生,在结构和水利工程两个领域内取得了杰出的成就"。在美学习期间,他还受到土力学奠基人太沙基的深刻影响,对当时尚属新兴学科的土力学给予高度重视。

　　1937年夏抗日战争前夕,黄文熙先生接受中央大学的邀聘,毅然回国。黄文熙先生是我国土力学学科的奠基人,长期致力于水工结构与岩土工程的研究和实践工作。几十年来,他始终站在这一学科的最前沿,在不同的研究课题方面都做出了高水平的研究成果。1955年,黄文熙先生当选为中国科学院学部委员(现为中国科学院院士)。1956年他参加制定了我国第一个长期的科学技术发展规划,即《1956至1967年全国科学技术发展远景规划》的工作。先后担任过中国水利学会副理事长、名誉理事,岩土力学专业委员会主任,中国水力发电工程学会副理事长,中国土木工程学会荣誉会员,中国力学学会理事,中国土力学及基础工程学会理事长、名誉理事等。他还担任过《水利学报》《岩土工程学报》编委会主任,《中国科学》《清华大学学报》编委等职。他积极参加国内外的学术活动,曾赴西欧、日本、美国进行学术考察,多次参加国际学术会议,发表学术论文,进行学术交流,是国际知名的专家。2001年1月1日在北京逝世,享年92岁。

第九章　土坡稳定性

课前导读

　　本章主要内容包括均质无黏性土土坡、黏性土土坡以及复杂条件下的土坡稳定性。本章的教学重点为土坡失稳的机理、均质无黏性土土坡和黏性土土坡的稳定性分析方法。学习难点为各种土坡稳定性分析方法的假定及分析过程。

能力要求

　　通过本章的学习,学生应掌握均质无黏性土土坡的稳定性分析方法,了解黏性土土坡的整体圆弧滑动法(slip circle method)和条分法。

9.1　土坡及其稳定性概念

　　土坡稳定分析属于土力学中的稳定问题。土坡的滑动一般是指土坡在一定范围内整体地沿某一滑动面向下和向外移动而丧失其稳定性。在土建施工中,由于填土、挖土等,常常会形成有相当高差的土坡。若土坡太陡,很容易发生塌方或滑坡;而土坡过于平缓,则会增加许多土方施工量或超出建筑界线或影响建筑物的使用及安全。土坡的失稳,经常是在外界的不利因素影响下触发和加剧的,一般有以下原因:

　　①土坡所受作用力发生变化。例如,由于在坡顶堆放材料或建造建筑物使坡顶受荷;由于打桩、车辆行驶、爆破、地震等引起的振动改变了原来的平衡状态;静水力作用的变化,如雨水或地面水流入土坡中的竖向裂缝,对土坡产生侧向压力,从而促进土坡的滑动。

　　②土坡材料的抗剪强度降低。例如土体中含水量或孔隙水压力的增加;振动使饱和砂土或粉砂土液化等使土的强度降低。

　　本章主要介绍简单土坡的稳定分析方法。所谓简单土坡是指土坡的顶面和底面都是水平的,并伸至无穷远,土坡由均质土所组成,如图 9-1 所示。

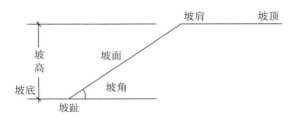

图 9-1　边坡各部位名称

土坡在自重、渗流力、地震荷载等的作用下,一定范围内土体的下滑力或力矩大于滑动面上的抗滑力或力矩时,土坡就会滑动。另外土坡土体的吸水膨胀、浸水软化、流变等都会降低土坡土体的抗剪强度,从而引起土坡的滑移失稳,该现象称为"滑坡"。土坝、土坡或土堤的长度一般为数百米甚至数千米,当长宽比大于 10 时,可以简化为平面应变问题,取一延米长度分析土坡的稳定性。滑动面的形状一般有直线形或平面滑动面(例如无黏性土)、近似圆弧的滑动面(例如黏性土)以及复合滑动面(例如有软弱夹层)等,如图 9-2 所示。

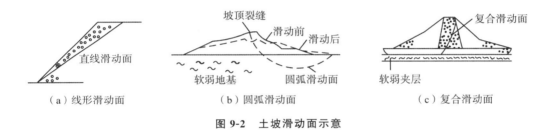

(a)线形滑动面　　　　　(b)圆弧滑动面　　　　　(c)复合滑动面

图 9-2　土坡滑动面示意

本章根据极限平衡理论,假设滑动土体为刚性体,介绍无黏性土坡平面滑动的稳定性分析方法,以及黏性土坡圆弧或非圆弧滑动面的稳定性分析方法。分析各种特殊工况下土坡稳定安全系数的计算方法,对土坡稳定分析的关键问题进行讨论。

9.2　无黏性土坡的稳定性分析

无黏性土坡的滑坡体厚度较小,一般用平面滑动面分析其浅层抗滑稳定性。用该滑动面上的抗滑力与滑动力之比,或者抗剪强度与剪应力之比,定义无黏性土坡的抗滑稳定安全系数。

9.2.1　无渗流作用时土坡的稳定性分析

水位以上的土坡可认为是全干的。静水位以下的土坡全部被水淹没。这两种情况下,坡内外水位相同没有渗流作用,无黏性土颗粒间无黏聚力,因此要使土坡保持稳定,必须使其摩阻力大于坡土承受的剪切力。

图 9-3(a)为无渗流时一坡角为 β 的均质无黏性土坡,其潜在直线滑动面为 BC,倾角为 θ。把三角形滑坡体 ABC 作为刚性体,其重量 $W = \gamma V$,V 为滑坡体 ABC 的体积。重力在滑动面 BC 方向的分力即为下滑力(滑动力)$T = \gamma V \sin\theta$,在法线方向上的分力 $N = \gamma V \cos\theta$。

阻止滑坡体 ABC 下滑的抗滑力 $T_f = N\tan\varphi = \gamma V\cos\theta\tan\varphi$，式中，$\varphi$ 为土的内摩擦角。抗滑稳定安全系数 F_s 可用下式定义：

$$F_s = \frac{T_f}{T} = \frac{\gamma V\cos\theta\tan\varphi}{\gamma V\sin\theta} = \frac{\tan\varphi}{\tan\theta} \tag{9-1a}$$

也可以从坡面上任取一个单元土体，如图 9-3(b) 所示。假定不考虑该单元土体两侧应力对稳定性的影响，则单元体的自重 W 产生的沿坡面的滑动力为 $T = W\sin\beta$，垂直于坡面的正压力 $N = W\cos\beta$，抗滑力 $T_f = N\tan\varphi = W\cos\beta\tan\varphi$。同样可得到与式(9-1a)形式相同的抗滑稳定安全系数。

$$F_s = \frac{\tan\varphi}{\tan\beta} \tag{9-1b}$$

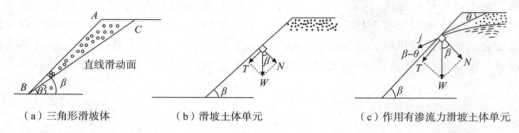

(a) 三角形滑坡体　　　　(b) 滑坡土体单元　　　　(c) 作用有渗流力滑坡土体单元

图 9-3　无黏性土无限长边坡

由式(9-1b)可知，只要坡角 β 小于无黏性土的内摩擦角 φ，则该无黏性土坡就是稳定的。当 $F_s = 1$ 时，无黏性土坡处于极限平衡状态，此时土坡的极限稳定坡角 $\beta = \varphi$。土坡自然松散堆积稳定时的坡角称为"自然休止角"，等于坡土自然松散状态的内摩擦角。

9.2.2　稳定渗流条件下土坡的稳定性分析

在坡内外水头差的作用下，坡土中会有渗流力的作用，例如运行期的土石坝下游坡、坑内抽水的基坑边坡等。在图 9-3(c) 中，取坡面渗流处体积 $V = 1$ 的微元体。坡土的浮容重为 γ'，则重力 $W = \gamma'$，其法向分力为 $\gamma'\cos\beta$，切向分力为 $\gamma'\sin\beta$。渗流方向与坡面的夹角为 θ，渗流力 $j = \gamma_w i$，则其法向分力为 $\gamma_w i\sin(\beta-\theta)$，切向分力为 $\gamma_w i\cos(\beta-\theta)$。土坡的稳定安全系数为

$$F_s = \frac{T_f}{T_s} = \frac{[\gamma'\cos\beta - \gamma_w i\sin(\beta-\theta)]\tan\varphi}{\gamma'\sin\beta + \gamma_w i\cos(\beta-\theta)} \tag{9-2a}$$

式中，γ_s 为水的容重；i 为水力坡降；T_s 为下滑力，此处是重力的切向分力与渗流力的切向分力之和；其余符号同前。当渗流方向为顺坡面流出时，$\theta = \beta$，此时称为"顺坡渗流"，水力坡降 $i = \sin\beta$（坡高与坡长之比）。此时渗流力 j 的方向平行于下滑力 T_s，则式(9-2a)变为

$$F_s = \frac{T_f}{T_s} = \frac{\gamma'\cos\beta\tan\varphi}{\gamma'\sin\beta + \gamma_w\sin\beta} = \frac{\gamma'\tan\varphi}{(\gamma' + \gamma_w)\tan\beta} = \frac{\gamma'\tan\varphi}{\gamma'_{sat}\tan\beta} \tag{9-2b}$$

由式(9-2b)可以看出，无黏性土坡的安全系数在有顺坡渗流作用时要比无渗流作用时约降低 1/2（$\gamma' \approx \gamma_w$）。

9.3 黏性土坡的稳定性分析

9.3.1 整体圆弧滑动法

黏性土由于颗粒之间存在黏结力,发生滑坡时是整块土体向下滑动的,因此坡面上任一单元土体的稳定条件都不能用来代表整个土坡的稳定条件。若按平面应变问题考虑,将滑动面以上土体看作刚体,并以其为脱离体,分析在极限平衡条件下其上的各种作用力,而以整个滑动面上的平均抗剪强度与平均剪应力之比来定义土坡的安全系数,即

$$F_s = \frac{\tau_f}{\tau} \tag{9-3}$$

对于均质的简单黏性土土坡,其滑动面常可假定为一圆柱面,其安全系数也可用滑动面上的最大抗滑力矩与滑动力矩之比来定义,其结果完全相同,该评价土坡稳定性的方法称为"圆弧滑动法"。

图 9-4(a)为一均质黏性土土坡,曲面 AC 为假定的滑动面,圆心为 O,半径为 R。土体 ABC 在自重作用下有向下滑动的趋势,但因为没有向下滑动($F_s \geqslant 1$),所以整个土体要满足力矩平衡条件(滑弧上的法向反力 N 通过圆心 O),即

$$\frac{\tau_f}{F_s}\widehat{L}R = Wd$$

故安全系数为

$$F_s = \frac{\tau_f}{Wd}\widehat{L}R \tag{9-4}$$

式中,$\widehat{L}$ 为滑弧弧长;d 为土体重心离滑弧圆心的水平距离。

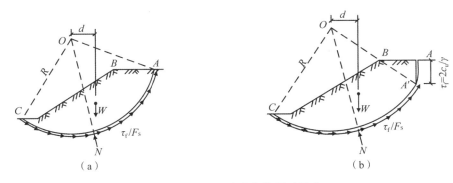

图 9-4 均质土坡的整体圆弧滑动

一般情况下,土的抗剪强度 τ_f 由黏聚力 c 和摩擦力 $\sigma\tan\varphi$ 两部分组成,因此它是随着滑动面上法向应力的改变而变化的,沿整个滑动面并非一个常量。但对饱和黏土来说,在不固结不排水试验条件下,其 $\varphi_u = 0$,$\tau_f = c_u$,即抗剪强度与滑动面上的法向应力无关。于是,上式就可写成:

$$F_s = \frac{c_u \widehat{L} R}{Wd} \tag{9-5}$$

这种稳定分析方法通常称为"φ_u分析法"。c_u可以用三轴不固结不排水试验求出,也可由无侧限抗压强度试验或现场十字板剪切试验求得。

黏性土土坡在发生滑坡前,坡顶常出现竖向裂缝,如图 9-4(b)所示,其高度 h_0 可按 $h_0 = 2c/(\gamma\sqrt{K_a})$ 近似计算,当 $\varphi_u = 0$ 时,$K_0 = 1$,故 $h_0 = 2c_u/\gamma$,还要考虑静水压力对土坡稳定的不利影响。

以上求出的 F_s 是对应于任意假定的某个滑动面的抗滑安全系数,而我们要求的是与最危险滑动面相对应的最小安全系数。为此,通常需要假定一系列滑动面,进行多次试算,计算工作量是很大的。费伦纽斯(Felenius)通过大量计算,曾提出确定最危险滑动面圆心的经验方法,迄今仍被使用。

费伦纽斯认为,对于均质黏性土土坡,其最危险滑动面常通过坡脚。对于 $\varphi_u = 0$ 的土,其圆心位置可由图 9-5(a)中 AO 与 BO 两线的交点确定,图中 β_1 及 β_2 的值根据坡角由表 9-1 查出。

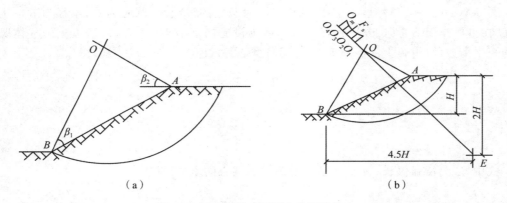

图 9-5　最危险滑动面圆心位置的确定

对于 $\varphi > 0$ 的土,最危险滑动面的圆心位置可能位于图 9-5(b)中 EO 的延长线上。自 O 点向外取圆心 $O_1, O_2, \cdots$ 分别作滑弧,并求出相应的抗滑安全系数 $F_{s1}, F_{s2}, \cdots$,然后绘制曲线找出最小值,即为所要求的最危险滑动面圆心 O_m 和土坡的稳定安全系数 F_{smin}。对于非均质黏性土土坡或坡面形状及荷载情况都比较复杂的土坡,这样确定的 O_m 还不甚可靠,尚需自 O_m 作 OE 线的垂直线,在其上再取若干点作为圆心进行计算比较,才能找出最危险滑动面的圆心和土坡的稳定安全系数。

当土坡形状及土层分布都比较复杂时,最危险滑动面并不一定通过坡脚,此时用费伦纽斯法并非十分可靠。电算结果表明,无论多么复杂的土坡,其最危险滑弧圆心的轨迹都是一条类似于双曲线的曲线,位于通过土坡坡面线中点的竖直线与法线之间。当采用电算进行分析时,可在此范围内有规律地选取若干圆心坐标,结合不同的滑弧弧脚,求出相应滑弧的安全系数,通过比较求得最小值;或根据各圆心对应的 F_s 值,画出 F_s 等值线图,从而求出 F_{smin}。但需注意,对于成层土土坡,其低值区不止一个,需分别进行计算。

表 9-1　最危险滑动面圆心位置的确定

坡比	坡角	β_1	β_2
1∶0.58	60.00°	29°	40°
1∶1.00	45.00°	28°	37°
1∶1.50	33.79°	26°	35°
1∶2.00	26.57°	25°	35°
1∶3.00	18.43°	25°	35°
1∶5.00	11.32°	25°	37°

　　如上所述,根据费伦纽斯提出的方法,虽然可以将最危险滑动面的圆心位置缩小到一定范围,但其试算工作量仍然很大。泰勒对此做了进一步的研究,提出了确定均质简单土坡稳定安全系数的图形(图 9-6、图 9-7)。

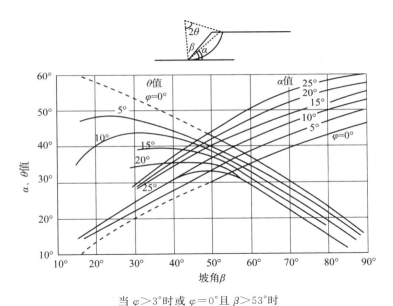

当 $\varphi>3°$ 时或 $\varphi=0°$ 且 $\beta>53°$ 时

图 9-6　按泰勒法确定均质简单土坡稳定安全系数(一)

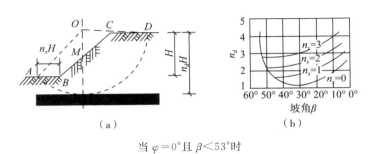

当 $\varphi=0°$ 且 $\beta<53°$ 时

图 9-7　按泰勒法确定均质简单土坡稳定安全系数(二)

泰勒认为圆弧滑动面的 3 种形式与土的内摩擦角 φ 值、坡角 β 值，以及硬土层埋藏深度等因素有关。泰勒经过大量计算分析后提出：

当 $\varphi>3°$ 时，滑动面为坡脚圆，其最危险滑动面圆心位置可根据 φ 及 β 值从图 9-6 中的曲线查得 θ 及 α 值后作图求得。

当 $\varphi=0°$ 且 $\beta>53°$ 时，滑动面也是坡脚圆，其最危险滑动面圆心位置同样可以从图 9-6 中的曲线查得 θ 及 α 值后作图求得。

当 $\varphi=0°$ 且 $\beta<53°$ 时，滑动面可能是中点圆，也可能是坡脚圆或坡面圆，它取决于硬层的埋藏深度。当土体高度为 H 时，硬层的埋藏深度为 $n_d H$，如图 9-7(a)所示。若滑动面为中点圆，则其圆心位置在坡面中点 M 的铅垂线上，且与硬层相切，如图 9-7(a)所示。滑动面与土面的交点为 A，A 点距坡脚 B 的距离为 $n_x H$，n_x 值可根据 n_d 及 β 值由图 9-7(b)查得。若硬层埋藏深度较浅，则滑动面可能是坡脚圆或坡面圆，其圆心位置需通过试算确定。

泰勒提出在土坡稳定性分析中共有 5 个计算参数，即土的重度 γ、土坡高度 H、坡角 β 及土的抗剪强度指标 c、φ，若知道其中 4 个参数就可以求出第 5 个参数。为了应用方便，引入参数 N_s，称为"稳定因数"，即

$$N_s=\frac{\gamma H}{c} \tag{9-6}$$

通过大量计算可以得到 N_s 与 φ、β 间的关系曲线，如图 9-8 所示。在图 9-8(a)中，给出了 $\varphi=0°$ 时稳定因数 N_s 与 β 的关系曲线。在图 9-8(b)中，给出了 $\varphi>0°$ 时，N_s 与 β 的关系曲线。从图中可以看到，当 $\beta<53°$ 时，滑动面形式与硬层埋藏深度 $n_d H$ 有关。

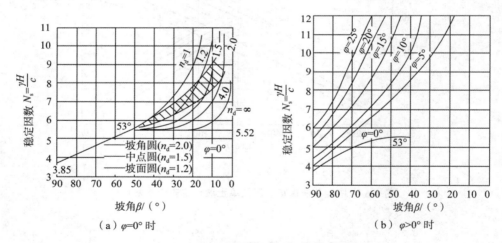

图 9-8 泰勒的稳定因数 N_s 与坡脚 β 的关系

泰勒分析简单土坡的稳定性时，假定滑动面上土的摩阻力先得到充分的发挥，再由土的黏聚力补充。因此，在求得满足土坡稳定时滑动面上所需要的黏聚力 c_1 后，与土的实际黏聚力 c 进行比较，即可求得土坡的稳定安全系数。

例题 9.1 如图所示为简单土坡，已知土坡高度 $H=8$ m，坡角 $\beta=60°$，土的性质为：$\gamma=19.4$ kN/m³，$\varphi=10°$，$c=25$ kPa。试用泰勒稳定系数曲线计算土坡的稳定安全系数。

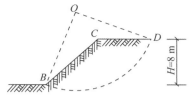

图 9-9　例题 9.1 用图

解　当 $\varphi = 10°, \beta = 40°$ 时,由图 9-8(b)查得 $N_s = 10.0$。由式(9-6)可求得此时滑动面上所需要的黏聚力 c_1 为

$$c_1 = \frac{\gamma H}{N_s} = \frac{19.4 \times 8}{10} = 15.52 \text{ kPa}$$

土坡的稳定安全系数 F_s 为

$$F_s = \frac{c}{c_1} = \frac{25}{15.52} = 1.61$$

应该看到,上述安全系数的意义与前述不同,前面的是指土的抗剪强度与剪应力之比。在本例中,对土的内摩擦角 φ 而言,其安全系数是 1.0,而黏聚力 c 的安全系数是 1.61,两者不一致。若要求 c、φ 值具有相同的安全系数,则需采用试算法计算。

9.3.2　条分法分析土坡稳定性

从前面的分析可知,由于圆弧滑动面上各点的法向应力不同,因此,各点土的抗剪强度也不相同,这样就不能直接应用式(9-1)、式(9-2)计算土坡的稳定安全系数。而泰勒的分析方法是在对滑动面上的抵抗力大小及方向作了一些假定的基础上,才得到分析均质简单土坡稳定性的计算图形。它对于非均质的土坡或比较复杂的土坡,如形状较复杂、土坡上有荷载作用或土坡中有水渗流时的土坡,均不适用。费伦纽斯提出的条分法是解决这一问题的基本方法,至今仍得到广泛的应用。

1. 基本原理

如图 9-10 所示土坡,取单位长度土坡按平面问题计算。假设可能的滑动面是一圆弧 AD,圆心为 O,半径为 R。将滑动土体 $ABCDA$ 分成许多竖向土条,土条的宽度一般可取 $b = 0.1R$,任意土条 i 上的作用力包括:

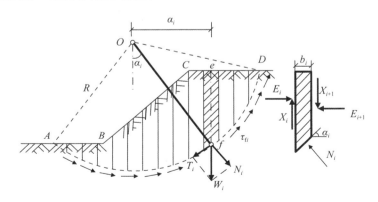

图 9-10　用条分法计算土坡稳定性

①土条的重力 W_i，其大小、作用点的位置及方向均为已知。

②滑动面 AD 上的法向力 N_i 及切向反力 T_i，假定 N_i 和 T_i 作用在滑动条块 ef 的底边中点，它们的大小均未知。

③土条两侧的法向力 E_i、E_{i+1} 及竖向剪切力 X_i、X_{i+1}，其中 E_i 和 X_i 可由前一个土条的平衡条件求得，而 E_{i+1} 及 X_{i+1} 的大小未知，E_{i+1} 的作用点位置也未知。

由此可以得到，作用在土条 i 上的作用力有 5 个未知数，但只能建立 3 个平衡方程，属于静不定问题。

2. 计算步骤

为了求得 N_i、T_i 的值，必须对土条两侧的作用力大小和位置作适当假定。费伦纽斯的条分法在不考虑土条两侧的作用力，即假设 E_i 和 X_i 的合力等于 E_{i+1} 和 X_{i+1} 的合力，同时它们的作用线也重合的情况下适用，因此土条两侧的作用力相互抵消，这时土条 i 仅有作用力 W_i、N_i 及 T_i。

①计算土条重力，即

$$W_i = \gamma b h_i \tag{9-7}$$

式中，b 为土条的宽度，m；h_i 为土条的平均高度，m。

②将土条的重力 W_i 分解为作用在滑动面 AD 上的两个力：

法向分力：

$$N_i = W_i \cos\alpha_i \tag{9-8}$$

切向分力：

$$T_i = W_i \sin\alpha_i \tag{9-9}$$

滑动面 ef 上土的抗剪强度为

$$\tau_{fi} = \sigma_i \tan\varphi_i + c_i = \frac{1}{l_i}(N_i \tan\varphi_i + c_i l_i) = \frac{1}{l_i}(W_i \cos\alpha_i \tan\varphi_i + c_i l_i) \tag{9-10}$$

式中，α_i 为土条 i 滑动面的法线与竖直线的夹角，如图 9-10 所示；l_i 为土条 i 滑动面 ef 的弧长；c_i，φ_i 为滑动面上的黏聚力及内摩擦角。

③计算滑动力矩和稳定力矩。土条 i 上的作用力对圆心 O 产生的滑动力矩 M_f 及稳定力矩 M_f 分别为

$$M_f = T_i R = W_i R \tag{9-11}$$

$$M_s = \tau_{fi} l_i R = (W_i \cos\alpha_i \tan\varphi_i + c_i l_i)R \tag{9-12}$$

④计算土坡的稳定安全系数。滑动面为 AD 时，整个土坡的稳定安全系数为

$$K = \frac{M_s}{M_f} = \frac{R \sum\limits_{i=1}^{n}(W_i \cos\alpha_i \tan\varphi_i + c_i l_i)}{R \sum\limits_{i=1}^{n} W_i \sin\alpha_i} \tag{9-13}$$

对于均质土坡，$c_i = c$，$\varphi_i = \varphi$，则有

$$K = \frac{M_s}{M_f} = \frac{\sum\limits_{i=1}^{n}(W_i \cos\alpha_i + c_i l_i)}{\sum\limits_{i=1}^{n} W_i \sin\alpha_i} \tag{9-14}$$

式中，n 为土条分条数。

3. 最危险滑动面圆心位置的确定

以上是对于某一个假定滑动面求得的稳定安全系数，因此需要试算许多个可能的滑动面，相应于最小安全系数的滑动面即为最危险的滑动面。确定最危险滑动面圆心位置同样可以利用前述费伦纽斯或泰勒的经验方法。

例题 9.2　如图 9-11 所示，已知某土坡高度 $H=6\ \text{m}$，坡角 $\beta=55°$，土的性质为：$\gamma=16.7\ \text{kN/m}^3$，$\varphi=12°$，黏聚力 $c=16.7\ \text{kPa}$。试用条分法验算土坡的稳定安全系数。

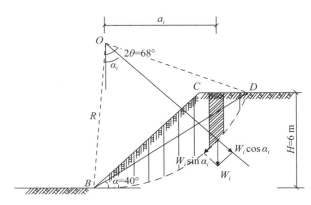

图 9-11　例题 9.2 用图

解　①按比例绘出土坡的剖面图。按泰勒分析法确定最危险滑动面圆心位置，当 $\varphi=12°$，$\beta=55°$ 时，土坡的滑动面是坡脚圆，其最危险滑动面圆心 O 的位置，可以从图 9-6 中的曲线得到 $\alpha=12°$、$\theta=34°$，再由此作图求得。

②将滑动土体 $BCDB$ 划分成竖直土条。滑动圆弧 BD 的水平投影长度为

$$H\cot\alpha=7.15\ \text{m}$$

将滑动土体划分成 7 个土条，从坡脚 B 开始编号，将 1～6 的宽度 b 取为 1，而余下第 7 条的宽度取为 1.15。

③各土条滑动面中点与圆心的连线同竖直线的夹角 α_i 值，可按下式计算：

$$\sin\alpha_i=\frac{\alpha_i}{R}$$

$$R=\frac{d}{2\sin\theta}=\frac{H}{2\sin\alpha\sin\theta}=\frac{6}{2\sin40°\cos34°}=8.35\ \text{m}$$

式中，a_i 为土条 i 的滑动面中点与圆心 O 的水平距离；R 为圆弧滑动面 BD 的半径；d 为 BD 弦的长度；θ，α 为求圆心位置时的参数。

将求得的各土条值列于表 9-2 中。

④从图中量取各土条的中心高度 h_i，计算各土条的重力 $W_i=\gamma bh_i$ 及其两个分力 $W_i\cos\alpha_i$，$W_i\sin\alpha_i$ 值，将结果列于表 9-2 中。

表 9-2 土坡稳定性计算结果

土条编号	土条宽度 b_i/m	土条中心高度 h_i/m	土条重力 W_i/kN	α_i/(°)	$W_i\sin\alpha_i$/kN	$W_i\cos\alpha_i$/kN	$\widehat{L}$/m
1	1.00	0.60	11.16	9.5	1.84	11.00	
2	1.00	1.80	33.48	16.5	9.51	32.10	
3	1.00	2.85	53.01	23.8	21.39	38.50	
4	1.00	3.75	69.75	31.8	36.56	59.41	
5	1.00	4.10	76.26	40.1	49.12	58.33	
6	1.00	3.05	56.73	49.8	43.33	36.62	
7	1.15	1.05	27.90	63.0	24.86	12.67	
合计					186.60	258.63	9.91

⑤计算滑动面圆弧 BD 的长度 $\widehat{L}$。

$$\widehat{L}=\frac{\pi}{180}2\theta R=\frac{2\pi\times34\times8.35}{180}=9.91\ \text{m}$$

⑥按式(9-14)计算土坡的稳定安全系数 K。

$$K=\frac{M_s}{M_f}=\frac{\sum_{i=1}^{n}(W_i\cos\alpha_i+c_il_i)}{\sum_{i=1}^{n}W_i\sin\alpha_i}=\frac{258.63\times\tan12°+16.7\times9.91}{186.6}=1.18$$

9.3.3 毕肖普条分法

用条分法分析土坡稳定性时,任一土条的受力情况是一个静不定问题。为了解决这一问题,费伦纽斯的简单分条法假定不考虑土条间的作用力。一般来说,这样得到的稳定安全系数是偏小的。在工程实践中,为了改进条分法的计算精度,许多人都认为应该考虑土条间的作用力,以求得比较合理的结果。目前,已有许多解决问题的办法,其中以毕肖普提出的简化方法比较合理。

如图 9-10 所示土坡,前面已经指出任一土条 i 上的受力条件是一个静不定问题,土条 i 上的作用力有 5 个未知数,但只能建立 3 个平衡方程,属于二次静不定问题。毕肖普在求解时补充了两个假设条件:忽略土条两侧竖向剪切力 X_i 和 X_{i+1} 的作用,对滑动面上的切向力 T_i 的大小作了规定。

根据土条 i 的竖向平衡条件可得

$$W_i-X_i+X_{i+1}-T_i\sin\alpha_i-N_i\cos\alpha_i=0 \tag{9-15}$$

即

$$N_i\cos\alpha_i=W_i(X_{i+1}-X_i)-T_i\sin\alpha_i \tag{9-16}$$

若土坡的稳定安全系数为 K,则土条 i 滑动面上的抗剪强度 τ_{fi} 只发挥了一部分,毕肖普假设 τ_{fi} 与滑动面上的切向力 T_i 相平衡,即

$$T_i=\tau_{fi}l_i=\frac{1}{K}(N_i\tan\varphi_i+c_il_i) \tag{9-17}$$

将式(9-17)代入式(9-16),可得

$$N_i = \frac{W_i + (X_{i+1} - X_i) - \dfrac{c_i l_i}{K} \sin\alpha_i}{\cos\alpha_i + \dfrac{1}{K} \tan\varphi_i \sin\alpha_i}$$ (9-18)

由式(9-14)可知,土坡的稳定安全系数 K:

$$K = \frac{M_s}{M_f} = \frac{\sum\limits_{i=1}^{n}(N_i \tan\varphi_i + c_i l_i)}{\sum\limits_{i=1}^{n} W_i \sin\alpha_i}$$ (9-19)

将式(9-18)代入式(9-19),得

$$K = \frac{\dfrac{\sum\limits_{i=1}^{n}[W_i + (X_{i+1} - X_i)]\tan\varphi_i + c_i l_i \cos\alpha_i}{\cos\alpha_i + \dfrac{1}{K}\tan\varphi_i \sin\alpha_i}}{\sum\limits_{i=1}^{n} W_i \sin\alpha_i}$$ (9-20)

由于式(9-20)中 X_i 与 X_{i+1} 未知,故求解难度较大。毕肖普假定土条间竖向剪切力忽略不计,即 $X_{i+1} - X_i = 0$,则式(9-20)可简化为

$$K = \frac{\sum\limits_{i=1}^{n} \dfrac{1}{m_{ai}}(W_i \tan\varphi_i + c_i l_i \cos\alpha_i)}{\sum\limits_{i=1}^{n} W_i \sin\alpha_i}$$ (9-21)

$$m_{ai} = \cos\alpha_i + \frac{1}{K}\tan\varphi_i \sin\alpha_i$$ (9-22)

式(9-21)就是简化毕肖普法计算土坡稳定安全系数的公式。由于式中 m_{ai} 也包含 K 值,因此式(9-21)需用迭代法求解,即先假定一 K 值。按式(9-22)求得 m_{ai} 值,代入式(9-21)中求得 K 值。假若求得的 K 值与假定的 K 值不相符合,则用求得的 K 值重新计算 m_{ai} 以求得新的 K 值,如此反复迭代,直至求得的 K 值与假定的 K 值相近为止。为计算方便,将式(9-22)的 m_{ai} 值绘成曲线(图9-12),按 α_i 及 $\dfrac{\tan\varphi_i}{K}$ 直接查得 m_{ai} 值。最危险滑动面圆心位置的确定,仍按前述方法进行。

必须指出的是,对于 α_i 为负值的那些土条,要注意会不会使 m_{ai} 趋近于零。假若这样,则简化毕肖普条分法就不能使用,因为此时的 N_i 会趋于无限大,这显然是不合理的。根据国外学者的建议,当任一土条的 m_{ai} 值小于或等于 0.2 时,计算的 K 就会产生较大的误差,此时最好采用其他的计算方法。另外,当坡顶土条的 α_i 很大时,会使该土条出现 $N_i < 0$,此时可取 $N_i = 0$。简化的毕肖普法假定所有的 X_i 均等于零,减少了 $(n-1)$ 个未知量,又先后利用每一个土条竖直方向力的平衡条件及整个滑动土体的力矩平衡条件,避开了计算 E_i 值及其作用点的位置,从而求出安全系数 K。但它同样不能满足所有的平衡条件,也不是一个严格的计算方法,由此产生的误差为 $2\% \sim 7\%$。

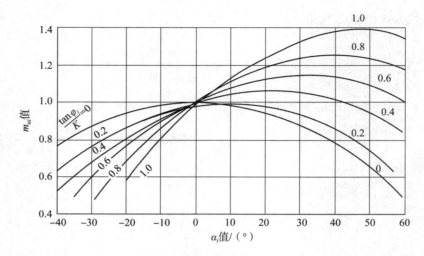

图 9-12 m_{ai} 值曲线

例题 9.3 用简化毕肖普条分法计算例 9-2 中土坡的稳定安全系数。

解 土坡的最危险滑动面圆心 O 的位置以及土条划分情况均与例题 9.2 相同,按照式 (9-21) 计算的各土条的有关各项列于表 9-3 中。

第一次试算假定稳定安全系数 $K=1.20$,计算结果列于表 9-3 中,可按式 (9-21) 求得稳定安全系数。

$$K = \frac{\sum\limits_{i=1}^{n} \dfrac{1}{m_{ai}}(W_i \tan\varphi_i + c_i l_i \cos\alpha_i)}{\sum\limits_{i=1}^{n} W_i \sin\alpha_i} = \frac{221.55}{186.6} = 1.187$$

第二次试算假定 $K=1.19$,计算结果列于表 9-3 中,可得

$$K = \frac{221.33}{186.6} = 1.186$$

计算结果与假定值接近,故得土坡的稳定安全系数为 $K=1.19$。

表 9-3 土坡稳定安全系数计算

土条编号	$\alpha_i/(°)$	l_i/m	W_i/kN	$W_i\sin\alpha_i/\text{kN}$	$W_i\cos\alpha_i/\text{kN}$	$c_i l_i \cos\alpha$	m_{ai}		$\dfrac{1}{m_{ai}}(W_i\tan\varphi_i+c_i l_i\cos\alpha_i)$	
							$K=1.20$	$K=1.19$	$K=1.20$	$K=1.19$
1	9.5	1.01	11.16	1.84	2.37	16.64	1.016	1.016	18.71	18.71
2	16.5	1.05	33.48	9.51	7.12	16.81	1.009	1.010	23.72	23.69
3	23.8	1.09	53.01	21.39	11.27	16.66	0.986	0.987	28.33	28.30
4	31.8	1.18	69.75	36.56	14.83	16.73	0.945	0.945	33.45	33.45
5	40.1	1.31	76.26	49.12	16.21	16.73	0.879	0.880	37.47	37.43
6	49.8	1.56	56.73	43.33	12.06	16.82	0.781	0.782	36.98	36.93
7	63.0	2.68	27.90	24.86	5.93	20.32	0.612	0.613	42.89	42.82
合计				186.60					221.55	221.33

9.4 土坡稳定分析的讨论

为保证所设计的土坡正常工作,除要有一个合理的设计断面外,还要采取合理的工程措施,加强工程管理,消除各种不利因素的影响。这些将在有关专业课中介绍。现仅就计算分析方法进行如下讨论。

9.4.1 关于计算方法

前面所介绍的针对各种滑动面形式的计算方法,虽都作了某些简化,但总的来讲,能反映常见工程土坡破坏的机理,都有较长时间的使用经验。只要所选定的计算工况合理,计算方法与实际最可能发生的滑动面形式相符合,在指标选取得当的条件下,可以得到满足工程设计需要的结果。

9.4.2 关于强度指标的选用

土坡稳定分析成果的可靠性在很大程度上取决于土的抗剪强度指标的正确选择。因为对任何给定的土来讲,试验方法不同,抗剪强度变化幅度之大远超过静力计算方法间的差别,应特别重视。

现仅就土坡稳定计算公式具体谈谈黏性土强度指标的选用。

①对饱和黏性土,如果通过室内试验、现场试验或通过间接推算能够确定计算情况下滑动面处的抗剪强度指标,则无论孔隙水处在何种状态,都可用 $\varphi_u = 0$ 法分析土坡稳定(即在计算公式中代入 $\varphi = 0$,$c = \tau_f$,显然该种指标对应土体的天然强度指标)。$\varphi = 0$ 时,条分法公式不含滑动面法向反力 N_i,无需为确定 N_i 而引入简化假定,所以相对来讲,精度较高。但是需要指出的是,实际上即使是均匀土体,c_u 值也随着土层深度的变化而变化。

②应当指出,简化毕肖普法原作者推荐使用 c'、φ',在后来的长期使用过程中,也都使用有效应力指标 c'、φ'。为借鉴该法的长期使用经验,以使用有效应力指标 c'、φ' 为宜。

③关于挖方土坡。挖方土坡与填方土坡不同。填方土坡荷载逐渐增加,至竣工时,达到最危险状态,以后随固结过程逐渐完成,强度逐渐提高,安全系数也逐渐提高。挖方土坡是逐渐卸载,竣工时并不是最危险状态,以后随卸载膨胀的逐渐完成,强度逐渐降低,相当长时间后才达到最危险状态。这种破坏与室内卸载条件下的排水剪相类似。所以挖方土坡的长期稳定问题可使用卸载条件下的排水剪指标 c_d、φ_d,其可用卸载条件下的 c'、φ' 代替。

最后,关于强度指标的选用,各专业、各地区有各自的使用经验,请参见有关设计规范。

思考题

9-1 土坡失稳的主要原因有哪些?

9-2 土坡稳定安全系数的意义是什么?

9-3 分析不同土性条件下土坡稳定性与坡高的关系?

9-4 影响土坡稳定性的因素有哪些?

9-5 如何确定最危险圆弧滑动面?

9-6 进行滑坡稳定性验算时,滑坡土的力学参数 c、φ 值如何获得?

9-7 影响土坡稳定的因素有哪些? 如何防止土坡的滑动? 举例说明土坡滑动的实例。

9-8 土坡稳定分析圆弧法的原理是什么? 为什么要分条计算,分条计算中有什么技巧? 怎样确定最危险的滑动面?

9-9 为什么暴雨天气时土坡容易发生滑坡?

习题

9-1 某场地自地表至地下 10 m 处为淤泥质土,黏聚力 $c=20$ kPa,$\varphi=0°$,重度 $\gamma=17.5$ kN/m³,其下为较厚的砂层,若基坑深度为 5 m,试用泰勒分析法确定边坡最大稳定坡角是多少(稳定安全系数 $K=1.5$)。

9-2 某工地欲挖一基坑,已知坑深 4 m。土的 $\gamma=18$ kN/m³,$c=10$ kPa,$\varphi=10°$。若要求基坑边坡的稳定安全系数为 $F_s=1.20$,试问边坡的坡度设计成多少最为合适。

9-3 一均质黏性土坡如图 9-13 所示,高 20 m,边坡为 1:2,填土黏聚力 $c=10$ kPa,内摩擦角 $\varphi=20°$,重度 $\gamma=18$ kN/m³。试用条分法计算土坡的稳定安全系数。

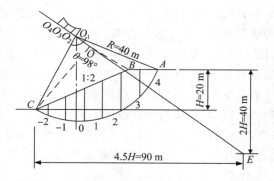

图 9-13　习题 9-3 用图(圆心编号 O_1,滑弧半径 40 m,土条宽 8 m)

9-4 如图 9-14 所示,一均质黏性土坡,高 20 m,边坡比为 1:3,土的内摩擦角 $\varphi=20°$,黏聚力 $c=8$ kPa,重度 $\gamma=18.5$ kN/m³,试用简化毕肖普条分法计算土坡的安全系数。

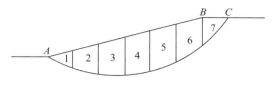

图 9-14　习题 9-4 用图

9-5　一简单土坡的 $\varphi = 15°, c = 15.5 \text{ kPa}, \gamma = 17.66 \text{ kN/m}^3$。①若坡高为 5 m，试确定安全系数 F_s 为 1.5 的稳定坡角及滑动面的类型；②若坡角为 60°，试确定安全系数 F_s 为 2 时的最大坡高为多少？

9-6　一均质土坡的坡角 $\beta = 25°$，坡高 $H = 8 \text{ m}$，土的天然容重 $\gamma = 19.2 \text{ kN/m}^3, c = 10 \text{ kPa}, \varphi = 15°$，试求该土坡的最小稳定安全系数 $F_{s\min}$。

参考文献

[1]　钱家欢. 土力学[M]. 2 版. 南京：河海大学出版社，1995.

[2]　唐业清. 土力学基础工程[M]. 北京：中国铁道出版社，1989.

[3]　陈希哲. 土力学地基基础[M]. 北京：清华大学出版社，1989.

[4]　林彤，马淑芝，冯庆高，等. 土力学[M]. 3 版. 北京：中国地质大学出版社，2021.

[5]　陈仲颐，周景星，王洪瑾. 土力学[M]. 北京：清华大学出版社，1994.

[6]　钱家欢，殷宗泽. 土工原理与计算[M]. 2 版. 北京：中国水利水电出版社，1996.

[7]　刘成宇. 土力学[M]. 北京：中国铁道出版社，2000.

[8]　李镜培，梁发云，赵春风. 土力学[M]. 北京：高等教育出版社，2008.

[9]　郑刚. 高等基础工程学[M]. 北京：机械工业出版社，2007.

[10]　赵树德，廖红建，王秀丽. 土力学[M]. 北京：高等教育出版社，2001.

[11]　陈祖煜. 土质边坡稳定分析：原理·方法·程序[M]. 北京：中国水利水电出版社，2003.

[12]　中华人民共和国住房和城乡建设部，中华人民共和国国家质量监督检验检疫总局. 建筑地基基础设计规范：GB 50007—2011[S]. 北京：中国建筑工业出版社，2012.

土力学学科名人堂——沈珠江

沈珠江（1933—2006）

图片来源：https://baike.baidu.com/item/%E6%B2%88%E7%8F%A0%E6%B1%9F/4140168？fr=ge_ala。

　　沈珠江 1933 年 1 月 25 日出生于浙江慈溪。1945 年小学毕业后到绍兴县立初级中学求学，1948 年进入上海市立敬业中学学习。1950 年考入上海交通大学水利系，1952 年南京大学、浙江大学、上海交通大学、同济大学、厦门大学等高校的水利系合并成立华东水利学院（现河海大学），1953 年遂成为华东水利学院的第一批毕业生，同年分配到南京水利实验处（现南京水利科学研究院）土工研究室工作，任技术员。1956 年公派至苏联莫斯科建筑工程学院留学，师从苏联科学院通讯院士崔托维奇教授。1960 年 5 月获副博士学位后回国，之后一直在南京水利科学研究院工作，历任工程师、高级工程师、教授级高级工程师、博士生导师。1995 年当选为中国科学院院士。2000 年 9 月起，任清华大学水利水电工程系教授、博士生导师。

　　沈珠江在土力学理论研究与工程实践方面成就卓著，著有《计算土力学》和《理论土力学》等学术专著，以第一作者发表论文百余篇，获国家和省部级科技进步奖 5 次，1988 年被授予"国家有突出贡献的中青年专家"，2005 年获"茅以升土力学及岩土工程大奖"。沈珠江是我国最早开展土的本构关系研究的学者之一，提出了多重屈服面、等价应力硬化理论和三剪切角破坏准则等新概念，在此基础上建立了沈珠江双屈服面模型，即著名的"南水模型"，应用于国内外上百座土石坝的设计计算，显著提升了土石坝的建设水平和安全保障能力。20 世纪 80 年代末他最早把损伤理论引入土力学中，提出了代表材料脆性破坏的胶结元件，建立了描述土体渐进破坏过程的双弹簧模型。90 年代提出了折减吸力和广义吸力等新概念，建立了非饱和土统一变形理论，提出了 21 世纪现代土力学的发展构想，建立了散粒体、复合体和砌块体三种结构性模型。为打破"言必称希腊"，撰写出版了在岩土力学与工程界具有重要影响的《计算土力学》和《理论土力学》两本学术专著，《计算土力学》已成为从事岩土工程数值计算的科研工程者必备的教科书之一，《理论土力学》被认为"是继太沙基理论土力学问世以来，全面论述土力学核心问题的力作"。

　　沈珠江从事岩土力学理论研究与工程实践 40 余年来，为中国岩土力学与工程学科的发展以及中国水利、水电、水运工程建设事业所做出的重要贡献，号召大家学习和弘扬沈珠江院士勤奋、严谨、求实、创新的科研精神。

附录 土力学中、日、英文专业名词对照

A

安全系数	安全率	factor of safety
安全承载力	安全支持力	safety bearing capacity
氨扩散法	アンモニア浸出法	ammonia diffusion method

B

半重力式挡土墙	半重力式擁壁	semi-gravity retaining wall
饱和度	飽和度	degree of saturation
饱和曲线	飽和曲線	saturation curve
饱和渗流	飽和浸透流	saturated seepage flow
饱和土	飽和土	degree of saturation
被动破坏	受働破壊	passive failure
被动土压力	受働土圧	passive earth pressure
被动土压力系数	受働土圧係数	coefficient of passive earth pressure
崩塌	崩落	collapse
比表面积	比表面積	specific surface area
比密度	比密度	specific density
比重瓶	ピクノメーター	pycnometer
比重试验	比重試験	specific gravity test
边坡极限设计	斜面の極限設計法	limit design of slopes
变水头渗透试验	変水位透水試験	variable head permeability test
变形-时间曲线	変形量-時間曲線	deformation-time curve

变形特征	変形特性	deformation characteristics
变形与沉降问题	変形と沈下の問題	deformation and settlement problem
标称能量	定格エネルギー	nominal energy
标准固结试验	標準圧密試験	standard consolidation test
标准贯入试验(SPT)	標準貫入試験	standard penetration test
标准密度	基準密度	standard density
表观比重	見かけの比重	apparent specific gravity
表观摩擦角	見かけの摩擦角	apparent angle of friction
泊松比	ポアソン比	Poisson ratio
不固结不排水试验	非圧密非排水試験	unconsolidated-undrained test
不固结不排水剪切试验	非圧密非排水せん断試験	unconsolidated-undrained shear test (UU-test)
不规则结构	不整構造	erratic structure
不排水剪	非排水せん断	undrained shear
不排水剪试验	非排水せん断試験	undrained shear test
不透水层	不透水層	impervious layer
布朗运动	ブラウン運動	Brownian motion

C

c,φ-分析方法	c,φ-解析法	c,φ-analysis method
残余变形	残留変形	residual deformation
残余沉降	残留沈下	residual settlement
残余孔隙水压力	残留間げき水圧	residual pore water pressure
残余强度	残留強度	residual strength
残余应力	残留応力	residual stress
Casagrande 分类法	Casagrande の分類法	Casagrande's classification method
侧限压缩试验	側方拘束圧縮試験	laterally confined compression test
侧向荷载	横荷重	lateral load
侧压力系数	側圧係数	coefficient of lateral pressure

侧压应力	側圧応力	lateral pressure stress
测管水头	ピエゾメーター水頭	piezometric head
层流	層流	laminar flow
差分法	階差法	differential method
长期固结试验	長期圧密試験	long-term consolidation test
长期稳定条件	長期安定の条件	condition for long-term stability
常水头渗透试验	定水位透水試験	constant head permeability test
超固结比	過圧密比	overconsolidation ratio
超固结黏土	過圧密黏土	overconsolidation clay
超静定	不静定	statically indeterminate
超静孔隙水压力	過剰間げき水圧	excess pore water pressure
超静水压力	過剰水圧	excess hydrostatic pressure
超灵敏性黏土	異常に鋭敏な黏土	ultra-sensitive clay
沉降分析	沈降分析	sedimentation analysis
沉降影响值	沈下に対する影響値	influence value of settlement
沉箱基础	ケーソン基礎	caisson foundation
成岩作用	続成作用	diagenesis
承压含水层	被圧帯水層	confined aquifer
承压水头	被圧水頭	confined water head
承压状态	被圧状態	confining state
承载力	支持力	bearing capacity
承载力系数	支持力係数	bearing capacity factor
尺度因数	寸法係数	size factor
斥力系数	反撥係数	repulsion factor
冲积海相黏土层	沖積海成黏土層	alluvial marine clay stratum
冲积土	沖積土	alluvial soil
抽吸	サクション	suction
稠度	軟度	consistency
稠度指数	コンシステンシ指数	consistency index

初始沉降	初期沈下	initial settlement
初始压力曲线	初期圧縮曲線	initial stress curve
传导常数	流通係数	transmission constant
锤击法	打撃工法	hammering method
次固结	二次圧密	secondary consolidation
次固结速率	二次圧密率	rate of secondary consolidation
重塑土	練り返し土	remolded soil
重塑指数	練り返し指数	remolding index
粗糙度率	粗度比	roughness ratio

D

达西定律	Darcyの法則	Darcy's law
(土壤)单粒结构	単粒構造	single-grained structure
单一平面剪切试验	一面せん断試験	single-plane shear test
挡土构筑物	土留め工	earth-retaining structure
挡土墙	擁壁	retaining wall
挡土桩	留めぐい	retaining pile
导水系数	物伝達係数	coefficient of transmissibility
倒塌	崩壊	collapse
地层承载力	地耐力	bearing power of soil
地基的振动特性	地盤の振動特性	vibration characteristics of foundation
地基反力	地盤反力	subgrade reaction
地面倾斜	地表傾斜	ground surface inclination
地应力影响值	地盤内応力影響値	influence value of stress in ground
地质图	地質図	geologic map
等势线	等ポテンシャル線	equi-potential line
等速加载定率	漸増荷重	constant rate loading
等效应力	相当応力	equivalent stress
电渗排水法	電気浸透脱水法	drainage by electro-osmosis

动力触探试验	動的貫入試験	dynamic penetration test
动黏滞系数	動黏性係数	dynamic coefficient of viscosity
冻土	凍土	frozen soil
陡坡	急傾斜地	steep slope

E

e-lg$p$ 曲线	e-lg$p$ 曲線	e-lg$p$ curve
鹅卵石	玉石	cobble
二次固结	二次圧密	secondary consolidation

F

筏板基础	べた基礎	mat foundation
防止地震灾害	地震防災	prevention of earthquake disaster
放大因数	増幅率	amplification factor
非饱和渗流	不飽和浸透流	unsaturated seepage flow
非饱和土	不飽和土	unsaturated soil
非侧限压缩(压力,抗压)试验	一軸圧縮試験	unconfined compression test
非侧限压缩强度	一軸圧縮強さ	unconfined compressive strength
非均质地基的固结	不均質地盤の圧密	consolidation of in-homogeneous ground
非线性固结理论	非線形圧密理論	non-linear consolidation theory
非自由水(毛细水、吸着水等)	保有水	unfree water
分级加载	段階載荷	stage loading
风积土	風積土	aeolian soil
蜂窝状构造	蜂の巣構造	honeycombed structure
扶壁式挡土墙	控え壁擁壁	counterfort retaining
浮式基础	浮き基礎	floating foundation
负孔隙水压力	負の間隙水圧	negative pore water pressure
复合滑动面	複合すべり面	compound sliding surface

覆层压力	土かぶり圧	overburden pressure

G

干密度	乾燥密度	dry density
干重度	乾燥重量	dry weight
刚性挡土	墙動かない擁壁	non-yielding retaining wall
刚性基础板	剛性基礎板	rigid foundation slab
钢板桩	鋼矢板	steel sheet pile
高岭土	カオリナイト	kaolin clay
割线模量	割線係数	secant modulus
隔墙	隔壁	partition wall
各向等压	等方圧	isotropic pressure
各向同性	等方性	isotropic
各向同性渗透率	等方性透水度	isotropic permeability
各向异性渗透率	異方性透水度	anisotropic permeability
共轭应力	共役応力	conjugate stresses
共价键	共有結合	covalent bond
固结	圧密	consolidation
固结不排水剪切试验	圧密非排水せん断試験	consolidated-undrained shear test（CU-test）
固结试验	圧密試験	consolidation test
固结压力	圧密圧力	consolidation pressure
固有模态	固有もード	natural mode
固有频率	固有周波数	natural frequency
观测井	観測井	observation well
管涌	パイピング	piping
管桩	管杭	pipe pile
贯入阻力	貫入抵抗	penetration resistance

H

海相冲积黏土	海成沖積黏土	marine alluvial clay

含水层常数	滞水層定数	aquifer constants
含水率	含水比	water content
荷载-沉降曲线	荷重-沈下曲線	load-settlement curve
荷载扩散法	荷重分散法	load distribution method
荷载试验	載荷試験	loading test
荷载位移曲线	荷重変位曲線	load displacement curve
滑动力矩	滑動モーメン	sliding moment
滑坡	地すべり	landslide
滑坡防治法	地すべり対策工法	countermeasure against lanslide
滑坡失稳外因	斜面破壊の誘因	exogenous factors of slope failure
回弹曲线	回復曲線	rebound curve
回归分析	回帰分析	regression analysis
回填	跡埋め	backfill
混凝土桩	コンクリートぐい	concrete pile
活荷载	活荷重	live load
活化度	活性度	activity

J

击实功	締固め仕事	compaction effort
击实曲线	突固め曲線	compaction curve
击实试验	突固め試験	compaction test
基底破坏	底面破壊	base failure
基岩	床岩	bed rock
级配	粒度配列	gradation
级配良好	配合のよい	well-graded
极限(最终)固结沉降	終局圧密沈下量	ultimate consolidation settlement
极限承载力	極限支持力	ultimate bearing capacity
极限荷载强度	極限荷重強度	ultimate load intensity
极限土压力	極限土圧	limiting earth pressure

集中荷载	集中荷重	concentrated load
挤密桩	締固めぐい	compaction pile
加筋土	補強土	reinforced earth
剪切变形	せん断変形	shear deformation
剪切角	せん断抵抗角	angle of shearing resistance
剪切速率	せん断の速さ	rate of shear
剪应力	ずれ応力（せん断応力）	shearing stress
剪胀性	ダイラタンシー	dilatancy
碱(性)土	アルカリ土	alkali soil
渐进性破坏	進行性破壊	progressive failure
渐增荷载	漸増荷重	gradually increasing load
接触应力	接触応力	contact stress
径向剪切	放射状せん断	radial shear
静力触探试验	コーン貫入試験	static cone penetration test
静止土压力	静止土圧	earth pressure at rest
静止土压力系数	静止土圧係数	coefficient of earth pressure at rest
局部承载力	局部載荷	partial loading
局部剪切破坏	局部せん断破壊	local shear failure
局部开挖法	部分掘削工法	partial excavation
矩形基础	長方形基礎	rectangular foundation
均布荷载	等分布荷重	uniform load
均布条形荷载	等分布帯状荷重	uniform strip load
均匀系数	均等係数	uniformity coefficient

K

抗滑力矩抵抗	モーメント	resisting moment
抗滑稳定	滑動安定	safety for sliding
抗滑阻力	滑動抵抗	sliding resistance
抗倾覆力矩	抵抗モーメン	resisting moment

抗弯（弯曲）刚度	たわみ剛性	flexural rigidity
抗震设计	耐震設計	aseismic design
孔隙比	間隙比	void ratio
孔隙比-压力曲线	げき比-圧力曲線	void ratio-pressure curve
孔隙度	間げき率	porosity
孔隙水	間隙水	pore water
孔隙水压力	間隙水圧	pore water pressure
孔隙压力	間げき圧	pore pressure
库仑土压力	Coulomb 土圧	Coulomb's earth pressure
快剪试验	急速せん断試験	quick shear test
快速固结试验	急速圧密試験	rapid consolidation test

L

拉普拉斯方程	laplaceの方程式	Laplace's equation
朗肯区	Rankine 領域	Rankine region
朗肯土压力	Rankine 土圧	Rankine's earth pressure
朗肯状态	Rankine 状態	Rankine state
离子交换（作用）	イオン交換	ion exchange
力多边形	力の多角形	force polygon
粒间引力	微細粒子のけん	interparticle attractive
粒径累积曲线	粒径加積曲線	grain size accumulation curve
（从土壤、灰等中）沥滤（可溶化学物质、矿物）	溶脱	leaching
裂缝	亀（き）裂	crack
临界高度	限界高さ	critical height
临界孔隙比	限界間げき比	critical void ratio
临界深度	限界深さ	critical depth
临界圆	臨界円	critical circle
灵敏性黏土	鋭敏な黏土	sensitive clay

流变性	レオロジー	rheology
流道	流管	flow channel
流黏土	クイッククレイ	quick clay
流砂	クイックサンド	quick sand
流塑性	たわみ性	flexibility
流网	流線網	flow net
流线	流線	stream line
流相	流体相	fluid phase
路堤	道路築堤	road embankment
路堑边坡	切取り斜面	cutting slope
落(吊,打桩)锤	ドロップハンマー	drop hammer

M

慢剪试验	緩速せん断試験	slow shear test
盲沟	盲下水	blind ditch
毛(细)管位势	毛管ポテンシャル	capillary potential
毛细管	毛細管	capillary tube
毛细水	毛管水	capillary water
毛细压力	毛管圧力	capillary pressure
锚定板	定着板	anchor plate
蒙脱石	モンモリロナイト	montmorillonite
面荷载	面荷重	plane load
明挖法	開削工法	open-cut method
摩擦迟滞	摩擦遅れ	friction lag
摩擦圆	摩擦円	friction circle
(土坡稳定分析)摩擦圆(圆弧滑动)	法摩擦円法	friction circle method
摩擦桩	摩擦ぐい	friction pile

莫尔库仑破坏假说	Mohr-Coulombの破壊仮説	Mohr-Coulomb's failure hypothesis
莫尔破坏假说	Mohrの破壊仮説	Mohr's failure hypothesis
莫尔应力圆	Mohrの応力円	Mohr's stress circle

N

挠曲线	たわみ曲線	deflection line
内摩擦角	内部摩擦角	angle of internal friction
能量损失	エネルギー損失	energy loss
泥石流	土石流	debris flow
黏附(力)	付着力	adhesion
黏土灌浆	黏土注入	clay grouting
黏滞阻尼	黏性減衰	viscous damping

P

排水剪	排水せん断	drained shear
排水剪切试验	排水せん断試験	drained shear test
排水井	揚水井	discharge well
排水砂井	サンドドレイン	drainage sand well
膨润土	ベントナイト	bentonite
膨胀限度	膨張限界	swelling limit
劈裂试验	割裂試験	cleavage test
偏差应力	偏差応力	deviator stress
平衡反压方法	押さえ盛土工	balanced backpressure method
平面应变问题	平面変形の問題	plane-strain problem
坡度	のり面勾配	gradient of slope
坡度,斜率	勾配	gradient, inclination
坡脚防护	根固め	foot protection
坡趾破坏	斜面先破壊	toe failure

破坏包络线	破壊包絡線	failure envelope
破坏理论	破壊理論	failure theory
破坏条件方程	破壊条件式	equation for failure condition
破坏应力圆	破壊応力円	failure stress circle
破坏状态	破壊状態	state of failure
破碎性;可压碎性	破砕性	crushability
葡氏密实度测定针	Proctorの貫入針	Proctor's needle

Q

气相	気相	vapour phase
千分表/度盘式指示器	ダイヤルゲージ	dial gauge
牵引式滑坡	退行性すべり	retrogressive slide
浅基础	浅い基礎	shallow foundation
强度参数	強度定数	strength parameters
强度特征	強度特性	strength characteristics
墙面土压力	壁面土圧	earth pressure against wall
切线模量	接線係数	tangent modulus
侵蚀度	受侵性	erodibility
侵蚀面	侵食面	erosion surface
氢键	水素結合	hydrogen bond
倾倒破坏	トップリング破壊	toppling failure
倾覆	転倒	over-turning
曲线滑动面	曲面すべり面	curved sliding surface
屈服	降伏	yield
屈服荷载	降伏荷重	yield load
屈服应力	流れ応力	plastic flow stress

R

扰动土样	乱した試料	disturbed sample

容许沉降量	許容沈下量	allowable settlement
容许承载力	許容支持力	allowable bearing capacity
容许荷载	安全荷重	safety load
容许接触压力	許容接地圧	allowable contact pressure
容许压应力	許容圧縮応力	allowable compressive stress
蠕应变	クリープひずみ	creep strain
锐敏比	灵敏度	sensitivity ratio

S

三维固结	三次元圧密	three-dimensional consolidation
三相图	土の構成模型図	block diagram; three-phase diagram
三轴固结试验	三軸圧密試験	triaxial consolidation test
三轴压缩试验	三軸圧縮試験	triaxial compression test
筛分分析	ふるい分け分析	sieve analysis
山崩,滑坡	山崩れ	landslide
山区隧道掘进方法	山岳トンネル掘削工法	mountain tunneling method
深基础	深い基礎	deep foundation
渗流量	浸透流量	seepage discharge
渗透速率	浸透速度	rate of seepage discharge
渗透压力	浸透水圧	seepage pressure
湿密度	湿潤密度	wet density
十字板剪切试验	ベーンせん断試験	vane shear test
势能损失	ポテンシャル損失	potential energy loss
水化界限	水和限界	hydration limit
水化作用	水合作用	hydration
水力击实法	水締め工法	compaction method by watering
水力梯度	動水傾度	hydraulic gradient
水平钻孔	水平ドーリング	horizontal drilling
水头	水頭	head

瞬时沉降	即時沈下	immediate settlement
瞬态振动	非定常振動	transient vibration
斯托克斯定律	Stokesの法則	Stokes' theorem
松弛时间	緩和時間	relaxation time
松动土	圧力緩み土圧	loosening soil pressure
松散	ゆるい	loose
速度势	速度ポテンシャル	velocity potential
塑限试验	塑性限界試験	plastic limit test
塑性流动状态	塑性流動状態	state of plastic flow
塑性平衡状态	塑性つりあいの状態	state of plastic equilibrium
塑性指数	塑性指数	plasticity index
塑性状态	プラスチックな状態	plastic state
隧道	トンネル	tunnel
隧道支护	トンネル支保工	tunnel support

T

弹性变形	弾性変形量	elastic deformation
弹性平衡状态	弾性つりあいの状態	state of elastic equilibrium
梯形荷载	堤状荷重	trapezoid-shaped load
体积变化-应变曲线	体積変化-ひずみ曲線	volume change-strain curve
体积弹性模量	体積弾性係数	volume elastic modulus
体积压缩系数	体積圧縮係数	coefficient of volume compressibility
天然地层	地山	natural ground
天然含水量	自然含水比	natural water content
填土边坡	盛土斜(のり)	fill slope
条形基础	帯状基礎	strip foundation
调和函数	調和関数	harmonic function
同化作用	混成作用	assimilation
突加荷载	瞬时載荷	suddenly applied load

土崩,泥石流	山津波	landslide
土力学	土質力学	soil mechanics
土压力系数	土圧係数	earth pressure coefficient
土滞回曲线	土のヒステリシス曲線	hysteresis curve of soil
(土壤)团粒结构	団粒構造	aggregated structure

W

围压	周圧	ambient pressure
位移控制	変位制御	displacement-controlled
紊(湍)流	乱流	turbulent flow
稳定条件/工况	定常条件	steady condition
稳定系数	安定係数	stability factor
无损试验法	非破壊試験法	non-destructive test method

X

先期固结压力	先行圧密圧力	pre-consolidation press
纤维状有机土	せんい有機質土	fibrous organic soil
纤维状有机土	せんい質の有機土	fibrous organic soil
限制压力	拘束圧	confining pressure
线性荷载	帯状荷重	strip load
相对密度	相対密度	relative density
(土压力)楔体理论	土楔論	wedge theory
斜坡	のり面	slope
斜坡覆盖率	被覆工	slope coverage
斜桩	斜ぐい	battered pile
卸荷	除荷	unloading
休止角	安息角	angle of repose
修正系数	修正係数	modification factor
絮凝结构	綿毛構造	flocculent structure

悬臂式挡土墙	片持梁式擁壁	cantilever retaining wall
悬浮	浮遊	suspension

Y

压力梯度	圧力こう配	pressure gradient
压实能	締固めエネルギー	compaction energy
压缩	締固め	compaction
压缩曲线	圧縮曲線	compression curve
压缩系数	圧縮係数	coefficient of compressibility
压缩指数	圧縮指数	compression index
杨氏模量	ヤング率	Young's modulus
液化	液状化	liquefaction
液化现象	流砂現象	liquefactive apparition
液化作用	液化状態	liquefaction
液限	液性限界	liquid limit
液限试验	液性限界試験	liquid limit test
液性指数	液性指数	liquidity index
一维固结	一次元圧密	one-dimensional consolidation
应变控制	ひずみ制御	strain control
应变率	ひずみの速さ	rate of strain
应力集中系数	応力集中係数	stress concentration factor
应力控制	応力制御	stress control
应力历史	応力履歴	stress history
应力路径	応力経路	stress path
应力松弛	応力緩和	stress relaxation
应力-应变关系曲线	応力ひずみ曲線	stress strain curve
永久变形	恒久ひずみ	permanent set
有限元模型	有限要素モデル	finite element model
有效覆土压力	有効土かぶり圧	effective overburden pressure

有效截面面积	有効断面積	effective sectional area
有效孔隙度	有効間げき率	effective porosity
有效杨氏模量	有効ヤング率	effective Young's modulus
有效应力	有効応力	effective stress
有效应力强度指标	有効応力にもとづく強度定数	strength parameters in terms of effective stress
有效桩长	くいの有効長	effective length of pile
预压荷载	先行圧縮荷重	pre-compression load
预制钢筋混凝土桩	既製コンクリート杭	precast reinforced concrete pile
预制桩	既製杭	precast pile
原位试验	原位置試験	in-situ test
圆形滑动面	円形すべり面	circular sliding surface
圆形基础	円形基礎	circular foundation
运积土	運積土	transported soil

Z

再压缩曲线	再圧縮曲線	re-compression curve
造岩矿物	造岩鉱物	rock minerals
振冲密实法	バイブロコンパクション工法	vibro-compaction method
振浮压实法	バイブロフローテーション工法	vibro-floatation method
整体剪切破坏	全般せん断破壊	general shear failure
整体孔隙压力系数	全間げき圧係数	over-all pore pressure coefficient
正交函数定理	直交関数の定理	theorem of orthogonal function
支护	支保工	timbering
直剪试验	直接せん断試験	direct shear test
直角坐标系	デカルト座標系	Cartesian coordinates system
止水隔板	止水矢板	water retaining bulkhead
重力式挡土墙	重力式擁壁	gravity retaining wall

重力势	重力ポテンシャル	gravity potential
周围压力	等方圧力	all around pressure
主动破坏	主働破壊	active failure
主动土压力	主働土圧	active earth pressure
主动土压力系数	主働土圧係数	coefficient of active earth pressure
主固结	一次圧密	primary compression
主应力迹线	主応力軌跡	principal stress trajectory
贮水系数	貯留係数	coefficient of storage
柱坐标系	円筒座標系	cylindrical coordinates system
桩基	ピア基礎	pile foundation
桩基础	くい(杭)基礎	pile foundation
桩极限承载力	杭の極限支持力	bearing capacity of a pile
桩群	群ぐい	pile group
自流井	掘抜井戸	artesian well
总水头	全水頭	total head
最大剪切抗力	最大せん断抵抗	maximum shearing resistance
最大主应力	最大主応力	major principal stress
最大主应力面	最大主応力面	major principal stress plane
最小主应力	最小主応力	minor principal stress
最小主应力面	最小主応力面	minor principal stress plane
最优含水率	最適含水比	optimum moisture content